TEGAOYA JIAOZHILIU BAOHU XITONG
PEIZHI YU YINGYONG

特高压交直流保护系统
配置与应用

国网内蒙古东部电力有限公司电力调度控制中心　组编

中国电力出版社
CHINA ELECTRIC POWER PRESS

内 容 提 要

本书共分为三篇，第一篇为特高压交流输电保护系统。在介绍特高压交流输电基础知识的基础上，着重分析了特高压交流变电站主电路结构、特高压交流变电站保护配置及各元件保护原理。第二篇为特高压直流输电保护与控制系统。介绍了特高压直流输电系统的结构、主要设备工作原理及系统运行方式，重点阐述了特高压直流系统控制方式、保护系统配置、闭锁方式及直流各区域保护原理，同时针对换流站内调相机原理、配置方式及保护原理进行了阐述。第三篇为特高压工程经典案例解析，分析探究了典型特高压交直流系统类事故及交直流保护隐患案例，并给出了整改措施建议。

本书可供从事特高压交直流输电工程建设、设计、运行，特高压直流输电设备制造等方面的技术及管理人员参考使用。

图书在版编目（CIP）数据

特高压交直流保护系统配置与应用 / 国网内蒙古东部电力有限公司电力调度控制中心组编. —北京：中国电力出版社，2023.9
ISBN 978-7-5198-7583-1

Ⅰ．①特… Ⅱ．①国… Ⅲ．①特高压输电–直流输电–电流保护装置②特高压输电–交流输电–电流保护装置 Ⅳ．①TM723②TM774

中国国家版本馆 CIP 数据核字（2023）第 027447 号

出版发行：中国电力出版社
地　　　址：北京市东城区北京站西街 19 号（邮政编码 100005）
网　　　址：http://www.cepp.sgcc.com.cn
责任编辑：雍志娟
责任校对：黄　蓓　郝军燕
装帧设计：郝晓燕
责任印制：石　雷

印　　　刷：三河市万龙印装有限公司
版　　　次：2023 年 9 月第一版
印　　　次：2023 年 9 月北京第一次印刷
开　　　本：787 毫米×1092 毫米　16 开本
印　　　张：21
字　　　数：454 千字
印　　　数：0001—1000 册
定　　　价：98.00 元

编写组成员

主　　编　范卫东

副主编　冯晓伟　董金星　杨朋威　张海龙
　　　　　刘　翔　许　才

编写组成员　梁　伟　李志文　初翠平　李延钊
　　　　　　刘春晖　刘志强　陈　更　齐英伟
　　　　　　鲍音夫　张春亮　刘秀丽　赵广宇
　　　　　　张振伟　赵新力　乔小东　郑春祥
　　　　　　刘海强　林浩男　符李鹏　吴庆范
　　　　　　黄金海　范子强　罗　磊　张玲华
　　　　　　屠黎明　聂娟红　赵　丹　彭　达

前　言

　　特高压输电技术是电力传输系统中的核心技术，可以极大地减少电能输送过程中的能源损耗，提高电力企业的经济收益。进入 21 世纪的 20 多年时间内，我国大规模西电东送和电力全国联网的目标已基本实现，中国大地上逐步建成了横贯东西南北、规模巨大的特高压交直流混联电力供应网络，有力支撑了我国社会经济发展运行。

　　特高压交直流保护系统是特高压输电工程的重要组成部分，对特高压输电网络的安全稳定运行起到了至关重要的作用。本书汲取我国在特高压交直流输电科研、设计以及工程建设和运行中的经验，对特高压交直流保护系统进行深入分析阐述，并结合工程经典案例解析特高压输电系统中的典型事故及隐患，希望对特高压输电技术的应用及发展起到促进作用。

　　本书共分为三篇，第一篇为特高压交流输电保护系统。在介绍特高压交流输电基础知识的基础上，着重分析了特高压交流变电站主电路结构、特高压交流变电站保护配置及各元件保护原理。第二篇为特高压直流输电保护与控制系统。介绍特高压直流输电系统的结构、主要设备工作原理及系统运行方式，重点阐述特高压直流系统控制方式、保护系统配置、闭锁方式及直流各区域保护原理，同时针对换流站内调相机原理、配置方式及保护原理进行阐述。第三篇为特高压工程经典案例解析，分析探究典型特高压交直流系统类事故及交直流保护隐患案例，并给出整改措施建议。

　　本书可供从事特高压交直流输电科学研究；特高压交直流输电工程建设、设计、运行；特高压交直流输电设备制造；电力系统规划设计和运行管理以及大功率换流技术等方面的专业技术人员及管理人员使用。本书也可以作为高等院校相关专业的研究生和大学生的参考书。期望本书能够对我国特高压交直流输电工程技术的总结与提高起到积极作用，为西电东送和特高压全国联网工程的实现作出贡献。

　　限于编著者水平，书中难免存在一些缺点和错误，殷切希望广大读者及同行批评指正。

作　者

2023 年 9 月

目 录

第三篇　特高压工程经典案例解析

第一篇
特高压交流输电保护系统

第一章 特高压交流概述

第一节 特高压交流输电发展历程

随着电力负荷日益快速增长和远距离、大容量输电需求的增加，大容量电厂的建设以及高压、超高压输电线路和变电站的数目日益增多，环境问题日益突出。为实现规模经济、降低网损，避免输电设备的重复容量，确保电力系统可靠性，降低输电线路对输电造成的影响，美国、日本、苏联、意大利等国于 20 世纪 60 年代末或 70 年代初根据各国电力发展需要开始进行特高压输电的可行性研究。

苏联是世界上最早开展特高压输电技术研究的国家之一。从 1960 年起，苏联组织动力电气化部技术总局、全苏电气研究院、列宁格勒直流研究院、全苏线路设计院等单位进行特高压输电的基础研究。从 1973 年开始，苏联在白利帕斯变电站建设了长 1.17km 的特高压三相试验线段，通过一组 1150/500/10kV，3×417MVA 自耦变压器供电，开展特高压输电技术研究，进行了设备的绝缘、操作过电压、可听噪声、无线电干扰、变电站内电场、设备安装、运输和检修等方面的广泛试验。1978 年开始建设从伊塔特到新库涅茨克长 270km 的工业试验线路，并进行了各种特高压输电设备的现场考核试验，同时还建设了拥有 3×1200kV，10～12A 串级试验变压器和 1000kV 冲击发生器的特高压试验基地。1985 年后该工业试验线路成为埃基巴思图兹至西伯利亚的 1150kV 特高压输电线路的一部分。

美国电力公司（AEP）和通用电力公司最早于 1974 年开始在匹茨费尔德的特高压输电技术研究试验站进行可听噪声、无线电干扰、电晕损失和其他环境效应的实测。美国邦纳维尔电力局从 1976 年开始在莱昂斯试验场和莫洛机械试验线段上进行特高压输电线路机械结构研究，并进行了电晕和电场研究、生态和环境研究、操作和雷电冲击绝缘研究等。美国电力研究院（EPRI）于 1974 年建设了 1000～1500kV 三相试验线段。通过该线段的运行获取了电磁环境指标，并开展了铁塔的安装试验、特大型变压器的设计和考核的试验研究，取得了丰富的研究成果。

日本于 1972 年启动了特高压输电技术的研究开发计划。电力中央研究所（CRIEPI）、东京电力公司（TEPCO）和 NGK 绝缘子公司开展了特高压输电技术研究，以日本电力中央研究所为核心，完成盐原、赤诚等特高压试验研究基地的建设。日本电力中央研究所利用赤诚特高压试验研究线段，对 8×810mm^2 等分裂导线结构所产生的电晕噪声、无线电和电视干扰、风噪声、电晕损失以及对生态环境的影响进行了实测，并对不同气象条件下的测量方法和测量结果进行评价。利用盐原试验场的户外试验装置和特高压雾室进行了杆塔空气间隙和绝缘子串的试验研究，为输电线路的设计取得了有用的技术资料。1988 年开始建设计划向东京送电的 1000kV 特高压输电线路，线路全长 426km，目前降压 500kV 运行。1995 年特高压成套设备在新榛名变电站特高压试验场曾进行带电考核。

意大利电力公司在确立了 1000kV 的研究计划后，从 1971 年起在不同的试验站和试验室进行特高压输电技术的研究与技术开发。在萨瓦雷托试验场的 1000kV 试验设施包括 1km 长的试验线段和 40m 的试验笼组成的电晕、电磁环境试验设备。还开展了操作和雷电过电压试验，包括空气间隙的操作冲击特性、污秽大气条件下的表面绝缘特性、SF$_6$ 气体绝缘特性和非常规绝缘子的开发试验。1984 年，意大利开始建设特高压输电试验工程，1995 年 10 月建成投运，至 1997 年 12 月，在 1050kV 系统额定电压（标称电压）下试验运行了两年多时间，取得了一定的运行经验。

加拿大魁北克水电局高压试验室进行了额定电压达 1500kV 的输电系统设备试验。魁北克水电局为线路导线电晕研究使用的户外试验场由试验线段和电晕笼组成、试验线段和电晕笼均用于高至 1500kV 的交流系统和 ±1800kV 的直流系统的分裂导线的电晕试验，试验线段单档距长 300m。在魁北克高压试验室进行了高达 1500kV 的线路和变电站空气绝缘试验。

乌克兰也是世界上少数具有开发超/特高压设备能力的国家之一，其扎布罗热变压器研究所的主要工作包括开展科研设计工作、开发新产品、设计工装设备及研究生产工艺，制造样品和少量产品、电气设备试验、研究并提出国家标准、产品认证和咨询服务。其进行过多款特高压重要产品的开发和试验项目。

多年来各国开展的一系列特高压输电关键技术和设备制造研究探索工作，为后续特高压输电技术的发展和应用奠定了一定的基础，技术问题已不是特高压输电发展的限制性因素。大规模、远距离电力输送是推动特高压输电技术应用的主要动力，同时还要依托各国的国情。苏联、日本等国后期由于用电负荷增长缓慢，对大容量、远距离输电的需求减弱，从而导致特高压输电工程暂时搁置或延期，或是降压运行；而美国和意大利等国多是由于技术储备的需求，而不是实际负荷的需要。

中国自 1986 年起就开展了"特高压交流输电前期研究"项目，开始对特高压交流输变电项目进行研究；1990～1995 年开展了"远距离输电方式和电压等级论证"；1990～1999 年就"特高压输电前期论证"和"采用交流百万伏特高压输电的可行性"等专题进行了研究，对特高压输电有了初步认识。

2004 年，国家电网公司启动了特高压输电工程关键技术研究和可行性研究，组织相关科研机构和设备制造厂家进行相关关键技术的研究。根据制定的特高压交流输电关键技术研究框架，完成了共计 46 项特高压交流输电技术课题的研究。同时，国家电网公司频繁与国际组织和科研机构以及设备制造厂家进行技术交流，多次组织国际技术交流会议，与包括美国电力研究院（EPRI）、日本电力中央研究所（CRIEPI）、东京电力公司（TEPCO）、俄罗斯直流研究院等国际著名研究机构和 ABB、西门子、阿海珐、东芝、三菱、AE 帕瓦、

NGK、AXICOM 等国际知名设备制造厂家进行技术交流和研讨。

到 2006 年，中国特高压交流输电研究项目取得了大量的第一手研究成果，解决了建设特高压试验示范工程的全部关键问题，基本掌握了特高压交流输变电的技术特点和特高压电网的基本特性。特高压电磁环境限值、过电压水平、无功配置、绝缘配合、防雷等关键技术研究取得了初步成果，这些成就是特高压输电工程的可行性研究顺利通过审查的基础，为初步设计提供了大量可靠、翔实的数据。

特高压输电是一项繁杂的系统工程，必须先以试验示范工程的方式开展。建设试验示范工程的目的是考核特高压电网及其设备的性能，积累特高压输变电技术研究、设备制造、电网运行和控制方面的经验，提高特高压输变电设备制造和输电技术水平。2005 年，我国完成了试验示范工程的优选和可行性研究工作，初步明确了我国特高压输电试验示范工程方案为晋东南—南阳—荆门。该工程的实施有利于全面进行特高压输电系统及其设备的考核试验，其成果可直接用于今后我国特高压电网的建设。

1000kV 晋东南—南阳—荆门特高压交流试验示范工程线路长度为 640km，在线路中间设开关站，需要在线路上安装大容量高压并联电抗器、高性能避雷器，采用带合闸电阻的断路器，与我国未来特高压输电的技术路线是一致的。利用特高压交流试验示范工程，可对特高压输电工程需采用的特高压输电设备，如线路、变压器、高压电抗器、断路器、GIS 设备、避雷器、电压互感器、电流互感器、绝缘子等，在工频过电压、操作过电压、谐振过电压、雷电过电压、甩负荷过电压、短路电流、投/切低压电容器、投/切低压电抗器和投/切空载线路等条件下的技术性能进行全面充分的考核。1000kV 晋东南—南阳—荆门特高压交流试验示范工程于 2009 年初正式投运，其扩建工程于 2011 年 12 月完成，实现了单回线路稳定输送 5000MW 的目标。

截至 2019 年 12 月，我国已陆续建成投运 23 项特高压交流工程，在建 5 项，线路总长度超过 1.4 万 km，已建和在建变电站（含开关站、串补站）32 座。在广阔的三华（华北、华中、华东）地区已经初步建成特高压交流电网骨干网架，对于保障我国能源安全、推动绿色发展、促进雾霾治理发挥了重大作用。

第二节　特高压交流输电工程简介

一、晋东南—南阳—荆门 1000kV 特高压交流试验示范工程

2006 年 8 月 9 日项目核准后，国家电网公司组织协调集中各方力量，立足国内，自主创新，经过 29 个月的攻坚克难，全面完成了国家确定的特高压交流试验示范工程建设任务 1000kV 晋东南—南阳—荆门特高压交流试验示范工程。成功建成了世界上运行电压最高、技术水平最先进、我国具有完全自主知识产权的交流输电工程，验证了特高压输电的技术可行性、设备可靠性、系统安全性和环境友好性。依托试验示范工程实践，我国建成了世界一流的特高压试验研究体系，全面掌握了特高压交流输电的核心技术，成功研制了

代表世界最高水平的全套特高压交流设备，在世界上首次建立了由 7 大类 77 项国家标准和行业标准组成的特高压交流输电技术标准体系，探索提出并成功实践了以依托工程、用户主导、自主创新、产学研用联合攻关为基本特征的、支撑在较短时间内完成世界级重大创新工程建设的"用户主导的创新管理"模式，创造了具有鲜明时代特色的特高压精神。试验示范工程的成功建设，大幅提升了我国电网技术水平和自主创新能力，实现了国内电工装备制造业的产业升级，对于推动我国电力工业的科学发展，保障国家能源安全和电力可靠供应具有重大意义。

项目新建 1000kV 晋东南变电站、1000kV 南阳开关站、1000kV 荆门变电站，新建晋东南—南阳 1000kV 线路 362km（含黄河大跨越 3.72km）、南阳—荆门 1000kV 线路 283km（含汉江大跨越 2.96km），并建设相应的通信和无功补偿及二次系统设备。工程动态总投资 58.57 亿元，由国家电网公司出资建设。

特高压交流试验示范工程创新成果得到了国内外高度评价和充分肯定，先后获得了一系列重要奖项和荣誉：2009 年新中国成立 60 周年百项经典暨精品工程；2009 年国家重大工程标准化示范；2009 年中国机械工业科学技术奖特等奖；2010 年中国电力优质工程奖；2010 年电力行业工程优秀设计一等奖；2010 年中国标准创新贡献奖一等奖；2010 年国家优质工程金质奖；2010 年中国电力科学技术奖特等奖；2011 年第二届中国工业大奖；2011 年国家优质工程奖 30 年经典工程；2012 年全国建设项目档案管理示范工程；2012 年国家科学技术进步奖特等奖；2013 年第二十届国家级企业管理现代化创新成果一等奖；2019 年庆祝中华人民共和国成立 70 周年经典工程。国际大电网委员会（CIGRE）等国际组织认为，这是"一个伟大的技术成就"，是"世界电力工业发展史上的重要里程碑"。

（1）建成了代表世界最高水平的交流输电工程。在国家统一领导下，国家电网公司严格执行国家有关法律法规和基本建设程序，立足自主创新，攻坚克难，仅用 29 个月时间，全面建设完成了世界上运行电压最高、技术水平最先进、我国具有完全自主知识产权的输电工程。这是世界电力发展史上的重要里程碑，是我国能源基础研究和建设领域取得的重大自主创新成果。

（2）全面掌握了特高压交流输电核心技术。坚持自主创新原则，实现了关键技术研究原始创新、集成创新和引进消化吸收再创新的有机结合。研究内容全面系统，覆盖了工程建设各个方面的需求；研究结论先进实用，在特高压系统电压标准的确定、过电压控制、潜供电流抑制、绝缘配合、外绝缘配置、电磁环境控制、工程设计和施工、试验和调试、运维检修和大电网运行控制等方面取得重大突破，掌握了达到国际领先水平的特高压交流输电核心技术，为试验示范工程建设提供了强有力支撑。

（3）自主创新成功研制了全套特高压交流设备。国家电网公司主导，立足国内，自主创新，研制成功了代表世界最高水平的全套特高压交流设备，指标优异，性能稳定，经过全面严格试验验证和运行考核，创造了一大批世界纪录，设备综合国产化率达到 90%，全面实现了国产化目标，掌握了特高压设备制造的核心技术，具备了特高压交流设备的批量生产能力。

二、皖电东送淮南—上海 1000kV 特高压交流输电示范工程

项目新建淮南 1000kV 变电站、皖南 1000kV 变电站、浙北 1000kV 变电站、沪西 1000kV 变电站，新建淮南—皖南—浙北—沪西双回 1000kV 交流线路 2×656km（包括淮河大跨越 2.42km、长江大跨越 2×3.18km），建设相应的无功补偿和通信、二次系统工程，皖电东送淮南至上海工程系统。工程动态总投资 191.01 亿元，由国网安徽省电力公司（淮南变电站）、浙江省电力公司（皖南变电站、浙北变电站，输电线路工程）、上海市电力公司（沪西变电站）共同出资建设。

从 2011 年 9 月 27 日项目核准，到 2013 年 9 月 25 日正式投运，国家电网公司组织协调各方力量，历经 24 个月的攻坚克难，全面完成了国家确定的工程建设任务。皖电东送工程由我国自主设计、制造和建设，是世界上首个商业化运行的同塔双回路特高压交流输电工程，是世界电力发展史上的又一个重要里程碑，代表了国际高压交流输电技术研究、装备制造和工程应用的最高水平。工程的成功建设和运行，进一步验证了特高压交流输电大容量、远距离、低损耗、省占地的优势，进一步巩固、扩大了我国在高压输电技术研发、装备制造和工程应用领域的领先优势，对于推动我国电力工业和装备制造业的发展进步，保障国家能源安全和电力可靠供应具有重要意义。

皖电东送淮南至上海特高压交流输电示范工程建成投运后，先后获得了一系列重要奖项和荣誉：2014 年度国家电网公司科技进步特等奖，中国电力规划设计协会"2013 年度电力行业工程优秀设计一等奖"，中国电力建设企业协会"2014 年度中国电力优质工程奖"，中国工程建设焊接协会"2014 年度全国优秀焊接工程特等奖"，中国施工企业管理协会"2013～2014 年度国家优质工程金质奖"，中国电力企业联合会 2015 年"中国电力创新一等奖"，中国投资协会"2016～2017 年度国家优质投资项目奖"。

皖电东送工程在试验示范工程成功实践的基础上，以"确保安全性、提高经济性、掌握技术规律、提升技术水平"为目标，立足国内、自主创新，取得 3 大创新成果：全面掌握同塔双回路特高压交流输电核心技术，推动国际高压交流输电技术实现新突破；实现国产特高压设备技术升级和大批量稳定制造，推动我国电工装备制造水平达到新高度；成功建成世界首个同塔双回路特高压交流输电工程并通过全面严格试验考核、运行稳定，推动我国输变电工程建设水平迈上新台阶。

三、浙北—福州 1000kV 特高压交流输变电工程

华东电网供电范围为上海、江苏、浙江、安徽、福建四省一市。2003 年通过宁德—双龙 2 回 500kV 线路接入华东电网，输电能力仅 1700MW。国家电网为了在更大范围内优化能源资源配置，满足华东地区经济社会发展需要，于 2013 年 3 月 18 日批复核准浙北—福州特高压交流输变电工程建设。

项目新建浙中 1000kV 变电站、浙南 1000kV 变电站、福州 1000kV 变电站，扩建浙北 1000kV 变电站，新建浙北—浙中—浙南—福州双回 1000kV 交流线路 2×603km，建设相

应的无功补偿和通信、二次系统工程。工程动态总投资 188.7 亿元，由国网浙江省电力公司、福建省电力公司共同出资建设。其中，浙北 1000kV 变电站位于浙江省湖州市安吉县梅溪镇。一期工程是皖电东送淮南至上海特高压交流输电示范工程的组成部分（浙北变电站），调度命名为"1000kV 特高压安吉站"。本期工程规模：扩建 1000kV 出线 2 回（至浙中），新建 1 个不完整串出线至浙中Ⅰ线，至浙中Ⅱ线与已建湖安Ⅰ线配串，安装 3 台断路器，至浙中Ⅰ线装设高压并联电抗器 $1 \times 720 \text{Mvar}$。每台主变压器低压侧装设 110kV 低压电抗器 $1 \times 240 \text{Mvar}$。

浙北—福州特高压交流输变电工程 2013 年 3 月 18 日核准，历时 21 个月，于 2014 年 12 月时成运。输电线路方面，本工程首次由单回路和双回路构成混合线路。工程建设成功实现了特高压成套设备的大批量稳定制造，在特高压断路器、油纸绝缘套管等高端设备、材料的国产化方面取得了实质性突破。首次采用了"公司总部统筹协调、属地省电力公司建设管理、专业公司技术支持"的建设管理新模式，实现了特高压工程建设管理水平的新提升，成为特高压电网大规模建设的样板。

四、内蒙古锡盟—山东 1000kV 特高压交流输变电工程

锡盟—山东 1000kV 特高压交流输变电工程从 2014 年 7 月 12 日项目核准，到 2016 年 7 月 31 日工程建成投运，历经 24 个月，是截至 2016 年工程投运时海拔最高、气温最低的特高压交流工程。工程新建锡盟 1000kV 变电站、承德 1000kV 串补站、北京东 1000kV 变电站、济南 1000kV 变电站，新建锡盟—承德—北京东—济南双回 1000kV 输电线路工程 $2 \times 730 \text{km}$，建设相应的无功补偿和通信、二次系统工程。工程动态总投资 178.2 亿元，由国网北京市电力公司（锡盟变电站、北京东变电站、承德串补站和锡盟—北京东线路）、天津市电力公司（北京东—济南线路位于河北省、天津市境内的部分）、山东省电力公司（济南变电站、北京东—济南线路位于山东省境内的部分）共同出资建设。

锡盟 1000kV 变电站位于内蒙古锡林郭勒盟锡林浩特市多伦县大河口乡。安装变压器 $1 \times 3000 \text{MVA}$（1 号主变压器）；1000kV 采用户内 GIS 组合电器设备，3/2 断路器接线，组成 1 个完整串和 1 个不完整串，安装 5 台断路器，出线 2 回（至承德串补站），每回线路各装设高压并联电抗器 $1 \times 720 \text{Mvar}$；500kV 采用户外 HGIS 设备（加装伴热带）；主变压器低压侧安装 110kV 低压电抗器 $3 \times 240 \text{Mvar}$ 和低压电容器 $1 \times 210 \text{Mvar}$。

建设本工程，对于促进内蒙古锡盟煤电和风电能源基地开发和送出、加快资源优势向经济优势转化，满足京津冀鲁地区电力负荷增长需要，落实大气污染防治行动计划、改善生态环境质量，具有重要意义。

五、内蒙古蒙西—天津南 1000kV 特高压交流输变电工程

蒙西—天津南 1000kV 特高压交流输变电工程从 2015 年 1 月 16 日项目核准，到 2016 年 11 月 24 日工程建成投运，历经 22 个月。新建蒙西 1000kV 变电站、晋北 1000kV 变电站、北京西 1000kV 变电站、天津南 1000kV 变电站，新建蒙西—晋北—北京西—天津南

双回 1000kV 输电线路工程 2×608km，建设北京东—济南双回 1000kV 线路开断 π 进天津南的线路工程 2×8km，建设相应的无功补偿和通信、二次系统工程。工程动态总投资 175.2 亿元，由国家电网公司（蒙西站、内蒙古境内线路）、国网山西省电力公司（晋北站、山西境内线路）、国网河北省电力公司（北京西站、河北境内线路）、国网天津市电力公司（天津南站、天津境内线路）共同出资建设。

蒙西 1000kV 变电站位于内蒙古自治区鄂尔多斯市准格尔旗魏家峁镇。安装变压器 2×3000MVA（1 号和 2 号主变压器）；1000kV 采用户外 GIS 组合电器设备（加装伴热设施），3/2 断路器接线，组成 1 个完整串和 2 个不完整串，安装 7 台断路器，出线 2 回，1 线装设高压并联电抗器 1×720Mvar；500kV 出线 4 回（至电厂）；1 号主变压器低压侧装设 110kV 低压电抗器 2×240Mvar 和低压电容器 2×210Mvar，2 号主变压器低压侧装设 110kV 低压电抗器 2×240Mvar 和低压电容器 1×210Mvar。本期工程用地面积 15.75 公顷（围墙内 14.26 公顷）。调度命名为"1000 千伏特高压鄂尔多斯站"。

工程首次应用主变压器励磁涌流抑制技术。为了进一步减小主变压器励磁涌流减少合空载变压器暂态过程对电网的影响，晋北变电站首次应用主变压器励磁涌流抑制技术，通过对变压器剩磁的精确计算，在变压器 1000kV 侧和 500kV 侧断路器上运用智能选相合闸技术，将励磁涌流控制在 0.3（标幺值）之内。首次采用额定电流为 9000A 的特高压 GIS 母线。根据系统规划，北京西变电站 1000KV 出线中 6 回电源出线集中在东侧，4 回负荷出线集中在西侧，4 台主变压器中 3 台与电源出线配串、1 台与负荷出线配串，1000kV 穿越功率较大，GIS 母线额定电流达到 9000A，这是首次在特高压变电站中应用 9000A 母线。

六、内蒙古锡盟—胜利 1000kV 特高压交流输变电工程

锡盟—胜利 1000kV 特高压交流输变电工程从 2016 年 1 月 26 日项目核准，到 2017 年 7 月 3 日工程建成投运，历经 16 个月。胜利 1000kV 变电站位于锡林浩特市东北约 21km 处，新建 1000kV 胜利变电站，主变压器 2×3000MVA；新建锡盟至胜利双回 1000kV 线路，长度 2×240km，导线截面积 8×630mm²；锡盟 1000kV 变电站扩建 2 个 1000kV 出线间隔；建设相应的系统二次工程。动态投资合计 49.6 亿元，由国家电网公司出资建设。全站采用 3/2 断路器接线，组成 1 个完整串和 2 个不完整串，安装 7 台断路器，出线 2 回（至锡盟站），至锡盟 1 回出线装设高压并联电抗器 1×960Mvar；500kV 采用户外 HGIS 设备，出线 5 回（至锡盟换流站 3 回、至蒙能锡林电厂 2 回）；每组主变压器低压侧装设 110kV 低压电抗器 2×240Mvar 和低压电容器 1×210Mvar。本期工程用地面积 14.03hm²（围墙内 11.46hm²）。调度命名为"1000kV 特高压胜利站"。

根据《国家能源局关于同意煤电基地锡盟至山东输电通道配套煤电项目建设规划实施方案的复函》（国能电力〔2015〕85 号），明确将大唐锡林浩特 2×660MW、神华胜利 2×660MW、北方胜利 2×660MW、华润五间房 2×660MW、京能五间房 2×660MW、蒙能锡林浩特 2×350MW、神华国能查干淖尔 2×660MW 共 7 个项目 8620MW 作为锡盟—山东特高压交流输电通道的配套煤电项目。

特高压交流保护配置

第二章

第一节 特高压交流变电站主电路结构

一、特高压交流变电站电气主接线

1. 特高压交流变电站电气主设备规模

以某 1000kV 特高压交流变电站为例。

该站一次系统和站用电系统共包括六个电压等级，分别为 1000kV、500kV、110kV、35kV、10kV 和 400V。1000kV 及 500kV 系统的电气主接线方式一般为 3/2 断路器接线方式，该种接线方式在母线故障及检修时不停电，即使在母线故障和断路器拒动同时发生的情况下，依旧能保证大部分元件不停电，具有较高的可靠性。110kV 及以下系统的电气主接线方式一般为单母线接线方式，只有一组母线，所有电源回路和出线回路都通过一台断路器连接在汇流母线上并列运行，具有接线简单、清晰、操作方便、易扩建的特点，但发生母线故障或连接的设备故障其对应的负荷开关拒动的情况时，整条母线及所带设备均停电。

（1）1000kV 系统接线方式为 3/2 断路器接线方式，采用户内气体绝缘金属封闭开关设备（Gas Insulated Switchgear，简称 GIS），GIS 设备，出线 5 回，组成 2 个完整串和 3 个不完整串，共安装 12 组断路器。1000kV 变压器为单相、自耦、无励磁调压变压器，共设 2 组，单组容量 3×（1000/1000/334）MVA，另装设一台备用变压器；1000kV 甲戊Ⅱ线装设 1 组高压并联电抗器及 1 台中性点小电抗器，高压并联电抗器容量为 3×320Mvar，中性点小电抗容量为 360kvar，另装设一台备用高压并联电抗器。

（2）500kV 系统接线方式为 3/2 断路器接线方式，采用户外半封闭气体绝缘组合电器（Hybrid Gas Insulated Swithchgear，简称 HGIS），HGIS 设备，出线 6 回，组成 2 个完整串和 4 个不完整串，共安装 14 组断路器。

（3）110kV 系统接线方式为单母线接线方式，采用户外 HGIS 设备，共设 4 组低压电抗器、2 组低压电容器及 2 台高压站用变压器。单组主变压器低压侧 110kV 系统无功补偿装置配 2 组低压电抗器和 1 组低压电容器。

（4）10kV 站用电系统采用三段母线供电方式，10kV Ⅰ段母线引接于 111B 高压站用变压器，10kV Ⅱ段母线引接于 112B 高压站用变压器，10kV 备用段引接于 350B 高压站用变压器（备用站用电源），三路站用电源按照站用电源 N−1 要求设计，其中 10kV Ⅰ段/备用段和 10kV Ⅱ段/备用段分别装设一套备用电源自动投入装置，保证站用电源的可靠性。

（5）400V 站用电系统采用四段母线供电方式，1 号低压站用变压器接于 400V Ⅰ段母线，2 号低压站用变压器接于 400V Ⅱ段母线，3 号低压站用变压器接于 400V Ⅲ段母线，4 号低压站用变压器接于 400V Ⅳ段母线，其中 400V Ⅰ段/Ⅱ段母线和 400V Ⅲ段/Ⅳ段母线分别装设一套备用电源自动投入装置，保证站用电源的可靠性。

2. 特高压交流变电站电气主接线介绍

以某 1000kV 特高压交流变电站（未装设串联补偿装置）为例。

（1）交流特高压变电站一次主接线图，如图 2−1 所示。

（2）交流特高压变电站 1000kV 系统主接线，如图 2−2 所示。

（3）交流特高压变电站并联电抗器主接线，如图 2−3 所示。

（4）交流特高压变电站 1000kV 主变压器系统接线，如图 2−4 所示。

（5）交流特高压变电站 500kV 系统主接线，如图 2−5 所示。

（6）交流特高压变电站 110kV 系统主接线，如图 2−6 所示。

（7）站用电系统主接线，如图 2−7 所示。

（8）串联补偿典型接线图。

1）固定串联补偿典型原理接线图，如图 2−8 所示。

2）可控串联补偿典型原理接线图，如图 2−9 所示。

二、特高压交流变电站电气主设备

特高压变电站主设备包括电力变压器、开关设备、电压互感器、电流互感器、避雷器、母线、支柱绝缘子以及各种无功补偿装置（包括并联电抗器、并联电容器、串联补偿电容器等）。

（一）变压器

电力变压器是电力系统发电厂和变电站中的主要设备之一。变压器是一种静止的电气设备，可以将高压电能转换为低压电能，也可以将低压电能转换为高压电能。变压器是根据电磁感应原理，将绕在同一铁芯上的两个或两个以上的绕组，借助铁芯中交变磁场的作用，将某一等级的电压和电流的交流电能转变为同频率的另一等级的电压和电流的交流电能。以便实现电能的合理输送、分配和使用。变压器具有变换电压、电流和阻抗的功能。

1. 变压器基本原理

变压器依据电磁感应原理工作，即"电生磁，磁生电"，通过铁芯建立磁场，电能变为磁能，再变为电能，在该过程起到变换电压作用，其主要组成部分是铁芯和绕组。以一台单相变压器举例说明，如图 2−10 所示。

单相变压器由两个绕组一个铁芯组成，即将两个互相绝缘的绕组缠绕在一个闭合的铁芯上，两个绕组的匝数分别是 N_1 和 N_2，把通入交流电源的绕组作为一次绕组或原绕组（一次侧），接入负载的绕组作为二次绕组或励磁绕组（二次侧）。

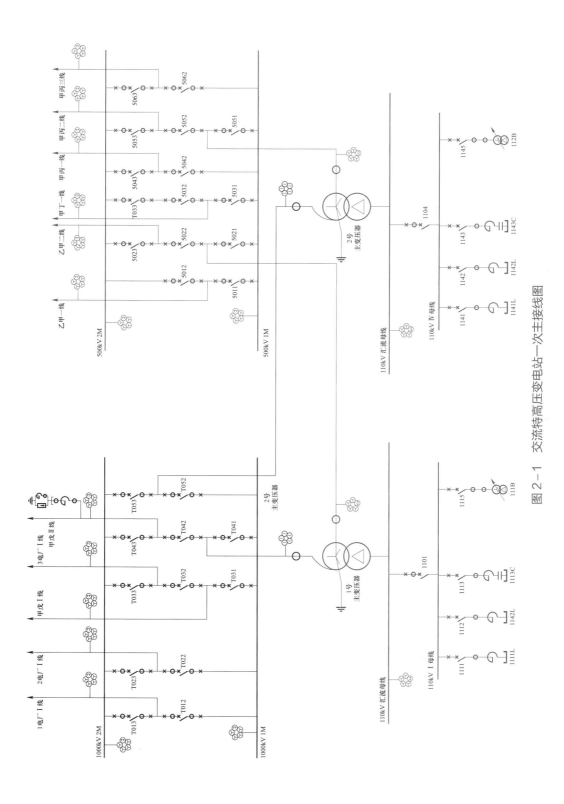

图 2-1　交流特高压变电站一次主接线图

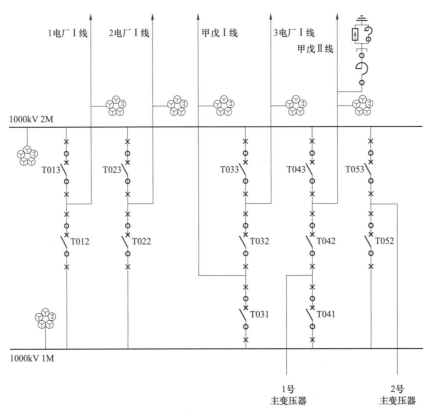

图 2-2 交流特高压变电站 1000kV 系统主接线

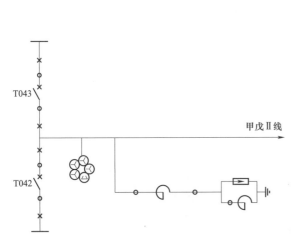

图 2-3 交流特高压变电站并联
电抗器主接线

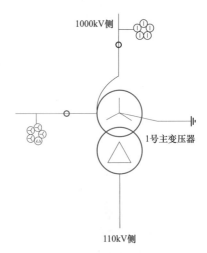

图 2-4 交流特高压变电站 1000kV
主变压器系统接线

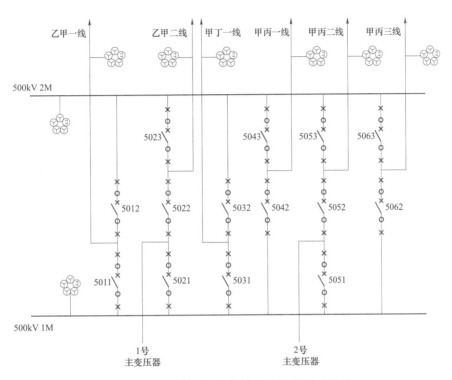

图 2-5 交流特高压变电站 500kV 系统主接线

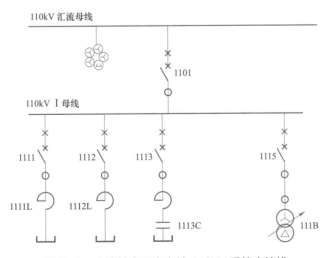

图 2-6 交流特高压变电站 110kV 系统主接线

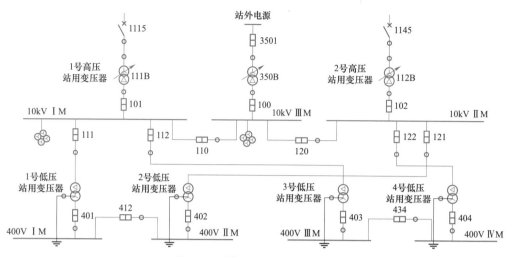

图2-7　站用电系统主接线图

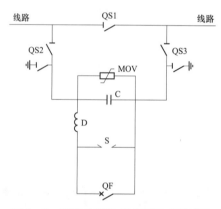

图2-8　固定串联补偿典型原理接线图

C—串联电容器组；MOV—金属氧化物变阻器；D—限流阻尼设备；S—保护火花间隙；
QF—旁路断路器；QS1—旁路隔离开关；QS2、QS3—串联隔离开关

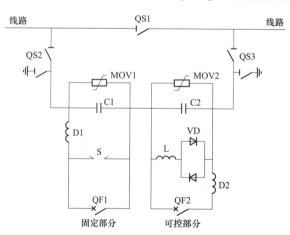

图2-9　可控串联补偿典型原理接线图

C1、C2—串联电容器组；MOV1、MOV2—金属氧化物变阻器；VD—晶闸管阀；L—补偿电抗器；

D1、D2—限流阻尼设备；S—保护火花间隙；QF1、QF2—旁路断路器；QS1—旁路隔离开关；QS2、QS3—串联隔离开关

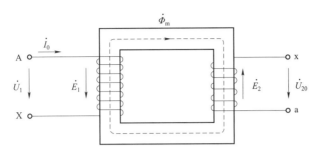

图 2-10 单相变压器基本原理图

当变压器一次侧通入 $\dot{U}_1$ 的电源电压，负载侧开路时，变压器空载运行，此时一次侧流过的电流为空载电流，即励磁电流，由励磁电流 $\dot{I}_0$ 产生的磁通势在铁芯中建立交变的磁场，产生主磁通 $\dot{\Phi}_{\mathrm{m}}$（交变频率与电源频率相同），该主磁通同时交链一次绕组和二次绕组，在两个绕组中分别感应出电动势 $\dot{E}_1$、$\dot{E}_2$。当变压器一次绕组通入电源电压、二次绕组接入负载时，为变压器负载运行。在变压器中，电压与感应电动势关系为 $\dot{U}_1 \approx \dot{E}_1 = N_1 \dfrac{\mathrm{d}\Phi}{\mathrm{d}t}$，$\dot{U}_2 \approx \dot{E}_2 = N_2 \dfrac{\mathrm{d}\Phi}{\mathrm{d}t}$，得到 $\dfrac{U_1}{U_2} \approx \dfrac{E_1}{E_2} = \dfrac{N_1}{N_2} = K$。故因为变压器一、二次绕组的匝数不相同，所以电压不相等，匝数多的绕组电压高，匝数少的绕组电压低，综上为变压器的变压原理。

2. 变压器的调压方式

自耦变压器调压方式按调压绕组位置分为中压侧线端调压和中性点调压。中压侧线端调压方式的调压开关位于中压侧出线端部，中压侧可通过增加或减少线圈匝数实现电压调整，高压侧电压保持不变，由补偿绕组来补偿调压过程中低压绕组的电压波动，使低压输出电压偏差控制在 0.5%以内。

常规 500kV 自耦变压器大都采取中压侧线端调压，调压引线和调压开关的电压水平为 220kV。而 1000kV 主变压器的中压侧线端为 500kV，如果采用中压侧线端调压，调压引线和调压开关的电压水平将为 500kV，这样不仅给产品的设计、制造造成极大困难，而且由于该方式下所需的绝缘技术难度极高，会不利于产品的安全运行。因此，1000kV 主变压器采用了中压末端，即中性点调压的调压方式。中性点调压不同于线端调压，采用的是变磁通调压方式，在该方式下进行调压时，不仅中压端电压会发生变化，并且当磁通发生变化时，低压绕组电压也会产生波动。考虑到无功补偿装置也接在低压端，若低压绕组电压发生波动，那么无功补偿装置对于无功的控制将会更为复杂。因此，为了补偿调压过程中低压绕组的电压波动，还需要设置补偿绕组。考虑到特高压变压器电压高、容量大，所以其总体外部结构采用独立外置调压变压器方式，即变压器主体与调压补偿变压器分箱布置。调压部分与主体部分分开，调压部分有问题时，主体仍可运行。主体部分采用不带调压的自耦变压器，调压变压器和低压补偿变压器组装在 1 个油箱内从而构成调压补偿变压器，低压侧采用三角形接法。

励磁分接开关、调压绕组和补偿绕组，其中无励磁分接开关和调压绕组实现中性点无励磁调压功能，补偿绕组实现低压绕组附加电压补偿功能。调压变压器励磁绕组 EV 与主体变压器低压绕组 LV 并联给调压变压器励磁；补偿变压器励磁绕组 LE 与调压变压器调压绕组 TV 并联给补偿变压器励磁；调压补偿变压器补偿绕组 LT 与主体变压器低压绕组 LV 串联对低压侧电压进行补偿，特高压主变压器及调补变压器绕组接线如图 2-11 所示。采用这种结构，使得特高压变压器的运输更为方便，并且其主铁芯磁路变得相对简单，简化了特高压变压器本体绝缘结构，如果调压装置在运行的过程中发生故障，更易检修和更换。

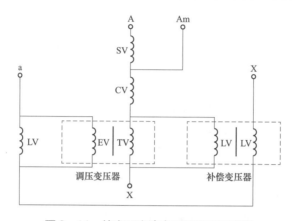

图 2-11　特高压交流变压器调压原理图

SV—串联绕组；CV—公共绕组；LV—低压绕组；EV—励磁绕组；
TV—调压绕组

3. 变压器的基本结构

根据系统要求，交流特高压变电站的变压器采用单相、自耦、中性点调压，强迫油循环、强迫风冷变压器，变压器总体外部结构采用独立外置式调压变压器和补偿变压器方式，即变压器本体与调压补偿变压器分箱布置类型。因调压部分与主体部分分开，调压部分有问题时，主体仍可运行。该结构便于运输、变压器结构简单、安全性较高。以下变压器结构介绍以特变电工生产的 1000kV 变压器为例进行介绍，变压器的结构主要由铁芯、绕组、套管、引线、冷却装置、分接开关和附件构成。特高压交流变压器外形如图 2-12 所示。

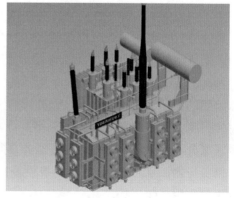

图 2-12　特高压交流变压器外形图

（1）1000kV 变压器铁芯结构。铁芯是变压器的主要部件之一，构成变压器的磁路，它是由导磁材料制成的框形闭合结构。为了减少涡流损耗，变压器铁芯由很薄的附有绝缘层的硅钢片叠积或卷绕而成。铁芯部分由导磁体和夹紧装置组成，主要作用是构成变压器的磁路，作为一次和二次电路电能转换媒介，构成变压器的器身结构骨架。

1）主体变压器铁芯结构（见图 2-13）。1000kV 变压器的主体变压器采用单相四柱或单相五柱铁芯，两柱或三柱套绕组的结构，全斜接缝，铁芯采用高导磁、低损耗优质冷轧硅钢片叠积而成。

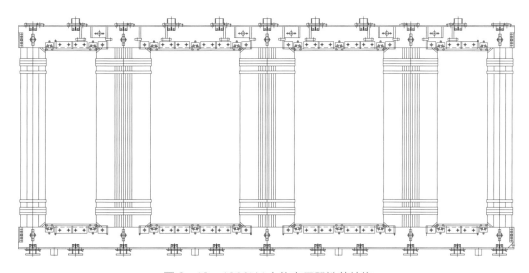

图 2-13　1000kV 主体变压器铁芯结构

2）调压补偿变压器铁芯结构。调压和补偿变压器铁芯均为两柱、口字形铁芯，采用高导磁、低损耗优质晶粒取向冷轧硅钢片叠积而成，全斜接缝。采用框架式夹紧结构。

（2）1000kV 变压器绕组结构。绕组是变压器变换和输配电能的中枢，为保证变压器长期安全可靠地运行，变压器绕组必须保证电气强度、耐热强度、机械强度的基本要求。

1）主体变压器绕组结构。主体绕组高、中、低压绕组全部并联。高压绕组采用纠结内屏连续式结构。首端采用组合导线，连续段和末端采用自粘换位导线，以降低由于横向漏磁引起的涡流损耗，避免过热。中压绕组、低压绕组均为内屏连续式。采用自粘性换位导线绕制。

2）调压补偿变压器绕组结构。调压器身为两柱并联，由铁芯向外一次为励磁绕组、调压绕组。调压变压器采用两芯柱套绕组，两柱并联结构。励磁绕组为内屏连续式结构，调压绕组为螺旋式结构。

补偿器身为单柱套绕组，由铁芯向外依次为补偿励磁绕组、补偿绕组。补偿变压器采用单柱套绕组结构，低压补偿绕组为螺旋式结构。补偿励磁绕组为连续式结构。低压绕组采用内屏连续式。

（3）1000kV 变压器油箱结构。油浸式变压器的油箱是钢质容器，具有容纳器身、充注变压器油以及散热冷却的作用。变压器油箱有两种基本形式，平顶油箱和拱顶（包括梯形顶）油箱。特高压变压器主体变压器油箱采用筒式结构，调压补偿变压器油箱采用平板筒式结构。

（4）1000kV 变压器冷却装置。1000kV 变压器主体变压器采用强迫油循环风冷（OFAF）的冷却方式，该冷却器是用空气冷却变压器运转时产生的热量的送油风冷式冷却器。由于变压器的热损失而被变压器加热的变压器油，经油泵从变压器油箱上部导入冷却器冷却管内，在流动时被空气冷却，再从下部经油泵压入变压器油箱内。冷却用空气由风机从冷却器本体送至风扇箱一侧，吸取变压器的热量从冷却器前面释放。调压补偿变压器采用了油浸自冷的（ONAN）冷却方式。

（5）1000kV 变压器绝缘。变压器的绝缘分为内绝缘和外绝缘。内绝缘是油箱内的各部分绝缘，外绝缘是套管上部对地和彼此之间的绝缘。变压器器身绝缘是内绝缘，是变压器的重要组成部分。

（6）无励磁分接开关。无励磁分接开关是变压器在无励磁状态下改变绕组分接位置的一种装置。在变压器无励磁的状态下，手动或电动操作手柄转动一个分接时，传动机构通过传动轴、齿轮组、回动轴等零部件使动触头移动改变所连接的定触头位置从而改变与定触头相连的变压器绕组的分接位置。

（7）变压器其他附件。

1）气体继电器。

气体继电器安装在变压器箱盖与储油柜的连管上，作为变压器内部故障的主要保护装置。由于变压器内部故障而使油分解产生的气体含量达到动作范围或油流冲动达到整定值时，使继电器的触点动作，以接通指定的控制回路，并及时发出告警（轻瓦斯动作）或跳闸切除变压器（重瓦斯动作），目前 1000kV 变压器气体继电器轻瓦斯均投跳闸功能。气体继电器分为单浮子气体继电器和双浮子气体继电器。气体继电器安装图如图 2-14 所示。

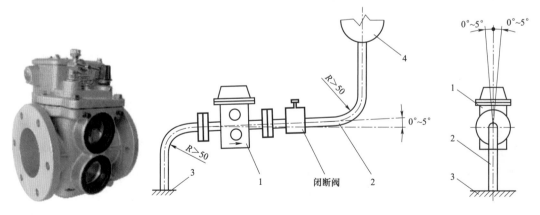

图 2-14　气体继电器安装图

1—气体继电器；2—管道；3—油箱；4—储油柜

2）压力释放阀。压力释放阀是一种保护阀门，作为油箱防爆保护装置，主要由阀体及电气、机械信号组成，压力释放阀断面如图 2-15 所示，带有机械信号标志的压力释放阀，当压力释放阀开启后，标志杆应明显动作。压力释放阀关闭时，标志杆仍应滞留在开启后的位置上，手动复位。装有信号开关的压力释放阀，当压力释放阀开启后，信号触点应可靠地切换并自锁，手动复位。

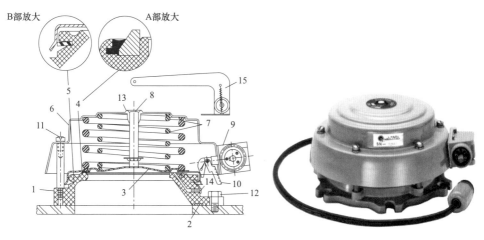

图 2-15　压力释放阀

1—法兰；2—密封垫；3—动作盘；4—顶部氰橡胶密封垫；5—侧向接触式密封垫；6—外罩；7—弹簧；
8—指示杆；9—报警开关；10—复位杆；11—螺栓；12—螺栓；13—指示杆衬套；14—放气塞；15—扬旗

3）温度计（见图 2-16）。温度计是监视变压器运行温度的测温装置和保护装置。油面温度计用于测量变压器油箱顶层油温，绕组温度计用于测量变压器油箱顶层油温和绕组热点温度，主要由温包、毛细管、表头组成，绕组温度计组成还包括电流匹配器（分内置式和外置式），温度计温包均插入油箱箱盖上的温度计座内。油面温度计利用感温介质热胀冷缩来显示变压器内顶层油温，绕组温度计采用热模拟技术显示变压器绕组温度。带有控制和远传开关信号，开关信号用于控制冷却系统和变压器二次保护（报警和跳闸）。

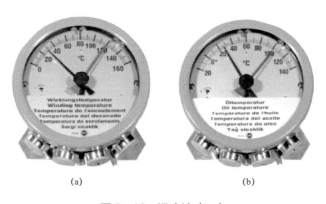

图 2-16　温度计（一）

（a）油温表；（b）绕组温度计

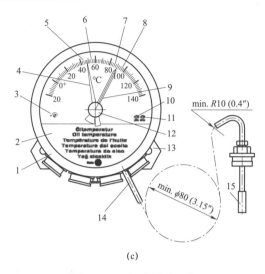

(c)

图 2-16 温度计（二）

（c）温度表结构

1—盖板；2、3—螺钉；4—指针；5、6、7、8、9—最大读数指针；10、11、12—旋钮；
13—固定底板；14—毛细管；15—温度传感器

4）油位计（见图 2-17）。油位显示器是一种测量装置，由传感器组件和显示器组件组成，两个组件由可分离的接头连接。传感器的浮子随着油面升降并通过浮子杆将位移传递给传感器中的连接结，经毛细管将位移传递给显示器从而驱动显示器里的指针转动，以达到显示储油柜油位的目的，在储油柜的最低油位和最高油位时使微动开关动作，发出报警信号。

5）套管。变压器的套管将变压器内部的高、低压引线引到油箱的外部，具有引线对地绝缘和固定引线的作用，是变压器的载流组件之一。

6）储油柜。储油柜是变压器油存储、补充及保护的组件，安装在变压器油箱顶部，与变压器油箱相连。当油箱的油随温度升高体积膨胀时，多余的油通过联管到达储油柜，这样储油柜就完成了存储变压器油的作用；反之，当温度下降时，储油柜中的油通过联管到达油箱，补充变压器油的不足，

图 2-17 油位计

1000kV 变压器储油柜为胶囊式全真空储油柜。

7）吸湿器。吸湿器是变压器和解除真空干燥空气的专用装置，作用是保护储油柜内的空气干燥，吸附由于变压器温度变化而进入变压器储油柜的空气粉尘和潮气。

（二）并联电抗器

并联电抗器是高压远距离输电系统中的重要设备，一般接在超高压输电线的末端和地之间，其主要作用：一是补偿线路电容效应，限制系统中工频过电压的升高，改善供电质量，保护用电设备；二是减小潜供电流，加速潜供电流熄灭，提高重合闸的成功率；三是

减少线路损耗并维持无功功率。

1. 高压并联电抗器结构及附件

高压并联电抗器结构及附件以西安西电变压器有限责任公司生产的 1000kV 320Mvar 并联电抗器为例进行详细说明。

（1）铁芯结构。

1）铁芯结构组成。1000kV 特高压并联电抗器采用双芯柱带两旁轭磁路结构，如图 2-18 所示。并联电抗器铁芯结构主要由三大部分组成，即磁路部分、机械支撑部分和接地系统。以上部分通过有效的夹紧和压紧装置将铁芯组成一个整体。铁芯的铁轭外框为矩形，夹件采用平板式结构，旁柱夹件和下铁轭夹件焊接为一体，成直角"U"形结构。铁芯柱的铁芯饼为辐射形叠片，用特殊浇注工艺浇注成整体，确保其机械强度。夹件和铁轭由接地套管分别引出，并采取有效措施防止铁芯多点接地。

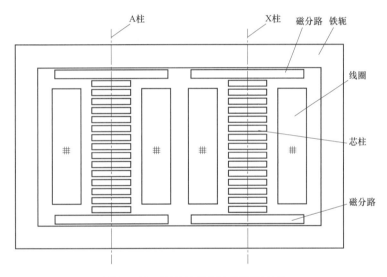

图 2-18　双芯柱带两旁轭磁路结构

2）铁芯接地。铁芯接地系统分为铁芯片接地、金属结构件接地和屏蔽接地三部分。铁芯片和金属结构件互相绝缘，且和油箱分别绝缘，单独通过套管引出油箱外，接地线引至油箱下部接地。

（2）绕组结构。绕组是电抗器的主要组成部分，必须具有足够的电气强度、耐热强度和机械强度，才能保证电抗器可靠地运行。电抗器的绕组有圆筒式和饼式两种。对于 1000kV 特高压并联电抗器，考虑运输条件的限制，采用两芯柱带两旁轭的铁芯结构形式，两柱绕组串联，绕组采用插花纠结式绕制形式，如图 2-19 所示。

2. 引线

（1）接线原理。1000kV 特高压并联电抗器由于电压高、容量大，并联电抗器在结构上采取两柱结构，两柱之间的连接方式有两柱先并联后串联和两柱先串联后并联两种接线方式，接线方式如图 2-20 所示。

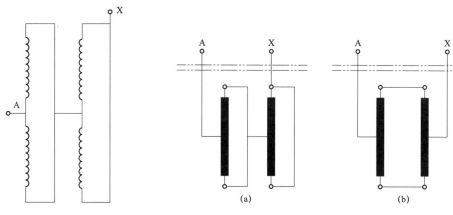

图 2-19　1000kV 高压并联电抗器
两柱绕组接线原理图

图 2-20　并联电抗器结构

（a）两柱先并联后串联；（b）两柱先串联后并联

西安西电变压器有限责任公司生产的 1000kV 320Mvar 并联电抗器采用两柱先并联后串联的接线方式。

（2）结构介绍。

1）1000kV 引线及出线装置结构。1000kV 引出线是特高压并联电抗器的关键部分，直接关系到其可靠运行。高压并联电抗器 1000kV 出线从 A 柱中部出来后，直接进入出线装置，在器身出头处围屏上设置了数道成型件，与出线装置的成型件互相交错配合。引线与出线装置结构如图 2-21 所示。整个出线装置绝缘可靠，整体机械强度高，能够抵御运行中的振动和运输中的冲撞。

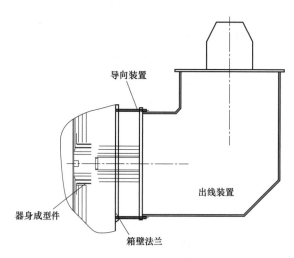

图 2-21　引线与出线装置结构

2）中性点引出线结构。中性点引出线为 X 柱的上下端并联后的引出线，由于电压已经降为 110kV，连线比较简单，上下端部用铜绞线连接后直接引出，通过绝缘支架和导线夹紧。

3. 主要附件

电抗器采用双芯柱加两旁轭铁芯结构，芯柱带有气隙垫块，绕组采用饼式绕组结构，器身通过铁轭用高强度的拉螺杆压紧，油箱为桶式平箱盖结构，冷却方式为油浸风冷（ONAF）。压力释放阀、温度控制器、气体继电器、绕组温度计、油位表等可参照主变压器部分，不详细赘述。

（1）油箱。1000kV 电抗器油箱采用桶式平箱盖结构，为长方形且箱盖和箱沿焊死的全密封油箱。高压侧和中性点侧的箱壁上都装有屏蔽，可对绕组漏磁通提供回路，有效吸收漏磁通，减小漏磁通在油箱壁表面产生涡流损耗，防止局部过热的产生。

（2）冷却设备。1000kV 并联电抗器散热系统由多组可拆式宽片散热器组成，独立放置，集中散热；宽片散热器的底部安装有底吹式低噪声风机，能保证其有效散热能力。

（三）开关设备

开关设备是指能关合、承载、开断正常回路条件下的负荷电流，同时也能够关合，同时也能够在规定的时间内承载和开断异常回路条件（如短路条件、失步条件）下的故障电流的机械开关装置。

1. 开关设备的功能

在电力系统中起着两方面的关键作用：一是控制作用，即根据运行需要，改变运行方式，关合和开断正常运行的电路，将电力设备（线路）投入或退出运行；二是保护作用，即在电力设备（线路）发生故障时，通过继电保护装置动作于断路器，快速将故障电流开断，将故障部分从电力系统中迅速切除，保证电力系统无故障部分的正常运行，以减轻电力设备的损坏和提高电网的稳定性。

2. 开关设备的结构

交流特高压 1000kV 侧配电装置采用 GIS 设备，包括断路器、隔离开关、接地开关、电压互感器、电流互感器、出线套管、主母线等基本元件，可根据要求组合成所需的主接线方式。壳体内充以 SF_6 气体，作为绝缘和灭弧截止。断路器是 GIS 最主要元件、核心元件。以 ZF27-1100（L）/Y6300-63 型 GIS 中断路器为例进行详细说明。

交流特高压 500kV 侧配电装置采用 GIS 或 HGIS 设备，HGIS 是介于常规常开磁柱式电器设备（AIS）和气体绝缘金属封闭开关设备（GIS）之间的一种新型电气设备，结构与 GIS 基本相同，但不包括母线设备。

交流特高压 110kV 侧配电装置采用 HGIS 设备，特高压站除主变压器低压侧分支断路器之外均为负荷开关。负荷开关是介于断路器和隔离开关之间的一种开关电器，具有简单的灭弧装置，能切断额定负荷电流和一定的过负荷电流，但不能切断短路电流。

断路器大体上是由开断部分、操动机构、传动机构、绝缘支撑元件、基座等五部分组成。

（1）开断部分。执行接通或断开电路的任务。包括主开断部、电阻开断部等部分。灭弧室其主要通过管内真空优良的绝缘性使中高压电路切断电源后能迅速熄弧并抑制电流，避免事故和意外的发生。

（2）操动机构。向通断元件提供分、合闸操作的能量，实现各种规定的顺序操作，并维持断路器的合闸状态。

（3）传动机构。把操动机构提供操作能量及发出的操作命令传递给通断元件。

（4）绝缘支撑元件。支撑固定通断元件，并实现与各结构部分之间的绝缘作用。

（5）基座。用于支撑、固定和安装开关电器的各结构部分，使之成为一个整体。

ZF27－1100（L）/Y6300－63 型 GIS 气体断路器单极为双断口串联布置，其外形如图 2－22 所示，主要由断路器本体、灭弧室、液压机构构成。

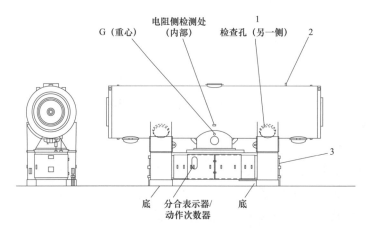

图 2－22 GCB 单极外形

1—断路器本体；2—灭弧室；3—液压机构

3．监视与保护

（1）监视。用各种压力表、密度压力表监视操作压力、SF_6 气体压力。在密度压力表显示 SF_6 气体的压力时，气体压力值随着温度的变化而变化。

（2）压力整定。当操作压力或 SF_6 气体压力降低时，通过二次控制回路会发出报警，进行电器上的闭锁。

（3）非全相保护。断路器在分合闸过程中发生非全相情况时，由辅助开关动合、动断触点构成的检测回路导通，使时间继电器线圈带电，经过时间延迟后，启动分闸线圈使断路器三相分闸，从而起到非全相保护作用。

（4）防跳。当断路器合闸于永久性故障电路时继电保护动作，断路器跳闸；若此时断路器合闸命令仍未解除，断路器将再次合闸，这样断路器反复合分—合分称为断路器跳跃。跳跃情况的发生，轻则烧坏触头，重则可能致使断路器爆炸。断路器装设防止跳跃装置，即防跳装置。

（四）串联补偿装置

串联补偿是一种将无功补偿装置通过串联的方式接入线路进行无功补偿的技术。具有提高输电系统的输送能力、提高系统的稳定性、均匀潮流分布等作用。

1. 串联分类

串联补偿装置根据补偿度是否可调，分为固定的串联补偿装置（FSC）和补偿度可灵活控制调节的串联补偿装置（TCSC）。

（1）固定串联补偿装置。固定串联补偿装置是将电容器直接串接在线路中，电容器容量运行中不能调节，补偿度确定。并配有旁路断路器、隔离开关、串联补偿平台、支撑绝缘子、控制保护系统等辅助设备组成的装置，简称固定串联补偿。串联补偿平台上主要设备有电容器组、金属氧化物限压器、火花间隙、阻尼装置、电流互感器等，如图2-23所示。

（2）可控串联补偿。可控串联补偿装置是在固定串联补偿的基础上并联一条可控电抗器支路，如图2-24所示。正常工作中，可控串联补偿工作在容性区已补偿线路感抗，提高线路输送功率。当线路发生接地故障时，可调节晶闸管阀的触发角，使可控串联补偿工作在感性区，增加线路的总电抗，减小短路电流，而且在相控电抗器配合合适的条件下，还可以降低可控串联补偿装置的工频过电压。

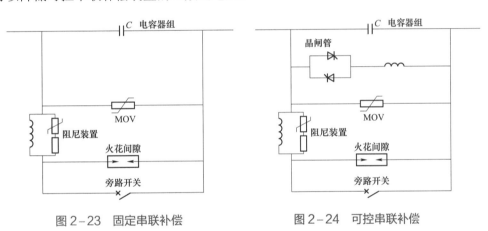

图2-23 固定串联补偿   图2-24 可控串联补偿

2. 串联补偿结构

串联补偿装置是由串联电容器组、旁路断路器、旁路隔离开关、串联隔离开关、接地开关、金属氧化物限压器（MOV）、火花间隙及其控制、测量、监视、保护设备和绝缘支持结构组成的成套装置。图2-25所示为可控串联补偿结构。

（1）电容器组。电力电容器通常分为并联电容器和串联电容器。并联电容器主要用来补偿系统中的无功损耗，实现无功功率的就地平衡，以便调节系统电压、降低电网传输中的线损。串联电容器主要用来补偿长距离输电线路的感抗，缩短电气距离，提高线路输送容量和系统的稳定性。

串联电容器组是串联补偿装置的主要组成元件，安装在对地绝缘的串联补偿平台上，其主要作用是补偿线路感抗，是实现串联补偿功能的核心元件。一般分为外熔丝、内熔丝和无熔丝形式。

图 2-25　可控串联补偿结构

（2）金属氧化物限压器（MOV）。金属氧化物限压器（MOV）是串联补偿装置中电容器过电压保护设备，并联在串联补偿电容器组两端，用于限制输电线路故障条件下在电容器组上产生的工频过电压，该电压低于电容器组的绝缘水平。

金属氧化物限压器（MOV）主要包括电阻阀片、绝缘件和绝缘外套，如图 2-26 所示，非线性金属氧化物电阻片是 MOV 核心工作元件。特高压串联补偿中，MOV 一般采用多单元并联及多柱体结构，芯体由四柱非线性电阻片并联组成，故障时使各阀片均匀分配电流。

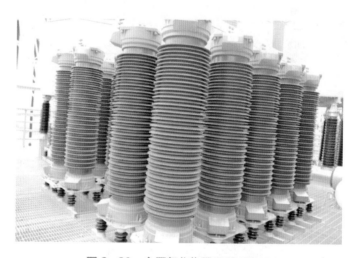

图 2-26　金属氧化物限压器 MOV

（3）强制触发型火花间隙（GPA）。火花间隙是 MOV 的主保护，电容器组的后备保护。在线路故障电容器组过电压情况下，MOV 会导通，将电容器电压限制在设计水平以内，保护电容器组的安全运行。

触发型火花间隙包括主间隙和触发控制系统两个部分。主间隙由闪络电极和续流电极以及封装电极的检修外壳构成，具有很强的电流通流能力和快速的绝缘恢复性能；触发控制系统位于主间隙下方，由触发控制电路和密封间隙等设备构成，具有快速触发相应速度的触发放电性能。图 2-27 所示为强制触发型火花间隙装置。

（4）旁路开关。旁路开关是一种专用的断路器，具有快速合闸能力，用于旁路串联补偿设备，是串联补偿装置投入和退出运行的主要操作设备，具有投入和退出电容器组、保护火花间隙、降低潜供电流的作用。

（5）阻尼装置。阻尼装置的作用是在间隙和旁路开关动作时，限制阻尼电容器放电电流的幅值和频率，使电流快速衰减，防止电容器、火花间隙、旁路开关等设备在放电过程中损坏。阻尼装置可以迅速释放电容器组残余电荷，避免电容器组残余电荷对线路断路器恢复电压及线路潜供电流电弧等产生不利影响，是串联补偿装置的重要组成部分。阻尼装置结构如图 2-28 所示。

特高压串联补偿工程一般采用电抗+MOV 串电阻型阻尼装置。该类型阻尼装置由阻尼电抗器和阻尼电阻器组成，阻尼电阻器内部包括 MOV 阀片和线性电阻两部分，阻尼电抗器则是一个干式空心电抗器构成，其放电电流的衰减特性比较好，长时间运行时阻尼装置损耗低，当系统短路电流比较大时，阻尼装置吸收的能量减少，但结构比较复杂。

图 2-27　强制触发型火花间隙装置

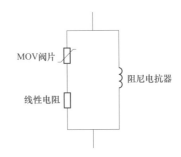

图 2-28　阻尼装置结构

第二节　特高压变压器保护原理及配置

一、特高压变压器保护配置概况

电流差动保护是变压器的主保护，保护范围为变压器绕组内部及其引出线上发生的各种相间短路故障，同时也可以用来保护变压器单相匝间短路故障。特高压主变压器和调压补偿变压器相互独立，差动保护也分别独立配置，主变压器差动保护采用常规保护装置，调压补偿变压器由于结构特殊，差动保护回路较复杂。特高压变压器采用单相自耦变压器的结构，主体变压器和调压补偿变压器结构上相互独立，不仅便于运输，而且使主变压器运行可靠性得以提升、简化了运维工作，在调压部分出现问题时，可与主变压器主体部分分开，不影响主变压器的运行。由于其结构上的相互独立，主体变压器差动保护在调压补偿变压器调压绕组、补偿绕组匝间短路时灵敏度不足，因此在保护装置的配置上除了一套完整的主体变压器的电气量、非电气量保护外，还配置了一套完整的调压补偿变压器的电气量、非电气量保护，其中电气量保护包括调压变压器纵联差动保护和补偿变压器纵联差动保护，非电气量保护与主变压器非电量保护差异较小。

主变压器保护包括多种原理的差动保护，并含有全套后备保护功能，可根据需要灵活配置，功能调整方便。主变压器保护具体配置如图 2-29 所示。

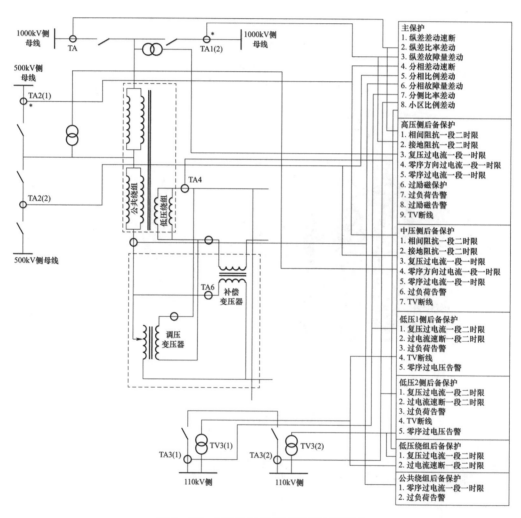

图 2-29　1000kV 主变压器保护示意图

主变压器保护配置如表 2-1 所示。

表 2-1 主 变 压 器 保 护 配 置

设备名称	保护功能	互感器采样	动作行为
1000kV 主体变压器	纵联差动保护 纵联差动速断保护 纵联稳态比率差动保护 纵联故障量差动保护	TA1（1）/TA1（2）/TA2（1）/TA2（2）/TA3（1）/TA3（2）	跳主变压器三侧断路器
	分相差动保护 分相差动速断保护 分相稳态比率差动保护 分相故障量差动保护	TA1（1）/TA1（2）/TA2（1）/TA2（2）/TA4	
	低压侧小区差动保护 低压侧小区稳态比率差动保护	TA3（1）/TA3（2）/TA4/TA7	
	分侧差动保护 分侧稳态比率差动保护	TA1（1）/TA1（2）/TA2（1）/TA2（2）/TA5	

二、变压器主保护构成及原理

变压器纵差保护作为变压器绕组故障时变压器的主保护，差动保护的保护区是构成差动保护各侧电流互感器之间所包围的部分，包括变压器本身、电流互感器与变压器之间的引出线。

（一）主体变压器主保护

1. 纵差保护

纵差保护是指由变压器各侧外附 TA 构成的差动保护，各侧 TA 正极性端在母线侧，该保护能反映变压器各侧的各种类型故障。纵差保护应注意空载合闸时励磁涌流对变压器差动保护引起的误动，以及过励磁工况下变压器差动保护动作的行为。

以下以 YNyd11 变压器为例来说明纵差差流的计算。

高压侧额定电流

$$I_{nh} = \frac{S}{\sqrt{3}U_h n_{ah}} \tag{2-1}$$

中压侧额定电流

$$I_{nm} = \frac{S}{\sqrt{3}U_m n_{am}} \tag{2-2}$$

低压侧额定电流

$$I_{nl} = \frac{S}{\sqrt{3}U_l n_{al}} \tag{2-3}$$

式中：S 为变压器高中压侧容量；U_h、U_m、U_l 为变压器高、中、低压侧电压；n_{ah}、n_{am}、n_{al} 为变压器高、中、低压侧 TA 变比。

由于各侧电压等级和 TA 变比不同，计算差流时需要对各侧电流进行折算，保护装置各侧电流均折算至高压侧。

变压器纵差各侧平衡系数和各侧的电压等级及 TA 变比都有关，计算如下。

高压侧平衡系数

$$K_h = \frac{I_{nh}}{I_{nh}} = 1 \qquad (2-4)$$

中压侧平衡系数

$$K_m = \frac{I_{nh}}{I_{nm}} \qquad (2-5)$$

低压侧平衡系数

$$K_l = \frac{I_{nh}}{I_{nl}} \qquad (2-6)$$

变压器各侧电流互感器采用星形接线，二次电流直接接入保护装置，电流互感器各侧的极性都以母线侧为极性端。

由于 Y 侧和 △ 侧的线电流的相位不同，计算纵差差流时，变压器各侧 TA 二次电流相位由软件调整，保护装置通过由 Y→△ 变化计算纵差差流。

对于 Y 侧

$$\left.\begin{array}{l} \dot{I}_{dai} = \dfrac{[\dot{I}_{ai} - \dot{I}_{bi}]k_i}{\sqrt{3}} \\[2mm] \dot{I}_{dbi} = \dfrac{[\dot{I}_{bi} - \dot{I}_{ci}]k_i}{\sqrt{3}} \\[2mm] \dot{I}_{dci} = \dfrac{[\dot{I}_{ci} - \dot{I}_{ai}]k_i}{\sqrt{3}} \end{array}\right\} \qquad (2-7)$$

对于 d11 侧

$$\left.\begin{array}{l} \dot{I}_{dai} = \dot{I}_{ai}k_i \\ \dot{I}_{dbi} = \dot{I}_{bi}k_i \\ \dot{I}_{dci} = \dot{I}_{ci}k_i \end{array}\right\} \qquad (2-8)$$

式中：$\dot{I}_{ai}$、$\dot{I}_{bi}$、$\dot{I}_{ci}$ 为测量到的各侧电流的二次矢量值；I_{dai}、I_{dbi}、I_{dci} 为经折算和转角后的各侧线电流矢量值；k_i 为变压器高、中、低侧的平衡系数（k_h, k_m, k_l）。

如果通过由 △→Y 变化计算纵差差流，则对于 Y 侧

$$\left.\begin{array}{l} \dot{I}_{dai} = \dot{I}_{ai}k_i \\ \dot{I}_{dbi} = \dot{I}_{bi}k_i \\ \dot{I}_{dci} = \dot{I}_{ci}k_i \end{array}\right\} \qquad (2-9)$$

对于 d11 侧

$$\left.\begin{array}{l} \dot{I}_{dai} = \dfrac{[\dot{I}_{ai} - \dot{I}_{ci}]k_i}{\sqrt{3}} \\[2mm] \dot{I}_{dbi} = \dfrac{[\dot{I}_{bi} - \dot{I}_{ai}]k_i}{\sqrt{3}} \\[2mm] \dot{I}_{dci} = \dfrac{[\dot{I}_{ci} - \dot{I}_{bi}]k_i}{\sqrt{3}} \end{array}\right\} \qquad (2-10)$$

差动电流

$$\left.\begin{aligned} I_{da} &= \left|\sum_{i=1}^{n} \dot{I}_{dai}\right| \\ I_{db} &= \left|\sum_{i=1}^{n} \dot{I}_{dbi}\right| \\ I_{dc} &= \left|\sum_{i=1}^{n} \dot{I}_{dci}\right| \end{aligned}\right\} \quad (2-11)$$

制动电流

$$\left.\begin{aligned} I_{ra} &= \frac{\sum_{i=1}^{n}\left|\dot{I}_{dai}\right|}{2} \\ I_{rb} &= \frac{\sum_{i=1}^{n}\left|\dot{I}_{dbi}\right|}{2} \\ I_{rc} &= \frac{\sum_{i=1}^{n}\left|\dot{I}_{dci}\right|}{2} \end{aligned}\right\} \quad (2-12)$$

2. 差动速断保护

在空投变压器和变压器区外短路切除时会产生很大的励磁涌流，而且该励磁涌流都成为差动电流从而使变压器纵联差动保护误动。为此，变压器纵差保护都设置了差动速断元件。它的动作电流整定值很大，比最大的励磁涌流值还大，依靠定值来躲励磁涌流。这样差动速断元件可以不经励磁涌流判据闭锁，也不经过过励磁判据、电流互感器饱和判据的闭锁。当任一相差动电流大于差动速断整定值时瞬时动作跳开变压器各侧断路器，不经任何闭锁条件直接出口。

3. 稳态量比率差动

目前，在变压器纵差保护中，为提高内部故障时的动作灵敏度及可靠躲过外部故障的不平衡电流，均采用具有比率制动动作特性曲线的差动元件，比率制动曲线为 3 折线式，如图 2－30 所示，采用如下动作方程

$$\left.\begin{aligned} &I_d \geqslant I_{opmin}, I_r < I_{s1} \\ &I_d \geqslant I_{opmin} + (I_r - I_{si})k_1, I_{s1} \leqslant I_r \leqslant I_{s2} \\ &I_d \geqslant I_{opmin} + (I_{s2} - I_{s1})k_1 + (I_r - I_{s2})k_2, I_r \geqslant I_{s2} \end{aligned}\right\} \quad (2-13)$$

式中：I_d 为差动电流；I_r 为制动电流；I_{opmin} 为最小动作电流；I_{s1} 为制动电流损点 1（取 $0.8I_e$）；I_{s2} 为制动电流损点 2（取 $3I_e$）；k_1 为斜率 1（取 0.5）；k_2 为斜率 2（取 0.7）；I_e 为基准侧额定电流（即高压侧）。

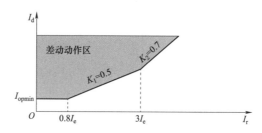

图 2-30 差动制动曲线图

4. 故障分量比率差动

故障分量电流是由从故障后电流中减去负荷分量而得到，用 ΔI 表示故障增量 $\Delta I_i = I_i - I_{iL}$；脚标 L 表示正常负荷分量，取一段时间前（两个周波）的计算值。

与传统比率差动相比，忽略变压器各侧负荷电流之后，故障分量原理与传统原理的差动电流相同，主要不同表现在制动量上，发生内部轻微故障（如单相高阻抗接地或小匝间短路）时，这时制动电流主要由负荷电流 I_{iL} 决定，从而使传统差动保护中制动量大而降低了灵敏度。发生外部故障时，制动电流主要取决于 ΔI_r，因此故障分量与传统原理的制动电流相当，不会引起误动。

5. 分相差动保护

分相差动保护是指由变压器高、中压侧外附 TA 和低压侧三角内部套管（绕组）TA 构成的差动保护，该保护能反映变压器内部各种故障，各侧 TA 正极性端在母线侧。

同纵差保护一样，分相差动保护应注意空载合闸时励磁涌流对变压器差动保护引起的误动，以及过励磁工况下的变压器差动保护动作行为。

分相差动的差动速断保护，稳态量比例差动和故障量比例差动的动作条件、闭锁条件和参数设定均与纵差相同，考虑到纵差保护范围包含分相差动保护范围，当纵差保护控制字投入时，可退出分相差动保护。

6. 分侧差动保护

分侧差动保护是指将变压器的各侧绕组分别作为被保护对象，由各侧绕组的首末端 TA 按相构成的差动保护，该保护不能反映变压器各侧绕组的全部故障。分侧差动保护指由自耦变压器高、中压侧外附 TA 和公共绕组 TA 构成的差动保护。分侧差动保护具有以下特点：励磁涌流不会流经差动回路，可忽略励磁涌流的影响；调压过程中，各侧电流随之发生变化，差动回路中不会产生不平衡电流，可忽略调压的影响。

7. 低压侧小区差动保护

低压侧小区差动保护是由低压侧三角形两相绕组内部 TA 和一个反映两相绕组差动电流的外附 TA 构成的差动保护，该保护反应低压侧绕组和低压侧绕组至低压侧外附 TA 短引线的故障。

低压侧小区差动各侧平衡系数，只和各侧的 TA 变比有关。

低压侧外附 TA 平衡系数

$$K'_1 = \frac{n_{\mathrm{al}}}{n_{\mathrm{al}}} = 1 \tag{2-14}$$

低压侧套管 TA 平衡系数

$$K'_{\mathrm{r}} = \frac{n_{\mathrm{ar}}}{n_{\mathrm{al}}} \tag{2-15}$$

其中，n_{al}、n_{ar} 分别为低压侧外附 TA 和低压侧套管 TA 的 TA 变比，计算差流时各侧电流均折算至低压侧外附 TA 侧。

低压侧小区差动采用相电流计算，不需要做移相处理。电流互感器各侧的极性都以母线侧为极性端。

$$\left. \begin{array}{l} \dot{I}_{\mathrm{dar}} = \dot{I}_{\mathrm{ar}} k_{\mathrm{r}} \\ \dot{I}_{\mathrm{dbr}} = \dot{I}_{\mathrm{br}} k_{\mathrm{r}} \\ \dot{I}_{\mathrm{dcr}} = \dot{I}_{\mathrm{cr}} k_{\mathrm{r}} \end{array} \right\} \tag{2-16}$$

式中：$\dot{I}_{\mathrm{dar}}$、$\dot{I}_{\mathrm{dbr}}$、$\dot{I}_{\mathrm{dcr}}$ 分别为折算后的低压侧套管 TA 相电流矢量值。

差动电流

$$\left. \begin{array}{l} I_{\mathrm{da}} = \left| \sum_{i=1}^{n} \dot{I}_{\mathrm{da}i} + \dot{I}_{\mathrm{dbr}} - \dot{I}_{\mathrm{dar}} \right| \\[2ex] I_{\mathrm{db}} = \left| \sum_{i=1}^{n} \dot{I}_{\mathrm{db}i} + \dot{I}_{\mathrm{dcr}} - \dot{I}_{\mathrm{dbr}} \right| \\[2ex] I_{\mathrm{dc}} = \left| \sum_{i=1}^{n} \dot{I}_{\mathrm{dc}i} + \dot{I}_{\mathrm{dar}} - \dot{I}_{\mathrm{dcr}} \right| \end{array} \right\} \tag{2-17}$$

制动电流

$$\left. \begin{array}{l} I_{\mathrm{ra}} = \dfrac{\sum_{i=1}^{n} \left| \dot{I}_{\mathrm{da}i} \right| + \left| \dot{I}_{\mathrm{dbr}} \right| + \left| \dot{I}_{\mathrm{dar}} \right|}{2} \\[3ex] I_{\mathrm{rb}} = \dfrac{\sum_{i=1}^{n} \left| \dot{I}_{\mathrm{db}i} \right| + \left| \dot{I}_{\mathrm{dbr}} \right| + \left| \dot{I}_{\mathrm{dcr}} \right|}{2} \\[3ex] I_{\mathrm{rc}} = \dfrac{\sum_{i=1}^{n} \left| \dot{I}_{\mathrm{dc}i} \right| + \left| \dot{I}_{\mathrm{dcr}} \right| + \left| \dot{I}_{\mathrm{dar}} \right|}{2} \end{array} \right\} \tag{2-18}$$

式中：$\dot{I}_{\mathrm{da}i}$、$\dot{I}_{\mathrm{db}i}$、$\dot{I}_{\mathrm{dc}i}$ 分别为折算后的低压侧外附 TA 相电流矢量值。

低压侧小区差动保护为比例差动保护，比例制动曲线为 3 折段，如图 2－31 所示，其动作方程如下。

（1）$I_{\mathrm{xd}} \geqslant I_{\mathrm{xopmin}}$　　　$I_{\mathrm{xr}} < I_{\mathrm{xs1}}$ $\tag{2-19}$

（2）$I_{\mathrm{xd}} \geqslant I_{\mathrm{xopmin}} + (I_{\mathrm{xr}} - I_{\mathrm{xs1}}) k_{\mathrm{x1}}$　　　$I_{\mathrm{xs1}} \leqslant I_{\mathrm{xr}} < I_{\mathrm{xs2}}$ $\tag{2-20}$

（3）$I_{xd} \geqslant I_{xopmin} + (I_{xs2} - I_{xs1})k_{x1} + (I_{xr} - I_{xs2})k_{x2}$　　　$I_{xr} \geqslant I_{xs2}$　　　　　（2 − 21）

式中：I_{xd} 为差动电流；I_{xr} 为制动电流；I_{xopmin} 为最小动作电流；I_{xs1} 为制动电流拐点 1（取 $0.8I_e$）；I_{xs2} 为制动电流拐点 2（取 $3I_e$）；k_{x1} 为斜率 1（取 0.5）；k_{x2} 为斜率 2（取 0.7）；I_e 为基准侧额定电流（低压侧外附 TA 按照高中压侧额定容量计算的额定电流）低压侧小区差动最小动作值取纵差最小动作定值，与纵差保护灵敏度一致，低压侧小区差动保护经过 TA 断线判别（可选择）和 TA 饱和判别闭锁后出口。

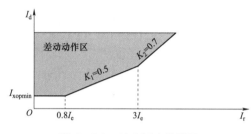

图 2 − 31　差动制动曲线图

考虑到纵差保护范围包含低压侧小区差动保护范围，当纵差保护控制字投入时，可退出低压侧小区差动保护。

（二）调压补偿变压器主保护

1. 调压补偿变压器差动保护构成及原理

调压变压器和补偿变压器为三相分相变压器，在运行时，由于 TA 变比和档位不同，各侧电流大小不同，需要通过数字方法进行补偿，消除电流大小差异。调压补偿变压器差动保护主要为防止主体变压器保护对调压补偿变压器匝间故障灵敏度不足而专门配置的，调压补偿变压器保护同时适用于无载调压和有载调压两种调压模式。

2. 调压补偿变压器差动保护配置

1000kV 调压补偿变压器保护示意图如图 2 − 32 所示。1000kV 调压补偿变压器保护配置表如表 2 − 2 所示。

表 2−2　　　　　　　　　1000kV 调压补偿变压器保护配置表

设备名称	保护功能	互感器采样	动作行为
1000kV 调压变压器	调压变压器差动保护	TA5/TA6/TA7	跳主变压器三侧断路器
1000kV 补偿变压器	补偿变压器差动保护	TA4/TA6/TA7	

3. 调压变压器纵差保护

如图 2 − 32 所示，调压/补偿变压器纵差保护是指由调压变压器各侧套管 TA（TA7——调压变压器三角形侧电流，TA5——调压变压器星形侧公共绕组电流，TA6——调压变压器星形侧补偿侧电流）构成的差动保护，该保护能反映调压变压器各侧的各种类型故障。

调压变压器纵差保护应注意空载合闸时励磁涌流对变压器差动保护引起的误动，下面说明调压变压器纵差差流的计算。

调压变压器各侧二次额定电流如下。

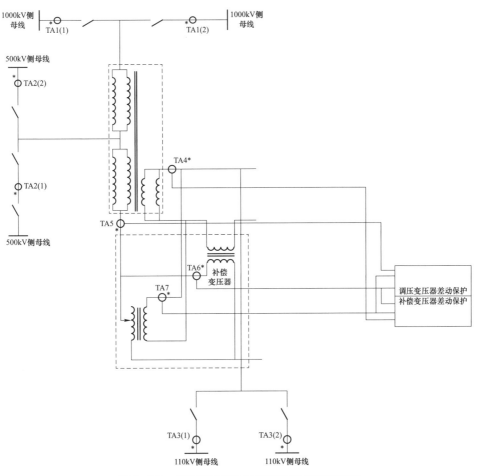

图 2-32 1000kV 调压补偿变压器保护示意图

调压变压器三角形侧额定电流（高压侧）

$$I_{nh} = \frac{I_{Nh}}{n_{ah}} \qquad (2-22)$$

调压变压器星形侧公共绕组额定电流（低压 1 侧）

$$I_{nl1} = \frac{I_{Nl}}{n_{al1}} \qquad (2-23)$$

调压变压器星形侧补偿侧额定电流（低压 2 侧）

$$I_{nl2} = \frac{I_{Nl}}{n_{al2}} \qquad (2-24)$$

式中：TA 为全星形接线；I_{Nh}、I_{Nl} 为调压变压器高、低压侧额定电流；n_{ah}、n_{al1}、n_{al2} 为调压变压器高、低各侧 TA 变比。

由于调压变压器档位为多挡（如 9 挡或 21 挡等），在不同档位下，调压变压器高、低压侧额定电流不同，每一档位对应一组系统参数定值，定值组数和档位数相同。

档位小于中间挡为正挡，档位大于中间挡为负挡。如 5 挡为中间挡，则 1～4 挡为正挡，6～9 挡为负挡。若 11 挡为中间挡，则 1～10 挡为正挡，12～21 挡为负挡。

当调压变压器处于中间挡时，调压变压器差动计算差流时固定将低压侧电流置零。处于负挡时，由于在负挡情况下调压变压器一次同名端改变，计算差流时调压变压器三角形侧电流极性不变，调压变压器星形侧极性改变，极性改变由保护软件内部自动调整。

由于各侧电压等级和 TA 变比的不同，计算差流时需要对各侧电流进行折算，各侧电流均折算至高压侧，即折算至调压变压器三角形侧。

调压变压器纵差各侧平衡系数如下。

调压变压器三角形侧额定电流（高压侧）

$$K_{h} = \frac{I_{nh}}{I_{nh}} = 1 \qquad (2-25)$$

调压变压器星形侧公共绕组额定电流（低压 1 侧）

$$K_{l1} = \frac{I_{nh}}{I_{nl1}} \qquad (2-26)$$

调压变压器星形侧补偿侧额定电流（低压 2 侧）

$$K_{l2} = \frac{I_{nh}}{I_{nl2}} \qquad (2-27)$$

调压变压器各侧电流

$$\left.\begin{array}{l} \dot{I}_{dai} = \dot{I}_{ai}k_i \\ \dot{I}_{dbi} = \dot{I}_{bi}k_i \\ \dot{I}_{dci} = \dot{I}_{ci}k_i \end{array}\right\} \qquad (2-28)$$

式中：$\dot{I}_{ai}, \dot{I}_{bi}, \dot{I}_{ci}$ 为测量到的各侧电流的二次矢量值；$\dot{I}_{dai}, \dot{I}_{dbi}, \dot{I}_{dci}$ 为经折算后的各侧电流矢量值；k_i 为高低压侧平衡系数。

差动电流

$$\left.\begin{array}{l} I_{da} = \left|\sum_{i=1}^{n} \dot{I}_{dai}\right| \\ I_{db} = \left|\sum_{i=1}^{n} \dot{I}_{dbi}\right| \\ I_{dc} = \left|\sum_{i=1}^{n} \dot{I}_{dci}\right| \end{array}\right\} \qquad (2-29)$$

制动电流

$$
\left.
\begin{aligned}
I_{ra} &= \frac{\sum_{i=1}^{n}|\dot{I}_{dai}|}{2} \\[2ex]
I_{rb} &= \frac{\sum_{i=1}^{n}|\dot{I}_{dbi}|}{2} \\[2ex]
I_{rc} &= \frac{\sum_{i=1}^{n}|\dot{I}_{dci}|}{2}
\end{aligned}
\right\}
\qquad (2-30)
$$

4. 调压变压器稳态量比率差动

稳态量比率差动保护采用经傅氏变换后得到的电流有效值进行差流计算，用来区分差流是由于内部故障还是外部故障引起的，比例制动曲线为 3 折段，如图 2-33 所示，采用如下动作方程。

（1）$I_d \geqslant I_{opmin}$ $I_r < I_{s1}$ $\qquad\qquad$ (2-31)

（2）$I_d \geqslant I_{opmin} + (I_r - I_{s1})k_1$ $I_{s1} \leqslant I_r < I_{s2}$ $\qquad\qquad$ (2-32)

（3）$I_d \geqslant I_{opmin} + (I_{s2} - I_{s1})k_1 + (I_r - I_{s2})k_2$ $I_r \geqslant I_{s2}$ $\qquad\qquad$ (2-33)

式中：I_d 为差动电流；I_r 为制动电流；I_{opmin} 为最小动作电流；I_{s1} 为制动电流损点 1（取 $0.8I_e$）；I_{s2} 为制动电流损点 2（取 $3I_e$）；k_1 为斜率 1（取 0.5）；k_2 为斜率 2（取 0.7）；I_e 为基准侧额定电流（高压侧，即调压变压器三角侧）。

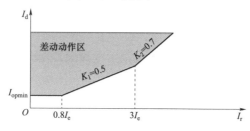

图 2-33　差动制动曲线图

5. 调压变压器故障分量比率差动

故障分量电流是由从故障后电流中减去负荷分量而得到，用 ΔI 表示故障增量 $\Delta I_i = I_i - I_{iL}$；下脚标 L 表示正常负荷分量，取一段时间前（两个周波）的计算值。

在故障分量差动中，ΔI_d 为故障分量差动电流，ΔI_r 为故障分量制动电流，即差动电流

$$
I_d = \left| \sum_{i=1}^{n} \dot{I}_i \right| \qquad\qquad (2-34)
$$

制动电流
$$
I_r = \frac{\sum_{i=1}^{n}|\Delta \dot{I}_i|}{2} \qquad\qquad (2-35)
$$

故障分量比例制动曲线为过原点的 2 折段曲线，如图 2-34 所示差动条件如下

$$\Delta I_{\mathrm{d}} > \Delta I_{\mathrm{opmin}}, \quad \Delta I_{\mathrm{r}} < \Delta I_{\mathrm{r0}}$$

$$\Delta I_{\mathrm{d}} > k \Delta I_{\mathrm{r}}, \quad \Delta I_{\mathrm{r}} \geqslant \Delta I_{\mathrm{r0}}$$

式中：I_{r0} 为差动动作拐点；I_{opmin} 为故障分量差动最小动作电流。

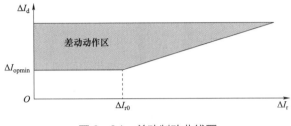

图 2-34 差动制动曲线图

与传统比率差动相比，忽略变压器各侧负荷电流之后，故障分量原理与传统原理的差动电流相同，主要不同表现在制动量上，发生内部轻微故障（如单相高阻抗接地或小匝间短路）时，这时制动电流主要由负荷电流 I_{iL} 决定，从而使传统差动保护中制动量大而降低了灵敏度，发生外部故障时，制动电流主要取决于 ΔI_{r}，因此故障分量与传统原理的制动电流相当，不会引起误动。

6. 补偿变压器纵差保护

补偿变压器纵差保护是指由补偿变压器各侧套管 TA（TA6 为补偿变压器星侧电流，TA8 为补偿变压器三角侧电流）构成的差动保护，该保护能反映补偿变压器各侧的各种类型故障，补偿变压器纵差保护应注意空载合闸时励磁涌流对变压器差动保护引起的误动，下面说明补偿变压器纵差差流的计算。

补偿变压器基准侧额定电流如下。

补偿变压器星侧额定电流（高压侧）

$$I_{\mathrm{nh}} = \frac{I_{\mathrm{Nh}}}{n_{\mathrm{ah}}} \qquad (2-36)$$

补偿变压器三角侧额定电流（低压侧）

$$I_{\mathrm{nl}} = \frac{I_{\mathrm{Nl}}}{n_{\mathrm{al}}} \qquad (2-37)$$

式中：I_{Nh}、I_{Nl} 为补偿变压器高、低压侧额定电流；n_{ah}、n_{al} 为补偿变压器高、低压各侧 TA 变比。

由于调压变压器档位为多挡（如 9 挡或 21 挡等），在不同档位下，补偿变压器高、低压侧额定电流不同，所以每一档位对应一组系统参数定值，定值组数和档位数相同。档位调节对补偿变压器各侧 TA 极性无影响。

由于各侧电压等级和 TA 变比的不同，计算差流时需要对各侧电流进行折算，各侧电流均折算至高压侧，即折算至补偿变压器星形侧。

补偿变压器纵差各侧平衡系数如下。

补偿变压器星形侧额定电流（高压侧）

$$K_h = \frac{I_{nh}}{I_{nh}} = 1 \tag{2-38}$$

补偿变压器三角形侧额定电流（低压侧）

$$K_l = \frac{I_{nh}}{I_{nl}} \tag{2-39}$$

调压变压器各侧电流

$$\left. \begin{array}{l} \dot{I}_{dai} = \dot{I}_{ai} k_i \\ \dot{I}_{dbi} = \dot{I}_{bi} k_i \\ \dot{I}_{dci} = \dot{I}_{ci} k_i \end{array} \right\} \tag{2-40}$$

式中：$\dot{I}_{ai}$、$\dot{I}_{bi}$、$\dot{I}_{ci}$ 为测量到的各侧电流的二次矢量值；$\dot{I}_{dai}$、$\dot{I}_{dbi}$、$\dot{I}_{dci}$ 为经折算后的各侧电流矢量值；k_i 为高低压侧平衡系数。

差动电流

$$\left. \begin{array}{l} I_{da} = \left| \sum_{i=1}^{n} \dot{I}_{dai} \right| \\[2ex] I_{db} = \left| \sum_{i=1}^{n} \dot{I}_{dbi} \right| \\[2ex] I_{dc} = \left| \sum_{i=1}^{n} \dot{I}_{dci} \right| \end{array} \right\} \tag{2-41}$$

制动电流

$$\left. \begin{array}{l} I_{ra} = \dfrac{\sum_{i=1}^{n} \left| \dot{I}_{dai} \right|}{2} \\[3ex] I_{rb} = \dfrac{\sum_{i=1}^{n} \left| \dot{I}_{dbi} \right|}{2} \\[3ex] I_{rc} = \dfrac{\sum_{i=1}^{n} \left| \dot{I}_{dci} \right|}{2} \end{array} \right\} \tag{2-42}$$

7. 补偿变压器稳态量比率差动和故障分量比率差动保护

补偿变压器稳态量比率差动保护和故障分量比率差动保护与调压变压器一致。稳态量比率差动保护采用经傅氏变换后得到的电流有效值进行差流计算，用来区分差流是由于内部故障还是外部故障引起的。

故障分量比率差动保护电流是由从故障后电流中减去负荷分量而得到，用 ΔI 表示故障增量 $\Delta I_i = I_i - I_{iL}$；脚标 L 表示正常负荷分量，取一段时间前（两个周波）的计算值。

三、后备保护构成及原理

变压器后备保护可以作为变压器本体差动保护的后备，也可对变压器外部故障引起的过电流起到保护作用，保护配置如表 2-3 所示。

表 2-3   1000kV 调压补偿变压器保护配置表

设备名称	保护功能	互感器采样	动作行为
高压侧后备保护	1. 相间阻抗保护 2. 接地阻抗保护 3. 复压过电流保护 4. 零序方向过电流保护 5. 过励磁保护 6. 过负荷保护	TA1（1）/TA1（2）/TV1	跳闸/告警
中压侧后备保护	1. 相间阻抗保护 2. 接地阻抗保护 3. 复压过电流保护 4. 零序方向过电流保护 5. 过励磁保护 6. 过负荷保护	TA2（1）/TA2（2）/TV2	跳闸/告警
低压侧后备保护	1. 复压过电流保护 2. 过电流保护 3. 过负荷保护 4. 零序过电压保护	TA3（1）/TA3（2）/TV3	跳闸/告警

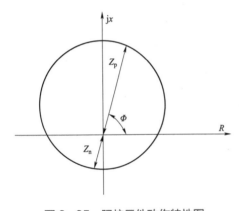

图 2-35 阻抗元件动作特性图

（一）相间阻抗保护

带偏移特性的阻抗保护，指向变压器的阻抗不伸出对侧母线，作为变压器部分绕组故障的后备保护，指向母线的阻抗作为本侧母线故障的后备保护。TV 断线时，相间阻抗保护被闭锁，TV 断线后若电压恢复正常，相间阻抗保护也随之恢复正常，并可通过振荡闭锁控制字的投退来控制振荡闭锁功能是否投入。阻抗元件动作特性如图 2-35 所示。

相间阻抗动作条件：

（1）后备保护启动；

（2）相间阻抗 Z_{AB}、Z_{BC}、Z_{CA} 中任一阻抗值落在阻抗圆中；

（3）故障相 TV 未断线；

（4）压板控制字投入；

（5）振荡闭锁开放。

（二）接地阻抗保护

接地阻抗保护通常用于 330～550kV 变压器高、中压侧，作为变压器内部及引线、母线、相邻线路接地故障后备保护。阻抗特性为具有偏移特性的阻抗圆，并经零序电流闭锁。TV 断线时，接地阻抗保护被闭锁，TV 断线后若电压恢复正常，接地阻抗保护也随之恢复正常。

接入保护装置的电流、电压均取自本侧，TA 正极性在母线侧，由于变压器的零序阻抗和正序阻抗相同，线路的零序阻抗大于正序阻抗，所以指向母线的接地阻抗需要考虑零序补偿。接地阻抗保护为两个阻抗圆，分别为指向变压器的阻抗圆和指向母线的阻抗圆，两个圆都是带有一定偏移的阻抗圆，阻抗圆的偏移量可通过整定反向阻抗比来确定。阻抗元件动作特性如图 2−36 所示。

接地阻抗动作条件：

（1）后备保护启动；

（2）接地阻抗 Z_A、Z_B、Z_C 中任一阻抗值落在阻抗圆中；

（3）故障相 TV 未断线；

（4）压板控制字投入；

（5）振荡闭锁开放。

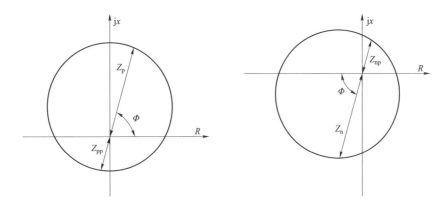

图 2−36　阻抗元件动作特性

（三）复合电压闭锁过电流保护

复合电压闭锁过电流保护作为外部相间短路和变压器内部相间短路的后备保护，采用复合电压闭锁防止误动，延时跳开变压器各侧断路器。

（1）过电流元件。电流取自本侧 TA，动作判据为 $I_A > I_{Lset}$ 或 $I_B > I_{Lset}$ 或 $I_C > I_{Lset}$。其中 I_A、I_B、I_C 为三相电流，I_{Lset} 为过电流定值。

（2）复合电压元件。复合电压指相间低电压或负序电压。其动作判据为 $U_{AB} < U_{LLset}$ 或 $U_{BC} < U_{LLset}$ 或 $U_{CA} < U_{LLset}$ 或 $U_2 < U_{2set}$。其中，U_{AB}、U_{BC}、U_{CA} 为线电压，U_{LLset} 为低电压定值；U_2 为负序电压，U_{2set} 为负序电压定值。

（四）零序过电流保护

中性点直接接地的变压器，应装设零序电流（方向）保护，作为变压器和相邻元件（包括母线）接地短路故障的后备保护，方向元件所采用的零序电流、零序电压为各侧自产的零序电流、零序电压。

（1）零序过电流元件。

选自产零序 $3I_0 = I_A + I_B + I_C$，其动作判据为 $3I_0 > I_{0Lset}$。其中，I_A、I_B、I_C 为三相电

流，I_{0Lset} 为零序过电流定值。

（2）方向元件。当方向指向变压器时，灵敏角 $-90°$；指向母线（系统）时，灵敏角 $90°$。零序过电流方向元件动作特性如图 2–37 所示。

（五）过励磁保护

过励磁保护装设在不带分接头调压的一侧，反应大型变压器因为电压升高或频率低，而使变压器工作在磁密饱和段，使变压器励磁电流增大，变压器发热严重而损坏。

过励磁程度可以用过励磁倍数表示为

$$N = \frac{B}{B_{\text{n}}} = \frac{\dfrac{U}{f}}{\dfrac{U_{\text{n}}}{f_{\text{n}}}} \tag{2-43}$$

式中：N 为过励磁倍数；B、B_{n} 为变压器铁芯磁通密度的实际值和额定值；U、U_{n} 为加在变压器绕组的实际电压和额定电压；f、f_{n} 为实际频率和额定频率。

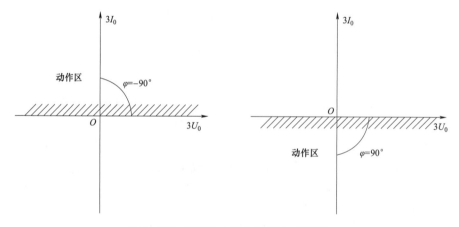

图 2–37　零序过电流方向元件动作特性

（六）失灵联跳保护

高、中、低各侧断路器失灵保护动作触点开入后，经各侧灵敏的、不需整定的电流元件并带 50ms 延时后跳变压器各侧断路器。

（七）过负荷保护

过负荷保护可装设在高、中、低侧及公共绕组侧。它主要起告警作用，提醒运行人员及时调整变压器运行方式。过负荷告警默认投入。过负荷保护定值固定为本侧额定电流 1.1 倍，时间固定为 6s，其中公共绕组额定电流计算为

$$I_{\text{e}} = \frac{S_{\text{GR}}}{\sqrt{3}U_{\text{m}}n}$$

式中：S_{GR} 为公共绕组容量；U_{m} 为中压侧额定电压；n 为公共绕组 TA 变比。

$$S_{GR} = S\left(1 - \frac{1}{K}\right) \qquad (2-44)$$

$$K = \frac{U_h}{U_m}$$

式中：S为变压器高中额定容量；U_h为高压侧额定电压。

四、非电量保护构成及原理

（一）主变压器非电量保护配置

从变压器本体来的非电量信号经装置重动后给出中央信号、远方监控信号、事件记录三组触点，同时装置也能记录非电量动作情况，并驱动相应的信号灯。直接跳闸的非电量信号可直接启动装置的跳闸继电器；而需要延时跳闸的非电量信号，可经过定值整定的延时启动装置的跳闸继电器。表 2-4 为 1000kV 主变压器非电气量保护配置。

表 2-4　　　　　　　　　1000kV 主变压器非电气量保护配置

型号	保护名称	备注
主变压器非电气量保护	主变压器重瓦斯保护	跳闸
	主变压器轻瓦斯保护	
	主变压器冷却器全停	报警（压力释放是否投跳闸各省市运检部门要求有差异）
	主变压器压力释放	
	主变压器冷却油流故障	
	主变压器油温高	
	主变压器绕组温度高	
	主变压器油位高	
	主变压器油位低	

（二）调压变压器、补偿变压器非电量保护配置

调压变压器、补偿变压器非电气量保护原理与主变压器一致，保护配置如表 2-5 所示。

表 2-5　　　　　　　1000kV 调压、补偿变压器非电气量保护配置

型号	保护名称	备注
调压变压器、补偿变压器非电气量保护	调压变压器、补偿变压器重瓦斯保护	跳闸
	调压变压器、补偿变压器轻瓦斯保护	
	调压变压器、补偿变压器压力释放	报警（压力释放是否投跳闸各省市运检部门要求有差异）
	调压变压器、补偿变压器油温高	
	调压变压器、补偿变压器绕组温度高	
	调压变压器、补偿变压器油位高	
	调压变压器、补偿变压器油位低	
	调压开关油位异常	
	调压开关重瓦斯	

第三节　特高压母线保护原理及配置

一、特高压母线保护配置概况

母线是发电厂和变电站重要组成部分之一。母线又称汇流排，是汇集电能及分配、传送电能的重要设备。当特高压站母线发生故障时，如不及时切除故障，将会损坏众多电力设备，影响系统的稳定性，进而造成大面积的停电，因此设置动作可靠、性能良好的母线保护用于保护母线另其能快速检测出母线上的故障并及时切除故障是十分必要的。

特高压站 1000kV 与 500kV 侧母线采用主接线为 3/2 断路器接线的微机型母线继电保护装置，均为双套配置，两套采用不同厂家生产的母线保护装置，保护装置采用 220V 直流电源供电，开关量输入额定电压为 220VDC，保护跳闸与信号回路开关量输出采用无源信号节点。由于 3/2 断路器接线方式下，断路器的失灵保护置于断路器保护内，因此母线保护装置仅设有母线差动保护及失灵经母线差动跳闸功能，且断路器失灵跳母线时，分别启动两套母线失灵经母线差动跳闸功能。1000kV 与 500kV 侧母线保护装置采用"全部间隔电流输入、全部间隔跳闸输出"每串电流按 A 相、B 相、C 相分别输入装置，每串由两套母线保护各自输出一个跳闸触点分别至断路器操作箱的第一组和第二组 TJR（启动失灵和闭锁重合闸）继电器重动后跳闸，这是由于母线上发生故障一般是永久性故障。为防止线路断路器对故障母线进行重合，造成对系统的又一次冲击，因此母线保护动作后应闭锁断路器重合闸。1000kV 侧与 500kV 侧母线保护的跳闸出口无复合电压闭锁元件。1000kV 母线主接线图如图 2-38 所示。表 2-6 为 1000kV 及 500kV 母线保护配置。

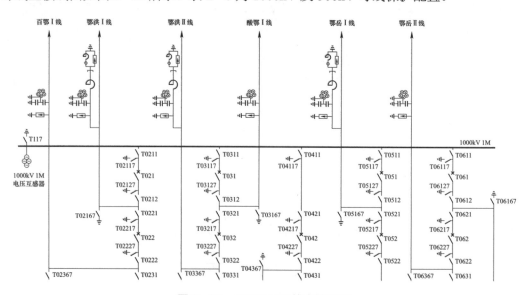

图 2-38　1000kV 母线主接线图

主变压器低压侧 110kV 电气接线采用以主变压器为单元的单母线接线，主变压器 110kV 侧装设总断路器，母线下连接有无功设备、高压站用变压器和一组母线三相电压互感器。母线保护双套配置，采用不同厂家生产的母线保护装置，保护装置采用 220V 直流电源供电，开关量输入额定电压为 220V DC，保护跳闸与信号回路开关量输出采用无源信号触点。110kV 母线保护配置有差动保护功能和各支路失灵保护功能，母线保护出口设置复合电压闭锁元件，也设计有支路解除复压闭锁开入功能。由于 110kV 电容器、电抗器间隔使用专用负荷开关，开断短路电流能力较弱，因此若无功间隔故障电流较小，则跳本间隔负荷开关并启动母线保护对应间隔负荷开关失灵，若故障电流较大则跳主变压器低压侧母线断路器且启动母线断路器失灵。图 2-39 为 110kV 母线主接线图，表 2-7 为 110kV 母线保护配置。

表 2-6　　　　　　　　　　　　1000kV 及 500kV 母线保护配置

设备名称	保护功能	互感器采样	动作行为
1000kV、500kV 母线保护	差动保护	（以 1000kV 侧为例）T0212 侧 TA、T0312 侧 TA、T0422 侧 TA、T0512 侧 TA、T0612 侧 TA	跳开 T021 断路器、T031 断路器、T042 断路器、T051 断路器、T061 断路器
	失灵经母线差动跳闸	（以 1000kV 侧为例）T0212 侧 TA、T0312 侧 TA、T0422 侧 TA、T0512 侧 TA、T0612 侧 TA	跳开 T021 断路器、T031 断路器、T042 断路器、T051 断路器、T061 断路器

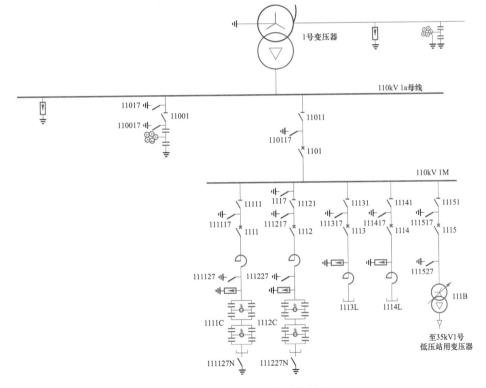

图 2-39　110kV 母线主接线图

表 2-7   110kV 母线保护配置

设备名称	保护功能	互感器采样	动作行为
110kV 母线保护	差动保护	1101 电流互感器、1111 电流互感器、1112 电流互感器、1113 电流互感器、1114 电流互感器、1115 电流互感器、110kV 电压互感器	跳开 1101 断路器、跳开 1111 断路器、跳开 1112 断路器、跳开 1113 断路器、跳开 1114 断路器、跳开 1115 断路器
	分段失灵保护（主变压器低压侧断路器）	1101 电流互感器、110kV 电压互感器	跳开 1115 断路器、联跳 1 号主变压器三侧断路器
	断路器失灵保护（母线下各间隔断路器或负荷开关）	（以 1111 间隔为例）1111 电流互感器、110kV 电压互感器	跳开 1101 断路器、跳开 1115 断路器

二、差动保护构成及原理

（一）母线保护原理

母线保护中最主要的就是母线差动保护，母线差动保护是根据各个支路电流来进行计算，根据基尔霍夫电流定律：在集总电路中，任何时刻对任意节点，所有流出节点的支路电流代数和恒等于零。装置的稳态判据采用常规比率制动原理。母线在正常工作或其保护范围外部故障时，如果不考虑 TA（电流互感器）误差等因素，在理想状态下所有流入及流出母线的电流之和为零（差动电流为零）；而在母线发生故障时所有流入及流出母线的电流之和不再为零（差动电流不为零），只要该差动电流的幅值达到一定值，母线差动保护就可以正确动作。基于这种前提，差动保护可以正确地区分母线内部和外部故障。

（二）母线差动保护表达式

母线差动保护的工作特性是比率制动特性曲线。其作用是在区外故障时让动作电流随制动电流增大而增大使之具有制动特性，能躲过区外短路的不平衡电流，而在区内故障时则希望差动继电器有足够的灵敏度。

比率差动的动作判据中的两个动作方程为"与"逻辑。

$$\left.\begin{array}{l} \left| \sum_{j=1}^{m} I_j \right| > I_{cdzd} \\ \left| \sum_{j=1}^{m} I_j \right| > K \sum_{j=1}^{m} |I_j| \end{array}\right\} \qquad (2-45)$$

式中：I_j 为第 j 个连接元件的电流；I_{cdzd} 为差动电流启动定值；K 为比率制动系数。

根据上述的动作方程，绘制出的比率特性曲线为如图 2-40 所示的双折线。图中 I_d 是差动电流，$I_d = \left| \sum_{j=1}^{n} \dot{I}_j \right|$，$I_z$ 是制动电流，$I_z = \sum_{j=1}^{n} |I_j|$。斜线的延长线经过坐标原点，其斜率是比率制动系数 K，满足动作判据式（2-45）上式的区域为横线上方，满足判据式（2-45）下式方程的区域位于斜线的上方。同时满足式（2-45）两个方程的差动电流与制动电流

的电位于双折线的阴影区域，此时差动元件动作。由于 $\left|\sum\limits_{j=1}^{n} \dot{I}_j\right|$ 不可能大于 $\sum\limits_{j=1}^{n}\left|\dot{I}_j\right|$，因此差动

元件不可能工作于斜率为 1 的直线上方，所以斜率为 1 的直线上方区域无意义。双折线上方和斜率为 1 的直线下方所包含的区域是差动元件的动作区。在斜线部分，差动元件有制动作用，差动元件动作时的动作电流随制动电流的增大而增大，有利于外部短路时躲过不平衡电流使保护不误动。

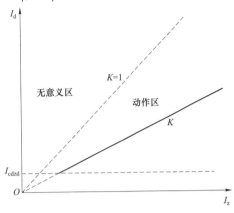

图 2-40 差动保护折线图

（三）互感器饱和时对母线保护的影响

1. 电磁式电流互感器饱和时的特点

当一次电流很大时，一次电流中含有很高的非周期分量，此时若 TA 铁芯中有很大的剩磁以及 TA 二次负载阻抗很大时，电磁式电流互感器很容易饱和。电流互感器饱和时存在以下特点。

（1）TA 二次电流波形发生畸变，TA 二次电流中含有大量的谐波分量电流。

（2）短路电流使得 TA 发生饱和，但是 TA 是在短路发生一段时间后才逐渐饱和，在短路初始的一段时间内，互感器的一、二次电流有一段正确传变的时间，一般为 2ms 左右。

（3）即使 TA 处于严重饱和状态，其 TA 二次值也不会完全为零。

（4）在稳态短路情况下 TA 的变比误差小于 10%，但是在短路暂态过程中由于短路电流中非周期分量的影响，其误差往往大于 10%。

2. 互感器饱和时对母线保护的影响及措施

区外故障时、在理想状态下，母线区外短路故障时母线保护的差动元件的动作电流是零。如区外故障时故障点最近的母线支路 TA 饱和，但其他支路未饱和，饱和的 TA 二次电流不能完全真实的反应一次电流值，此时就会产生差动电流。如果 TA 饱和较严重，差动电流增大将造成保护装置误动。

如母线保护区内故障时 TA 饱和，饱和的电流互感器不能正确传变一次电流，此时区内的差动电流降低，将会影响到母线保护差动元件的灵敏度。

因此，微机型母线保护装置为防止母线保护在母线近端发生区外故障时 TA 严重饱和的情况下发生误动，母线保护装置一般会根据 TA 饱和波形特点设置 TA 饱和检测元件，用以判别差动电流是否由区外故障 TA 饱和引起，如果是由区外故障 TA 饱和产生的差动电流则闭锁差动保护出口，否则开放保护出口。

（四）复合电压闭锁原理

由于 110kV 母线上带有无功补偿装置、站用变压器等重要回路，母线差动保护如误动

后将可能造成严重的后果，因此为了防止母线差动保护误动，110kV母线差动保护配置复压闭锁元件，只有当母线差动元件和复合电压闭锁元件同时动作时，母线差动保护才可出口。复压闭锁判据由相电压、三倍零序电压、负序电压闭锁定值来判断。当满足相电压小于等于相电压闭锁定值、三倍零序电压大于等于零序电压闭锁定值、负序电压大于等于负序电压闭锁定值三个条件之一时，电压闭锁元件开放。母线保护也可通过各支路保护动作量开入来解除母线保护复合电压闭锁。

三、失灵经母线差动保护跳闸

当与母线相连的断路器失灵时，需要切除该母线和其他与该断路器相邻的元件来断开故障点的电源，这时母线保护与该断路器的失灵保护配合，完成失灵保护的联跳功能。当与母线所连接的某个断路器失灵保护动作时，该断路器的失灵保护动作出口给母线保护提供失灵开入。母线保护检测到此失灵触点动作时，经固定延时联跳母线的各个连接元件。由于3/2断路器接线失灵联跳无电压闭锁等闭锁逻辑，为防止失灵接点误碰或直流电源异常时，而失灵就地电流判据又躲不过负荷电流的情况下失灵联跳误动，专门设计有失灵扰动就地判据，只有在检测到电网有扰动时，失灵联跳才有可能动作，大大提高了失灵联跳的安全性。失灵经母线差动保护跳闸逻辑框图如图2-41所示。

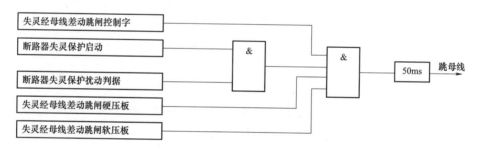

图2-41 失灵经母线差动保护跳闸逻辑框图

在特高压站的主变压器低压侧110kV母线连接方式下，各支路的负荷开关或站用变压器断路器失灵时，切除母线上连接的所有元件，主变压器低压侧断路器失灵后不仅应切除母线上连接的所有元件，同时也启动主变压器失灵联跳功能，跳开主变压器三侧断路器。110kV母线失灵保护也配置有复合电压闭锁元件，原理与110kV母线差动保护相同，同时也支持外部回路开入解除复合电压闭锁功能。

第四节 特高压交流输电线路保护原理及配置

一、特高压线路保护配置概况

特高压线路具有输送容量大、输送距离远、损耗小等优点，特高压线路通过采用八分裂导线，降低了线路电抗，提高了线路输送能力，同时为了提高线路绝缘，特高压输电系统空间结构远大于 500kV 输电系统的空间结构，使得特高压线路的分布电容比 500kV 输电线路有了较大的提高。

远距离的特高压线路可通过安装串联电容器，减少输电线路回路数，从而节省投资，串联电容器的作用是补偿线路电抗，减小线路总电抗值，缩短线路电气距离和线路两端角差，以提高线路传输功率。

目前特高压线路均采用纵联差动保护，利用光纤通道将本侧的电流信号传送到对侧，线路两侧根据差流大小判断故障属于区内还是区外，具有良好的选择性，能快速切除保护区内故障，其动作范围如图 2－42 所示。

1000kV 线路保护采用双重化配置，由于 1000kV 线路长，容升效应明显，每套除配置分相电流差动保护外，还配置了过电压及远方跳闸就地判别装置，同时对于带有串联补偿电容的线路额外配置了串联补偿远方跳闸装置。

主保护双重化包括两套分相电流差动保护，包括分相电流差动保护和零序电流差动保护，两套保护装置分别使用相互独立的直流电源、交流电流电压回路和通信通道，通道采用双通道方案，通信速率均为复用 2Mbit/s，要求本侧通道 A 与对侧通道 A 互联，本侧通道 B 与对侧通道 B 互联，在任一通道有且仅有一个通道故障时，不能影响线路分相电流差动保护的运行。双重化配置的后备保护包括距离保护、零序保护、过电压保护、远方就地判别、远方触发及串联补偿远方跳闸。

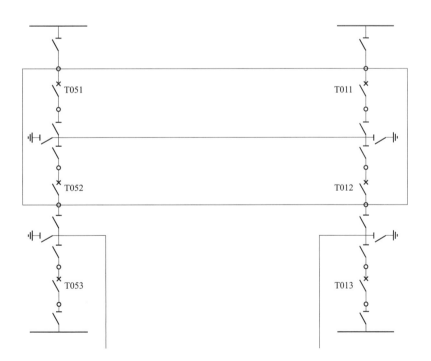

图 2－42 线路差动保护动作范围

表 2-8 线路保护功能及配置

设备名称	保护功能		互感器采样	动作行为
1000kV 线路	主保护	分相电流差动保护	M 侧：TA（T051/T052） N 侧：TA（T011/T012）	跳两侧断路器
	后备保护	距离保护	M 侧：TA（T051/T052）＋TV N 侧：TA（T011/T012）＋TV	跳本侧断路器
		零序保护	M 侧：TA（T051/T052）＋TV N 侧：TA（T011/T012）＋TV	跳本侧断路器
	过电压保护及远方就地判别装置	过电压保护	M 侧：TV N 侧：TV	跳本侧断路器并发远传
		远方跳闸就地判别	M 侧：TA（T051/T052）＋TV N 侧：TA（T011/T012）＋TV	跳本侧断路器
	远方触发及串联补偿远方跳闸装置	远方跳闸	—	跳本侧断路器
		远传功能	—	发远传，联动串联补偿站
500kV 线路	主保护	分相电流差动保护	参照 1000kV	跳两侧断路器
	后备保护	距离保护	参照 1000kV	跳本侧断路器
		零序保护	参照 1000kV	跳本侧断路器
		过电压保护	参照 1000kV	跳本侧断路器并发远传
		远方跳闸就地判别	参照 1000kV	跳本侧断路器

二、线路保护差动保护构成及原理

双重化配置的线路保护均采用光纤纵联分相电流差动保护，当发生区内故障且保护无 TA 断线时，两侧差动保护在本侧保护启动且差动电流达到动作值时，还需要通过光纤通道收到对侧的差动保护动作允许信号，保护方可动作。

为防止 TA 断线时差动保护误动作，保护装置除了设置 TA 断线报警，还设置了 TA 断线闭锁差动的功能，通过"TA 断线闭锁差动"控制字进行整定，闭锁对应断线相差动功能，实现原理是在 TA 断线瞬间，断线侧的启动元件和差动继电器可能动作，但对侧的启动元件不动作，不会向本侧发差动保护动作允许信号，从而保证纵联差动不会误动。而非断线侧经延时后会报"长期有差流"，保护装置会按照 TA 断线的方式作同样处理。

当发生区外故障时，TA 可能会暂态饱和，进而产生差动电流造成保护误动作，目前保护装置具有 TA 抗饱和功能，通过自身 TA 抗饱和判据和自适应浮动制动门槛，从而保证了在较严重的暂态饱和情况下不会误动作。

为了提高线路保护装置的可靠性，保护装置设置了纵联标识码功能，在定值整定中分别有"本侧识别码"和"对侧识别码"用来完成纵联标识码功能。识别码在全网运行的保护设备中具有唯一性，即正常运行时，本侧识别码与对侧识别码应不同，且与本侧的另一套保护的识别码不同，也和其他线路保护装置的识别码不同，若本侧识别码大于等于对侧识别码，表示本侧为主机，反之为从机，在保护校验时为方便保护调试可以整定相同，表示自环方式。

由于特高压输电线路较长，对地电容电流较大，为提高经过渡电阻故障时的灵敏度，保护装置需要对采集的电流量进行电容电流补偿。目前所使用的保护装置既能补偿稳态电容电流，又能对空载合闸、区外故障切除等暂态过程中产生的暂态电容电流进行补偿。

（一）差动保护动作方程

（1）分相电流差动保护动作方程见式（2-46）～式（2-51），差动保护特性曲线如图 2-43 所示。

$$I_D > I_H \tag{2-46}$$

$$I_D > 0.6I_B \quad 0 < I_D < 3I_H \tag{2-47}$$

$$I_D > 0.8I_B - I_H \quad I_D \geqslant 3I_H \tag{2-48}$$

$$I_D = \left| (\dot{I}_M - \dot{I}_{MC}) + (\dot{I}_N - \dot{I}_{NC}) \right| \tag{2-49}$$

$$I_B = \left| (\dot{I}_M - \dot{I}_{MC}) - (\dot{I}_N - \dot{I}_{NC}) \right| \tag{2-50}$$

$$I_H = \max(I_{DZH}, 2I_C) \tag{2-51}$$

式中：I_D 为经电容电流补偿后的差动电流；I_B 为经电容电流补偿后的制动电流；I_{DZH} 为分相差动定值；I_C 为正常运行时的实测电容电流。

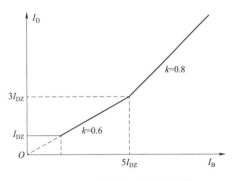

图 2-43 差动保护特性曲线

（2）零序电流差动保护动作方程见式（2-52）～式（2-54），如图 2-44 所示。

$$I_{D0} > I_{0Z} \quad I_{D0} > 0.75I_{B0} \tag{2-52}$$

$$I_{D0} = \left| [(\dot{I}_{MA} - \dot{I}_{MAC}) + (\dot{I}_{MB} - \dot{I}_{MBC}) + (\dot{I}_{MC} - \dot{I}_{MCC})] + [(\dot{I}_{NA} - \dot{I}_{NAC}) + (\dot{I}_{NB} - \dot{I}_{NBC}) + (\dot{I}_{NC} - \dot{I}_{NCC})] \right| \tag{2-53}$$

$$I_{B0} = \left| [(\dot{I}_{MA} - \dot{I}_{MAC}) + (\dot{I}_{MB} - \dot{I}_{MBC}) + (\dot{I}_{MC} - \dot{I}_{MCC})] - [(\dot{I}_{NA} - \dot{I}_{NAC}) + (\dot{I}_{NB} - \dot{I}_{NBC}) + (\dot{I}_{NC} - \dot{I}_{NCC})] \right| \tag{2-54}$$

式中：I_{D0} 为经电容电流补偿后的零序差动电流；I_{B0} 为经电容电流补偿后的零序制动电流；I_{0Z} 为零序差动整定值，延时 100ms 动作，TA 断线时退出。

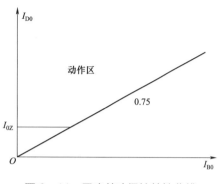

图 2-44　零序差动保护特性曲线

（二）差动保护动作逻辑

图 2-45 为差动保护动作逻辑框图，说明如下。

（1）差动保护投入指屏上"投通道 A 差动"、压板定值"投通道 A 差动"和定值控制字"投通道 A 差动"同时投入。

（2）"A 相差动元件""B 相差动元件""C 相差动元件"包括变化量差动、稳态量差动 I 段或 II 段、零序差动，只是各自的定值有差异。

（3）三相开关在跳开位置，且满足差动方程或经保护启动控制的差动继电器动作，则向对侧发差动动作允许信号。

（4）TA 断线瞬间，断线侧的启动元件和差动继电器可能动作，但对侧的启动元件不动作，不会向本侧发差动保护动作允许信号，从而保证纵联差动不会误动。TA 断线时发生故障或系统扰动导致启动元件动作，若"TA 断线闭锁差动"整定为"1"，则闭锁电流差动保护；若"TA 断线闭锁差动"整定为"0"，且该相差流大于"TA 断线差流定值"，仍开放电流差动保护。

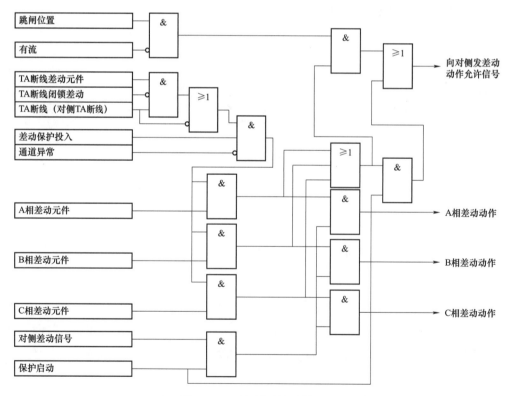

图 2-45　差动保护逻辑框图

52

三、线路保护距离保护构成及原理

距离保护设置了三段相间距离和三段接地距离保护，用于切除相间故障和单相接地故障，同时还设有快速距离保护。距离Ⅰ段、距离Ⅱ段和距离Ⅲ段分别由"距离Ⅰ段保护""距离Ⅱ段保护"和"距离Ⅲ段保护"控制字控制投退，快速距离保护由"距离Ⅰ段保护"和"快速距离保护"控制字以"与"的逻辑关系控制投退。

TV 电压的正常与断线对于距离保护影响很大，为防止电压失去时距离保护误动作，当 TV 断线时距离保护会退出运行，此时保护装置会继续监视 TV 电压，在电压恢复正常后，距离保护会自动重新投入运行。

对于长距离线路在重负荷运行时，测量负荷阻抗可能会进入Ⅰ、Ⅱ、Ⅲ段距离保护范围内，为防止在此种情况下距离保护误动作，此时装置通过负荷限制距离功能使距离保护动作区缩小，能够有效地防止重负荷时测量阻抗进入距离保护动作区而引起误动，由"负荷限制距离"控制字控制投退。

当系统在全相或非全相振荡过程中，保护装置均应将可能误动的保护元件可靠闭锁；当系统在全相或非全相振荡中被保护线路发生各种内部故障时，保护应有选择地可靠切除故障。系统全相振荡时，外部不对称故障或系统操作时，保护不应误动。

目前保护装置有很高的灵敏度，当系统振荡时，自动降低灵敏度，不需要设置专门的振荡闭锁回路，通过这种先进可靠的振荡闭锁功能，保证距离保护在系统振荡加区外故障时能可靠闭锁，而在振荡的同时发生区内故障时能可靠切除故障。同时当手动合闸于故障时能够通过加速距离Ⅲ段来快速切除故障。有串联电容补偿的线路或邻近的线路有串联补偿电容时，此时通过记忆电压判方向，同时还要对阻抗Ⅰ段做相应处理，以防止保护超越。

当某相正序电压小于 $10\%U_n$ 时，距离保护会进入低压距离程序，此时只可能有三相短路和系统振荡两种情况，系统振荡由振荡闭锁回路区分，所以只需考虑三相短路。三相短路时，因三个相阻抗和三个相间阻抗性能一样，所以保护装置采用仅测量相阻抗。一般情况下各相阻抗一样，但为了保证母线故障转换至线路构成三相故障时仍能快速切除故障，所以对三相阻抗均进行计算，此时任一相动作跳闸选为三相故障。

（一）距离保护动作方程及带串联补偿介绍

1. 接地距离保护

Ⅰ、Ⅱ、Ⅲ段接地距离保护动作方程

$$U_{OPph} = U_{ph} - (I_{ph} + K \times 3I_0)Z_{ZD} \tag{2-55}$$

式中：ph 分别取 A、B、C 三相；U_{OPph} 为工作电压；Z_{ZD} 为整定阻抗；K 为零序补偿系数。

2. 相间距离保护

Ⅰ、Ⅱ、Ⅲ段相间距离保护动作方程

$$U_{OPl} = U_l - I_l \times Z_{ZD} \tag{2-56}$$

式中：l 为 A、B、C 三相间的两相；U_{OPl} 为工作电压；Z_{ZD} 为整定阻抗。

3. 带串联补偿线路的距离保护

保护装置用于带有串联电容补偿的线路时，如图2-46所示，当保护的正向含有串联补偿电容时，若发生区外电容器后故障，按常规整定的快速保护会因容抗的影响，从而使保护超越，对阻抗I段继电器做一些改动。

保护装置中设置了"正向保护电压定值" U_{plzd}，根据流过保护安装处的电流 I_1 实时调整阻抗I段的保护范围，而阻抗I段的定值仍按本线路阻抗的 70%~85%整定（不含电容），实际的保护范围缩小了 $\left|\dfrac{U_{plzd}}{\sqrt{2}I_1}\right|\angle\varphi_1$，$\varphi_1$ 为线路阻抗的灵敏角。

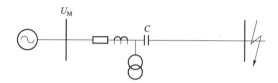

图2-46　带串联补偿线路正方向区外故障示意图

（二）距离保护动作逻辑

图2-47为距离保护动作逻辑框图，说明如下。

（1）若选择"负荷限制距离"，则I、II、III段的接地和相间距离元件需经负荷限制继电器闭锁。

（2）保护启动时，如果按躲过最大负荷电流整定的振荡闭锁过电流元件尚未动作或动作不超过 10ms，则开放振荡闭锁 160ms，另外不对称故障开放元件、对称故障开放元件和非全相运行振闭开放元件任一元件开放则开放振荡闭锁；用户可选择"振荡闭锁元件"去闭锁I、II段距离保护，否则距离保护I、II段不经振荡闭锁而直接开放。

（3）合闸于故障线路时三相跳闸可由两种方式：一是受振闭控制的II段距离继电器在合闸过程中三相跳闸，二是在三相合闸时，还可选择"三重加速II段距离""三重加速III段距离"，由不经振荡闭锁的II段或III段距离继电器加速跳闸。手合时总是加速III段距离。

四、线路保护零序保护构成及原理

零序保护设置了两段零序过电流方向保护和一段零序反时限保护。零序II段固定带方向，零序III段可由控制字选择经方向或不经方向元件闭锁，零序II、III段由"零序电流保护"控制字投退。零序反时限保护由"零序反时限"控制字投退，整定为不带方向。对于零序III段，当采用线路TV非全相时再故障零序电压量不是真正的故障零序电压，此时固定不带方向，带延时的零序过电流III段时间定值要大于单相重合闸时间。

零序保护采用自产 $3U_0$，即由软件将三个相电压相加而获得 $3U_0$，供方向判别用。对于串联补偿线路，则当 TV 安装在串联补偿电容线路侧时，则需对 $3U_0$ 进行补偿。TV 断线后，带方向的零序II段保护退出，零序III段自动改为无方向的零序过电流。

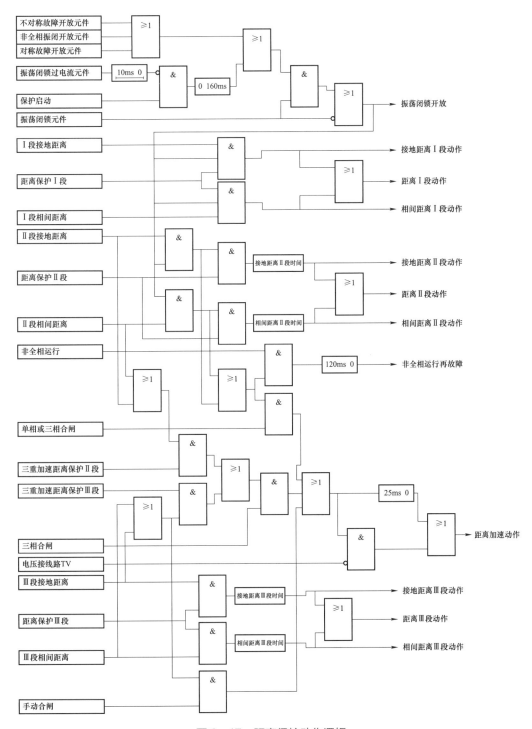

图 2-47 距离保护动作逻辑

为防止 TA 断线引起灵敏的零序Ⅲ段误动作，可利用 TA 断线时无零序电压这一特征，使可能误动的段带方向，用零序方向元件实现闭锁。TA 断线时零序电流将长时间存在，保护在零序电流持续 12s 大于零序启动电流定值时报"TA 断线告警"，并闭锁零序各段。

关于手合及重合闸后加速，零序保护如果判断为手合，投入零序过电流加速段保护，动作永久跳闸，手合时不判方向。装置零序保护如果判断为重合闸动作时，投入零序过电流加速段保护，通过控制字选择是否带方向，动作永久跳闸。手合和重合闸后加速段保护在零序电流大于零序加速定值时经 60ms 延时三相跳闸，是为了躲开断路器三相不同期，在进行零序过电流加速段定值整定值，原则应保证线路末端接地故障有足够的灵敏度。

（一）零序反时限保护动作方程及带串联补偿介绍

（1）零序反时限保护动作方程

$$T(I_0) = \frac{0.14}{(I_0 / I_P)^{0.02} - 1} t_P + t_0 \qquad (2-57)$$

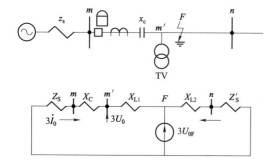

图 2-48　串联补偿保护零序补偿示意图

式中：I_0 为零序短路电流；I_P 为零序反时限电流定值；t_P 零序反时限时间定值；t_0 为零序反时限最小时间定值。

零序电流反时限保护动作三相跳闸并闭锁重合闸，在非全相和 TV 断线期间，退出零序过电流 II 段，零序过电流 III 段和零序电流反时限保护自动不带方向，另外零序反时限过电流定值在整定时应大于零序启动电流定值。

（2）线路带有串联补偿的对策。当 F 点发生不对称接地故障时，如图 2-48 所示，对于 m 处保护所感受到的零序电压应为串联补偿电容后 m′处的电压表达为

$$3U_0 = -3I_0(Z_s - jX_C) \qquad (2-58)$$

式中：Z_s 指保护安装背后的系统阻抗；X_c 指安装到线路上的串联补偿电容。

当串联补偿电容小于系统电抗时，所测零序阻抗依然为感性，保护所测零序电压方向不变。当串联补偿电容大于系统电抗时，所测阻抗为容性阻抗，零序电压方向变反，需对零序电压进行补偿，见式（2-59），需大于或等于线路上的串联补偿电容值，为简单起见，可取 $X_m = X_c$。若线路上无串联补偿电容、串联补偿不在本侧或在本侧但取母线 TV 时，可不考虑补偿，X_m 取 0。

$$3U_0 = -3I_0(Z_s - jX_c + jX_m) \qquad (2-59)$$

式中：X_m 即为补偿值。

当保护安装处的背侧或保护范围内有串联补偿电容时，n 侧的保护由于背侧本身为感性电抗，因此即使加上补偿电抗，也不会出现方向算反的情况。在保护范围的出口或中点安装串联补偿电容时，需按实际电容值整定。

（二）零序保护动作逻辑

图 2-49 为零序保护动作逻辑框图，说明如下。

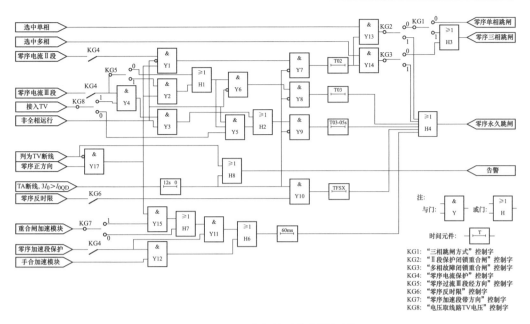

图 2-49 零序保护动作逻辑框图

（1）全相运行时投零序Ⅱ、Ⅲ段和零序反时限保护。非全相运行时，闭锁零序Ⅱ段，投入零序Ⅲ段短时间段、零序反时限。

（2）零序Ⅱ段自动带方向，零序Ⅲ段的方向性由 KG5 控制字控制（KG5 置"1"时经方向闭锁，置"0"时不经方向闭锁），零序反时限保护不带方向，重合后零序加速段的方向性由 KG7 控制字控制（KG7 置"1"时经方向闭锁，置"0"时不经方向闭锁）。

（3）TA 断线时，利用 TA 断线时无零序电压这一特征，使可能误动的保护带方向，用零序方向元件实现闭锁。若零序电流长期存在，"TA 断线 $3I_0$ 大于零序辅助启动电流"经 12s 后发"告警"信号，并闭锁零序各段，即门 Y7、Y8、Y9、Y10 被闭锁。

（4）零序方向模块用自产 $3U_0$ 和 $3I_0$ 判断方向，当 TV 断线时带方向的零序Ⅱ段保护退出工作，零序Ⅲ段自动改为不经方向控制。

（5）手动合闸，投入零序加速段，不带方向，延时 60ms，以躲开断路器三相不同期，即经 Y12-H6-60ms-H4→实现"零序永久跳闸"；重合闸于故障上，投入零序加速段，可经方向闭锁，延时 60ms，经 KG7-H7-Y11-H6-60ms-H4→实现"零序永久跳闸"。

（6）Ⅱ段范围故障，单相故障时，经 KG4-Y1-Y7-Ⅱ段延时时间-Y13-KG2（置"0"时）-KG1（置"0"时）→实现"零序单相跳闸"，或经 KG1（置"1"时）-H3→实现"零序三相跳闸，或经 KG2（置"1"时）-H4→实现"零序永久跳闸"。多相故障时，经 KG4-Y1-Y7-Ⅱ段延时时间-Y14-KG3（置"0"时）-H3→实现"零序三相跳闸，或经 KG3（置"1"时）-H4→实现"零序永久跳闸"。

（7）Ⅲ段范围故障，经 H1-Y6-Y8-Ⅲ段延时时间-H4→实现"零序永久跳闸"。

五、过电压保护及远方就地判别构成及原理

目前 1000kV 线路的过电压保护主要通过线路保护屏内的过电压及就地判别装置来实现，过电压保护及远方就地判别装置具有过电压跳闸和过电压发信功能，适用于高压输电线路的远方跳闸就地判据和过电压保护。可实现"一取一""二取一"和"二取二"的收信判别方式。根据运行要求可投入低电流、分相低有功、电流变化量、零序电流、负序电流、零序电压、负序电压、分相低功率因数等就地判据，能够提高远方跳闸保护的安全性，而不降低保护的可靠性。

过电压保护在任一相过电压或三相过电压时启动，采用一相或三相方式可由控制字选择。在远方跳闸保护的两个通道中，任一通道有收信或电流变化量、零序电流元件动作、过电压启动时，进入远方跳闸收信及就地判据逻辑程序。

过电压跳闸是当线路本端过电压，控制字"过电压保护跳本侧"投入时，保护经延时，即过电压保护动作时间跳本端断路器。过电压保护可反应任一相过电压动作（三取一方式），也可反应三相均过电压动作（三取三方式），由控制字整定，实际现场采用三取一方式。

过电压保护可由硬压板和软压板控制投退。过电压保护还可以通过控制字是否跳本侧、过电压远方跳闸是否经跳位闭锁。过电压保护的硬压板、软压板为与的关系，即只有当硬压板和软压板均投入时，才能投入过电压保护功能。

远方跳闸保护是当线路对端出现线路过电压、电抗器内部短路及断路器失灵等故障时，均可通过保护装置以外的通道发出远方跳闸信号，传至本端后，远方跳闸信号接入保护装置的收信开入端子后，根据收信逻辑和相应的就地判据动作出口，跳开本端断路器。

（一）通道收信开入介绍

装置具有通道 1 收信和通道 2 收信开入，可灵活实现"一取一""二取一"和"二取二"的收信判别方式。

收信工作逻辑为当接入一个通道收信开入即现场只接入一个收信开入，控制字"远方跳闸二取二方式"置"0"。当有通道收信输入时，就认为收信有效，实现了"一取一"的收信方式。因装置有两个通道收信开入，接线时可使用通道 1 收信开入，也可使用通道 2 收信开入，也可称为"二取一"的收信方式，和"一取一"收信方式的功能实际上是相同的。

通道故障开入有信号时，则发告警信号通道 1 故障或通道 2 故障，同时闭锁该通道收信。当通道故障消失后延时 200ms 开放该通道收信。通道持续收信超过 4s＋通道方式延时时间，则认为该通道异常，发告警信号通道 1 长期收信或通道 2 长期收信，同时闭锁该通道收信。当通道收信消失后延时 200ms 开放该通道收信。

若接入两个通道收信开入，收信工作逻辑共有"二取二"和"二取一"两种判断逻辑供选择。"二取二"方式，指通道一和通道二都收信，认为收信有效。"二取一"方式，指

通道一或通道二中，只要有一个通道收信，就认为收信有效。运行中工作方式判别两通道均投入运行且都无故障时，控制字"远方跳闸二取二方式"置"1"，则为"二取二"方式，否则认为"二取一"方式投入。两个通道只有一个通道投入运行，另一个因故障（长期收信或有相应的通道故障开入）退出时为"二取一"方式。现场实际采用接入一个通道收信开入的"一取一"方式。

（二）过电压保护动作逻辑

图 2-50 为过电压保护动作逻辑框图，说明如下。

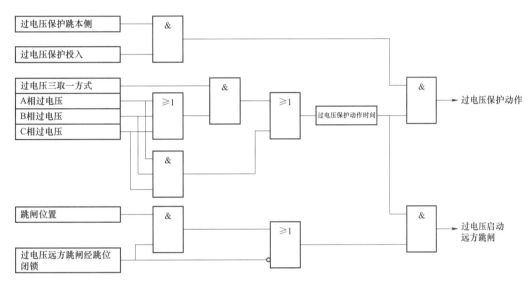

图 2-50 过电压保护动作逻辑

（1）当线路本侧过电压，控制字"过电压保护跳本侧"投入时，保护经过电压整定延时跳本端断路器。过电压保护可反应任一相过电压动作（三取一方式），也可反应三相均过电压动作（三取三方式），由控制字整定，过电压跳闸命令发出 80ms 后，若三相均无电流时收回跳闸命令。

（2）当本端过电压元件动作，如果满足以下条件则启动远方跳闸装置（或门条件）："远方跳闸经跳位闭锁"控制字为"1"，本端断路器 TWJ 动作且三相无电流；"远方跳闸经跳位闭锁"控制字为"0"。当对侧远方跳闸保护收到本侧的远跳信号时，再根据其就地判据判断是否跳开其侧断路器。

（3）控制字"过电压远跳经跳位闭锁"置"1"时：当本端过电压元件动作，本端断路器又处在跳开位置，则启动远方跳闸装置，由对端收信直跳保护跳开对端断路器，如用断路器 TWJ 的动合触点，则将三相 TWJ 触点（3/2 断路器接线将边相断路器和中相断路器的六个 TWJ 触点）串联后与装置连接。

（4）控制字"过电压远方跳闸经跳位闭锁"置"0"时：当本端过电压元件动作，则直接启动远方跳闸装置，由对端收信直跳保护跳开对端断路器。

六、远方触发及串联补偿远跳构成及原理

带有串联补偿设备的 1000kV 线路会在两侧变电站内按间隔双套配置远方触发及串联补偿远方跳闸装置。远方触发及串联补偿远方跳闸装置是当线路发生故障时，两侧特高压变电站的线路保护动作切除故障，通过此装置发远传命令至 1000kV 串联补偿站以联动方式隔离故障；当 1000kV 串联补偿站内设备发生故障影响线路运行时，串联补偿站内保护动作切除故障，同时通过此装置发远传命令至两侧特高压变电站以跳闸方式隔离故障。

远方触发及串联补偿远方跳闸装置通过数字通信网传送保护命令时，为防止数字信号串扰，确保装置接收到报文系对侧装置所发，引入纵联码识别机制。全网同类型接口装置均具有唯一性的指定纵联识别码，具体到某一台装置，需整定本装置的纵联识别码，同时整定本线路对侧相应同厂家装置的纵联识别码。发往对侧报文中，包含了本侧的纵联识别码信息；接收报文时，同样解析对侧装置的纵联识别码，并与本装置定值"对侧纵联码"相比较，若相等，则认可所接收报文的收令信息；若不等，说明接收到的报文并非对侧通信接口装置所发，为异常报文，丢弃报文中的收令信息，并延时告警。

在远方触发及串联补偿远方跳闸装置检修等情况下，可将装置通道自环，此时需将定值"对侧纵联码"整定为与"本侧纵联码"相等，可顺利通过纵联码校验，使收令报文有效。两侧装置之间通信采用通信速率为 2Mbit/s 的光纤复用通道，采用装置内时钟方式。通道连接方式如图 2-51 所示。

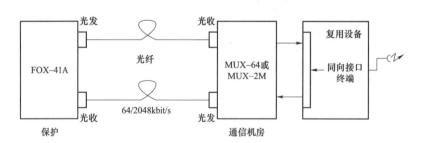

图 2-51　通道连接方式（以 FOX-41 为例）

第五节　特高压断路器保护原理及配置

一、特高压断路器保护配置概况

断路器是电力系统中重要的电气设备，可用于切合正常运行情况下的负荷电流，调整各设备间隔的运行方式。在各类短路故障时可在继电保护装置的作用下自动切断短路电

流。在特高压变电站中，所有的继电保护装置动作出口均需要经由断路器保护的操作箱来实现跳闸，由此可见断路器保护装置在二次设备中有着不可替代的重要性。

特高压变电站 1000kV 与 500kV 侧，采用主接线为 3/2 断路器接线方式，断路器保护单套配置，断路器保护装置与操作箱同组一面屏。断路器保护主要配置充电保护、断路器失灵保护、自动重合闸等功能。断路器保护操作箱含有两组分相跳闸回路，一组分相合闸回路，两组跳闸回路的直流电源由不同段直流母线进行供电。保护装置和其他有关设备均可通过操作箱对断路器进行分合操作。

主变压器低压侧（110kV 侧）由 110kV 三相联动 HGIS 断路器连接一条母线，母线上通过负荷开关挂载多组电容器组与电抗器组，使用一台断路器将高压站用变压器与 110kV 母线连接。母线低压侧断路器未单独配置断路器保护，操作箱放置于主变压器非电量保护屏内，断路器失灵功能由 110kV 母线保护来实现。110kV 母线上所挂载的负荷开关与站用变压器断路器的操作箱均在各自间隔的保护屏上配置，失灵功能同样在 110kV 母线保护内配置。

为方便大家理解 3/2 断路器接线方式下的断路器保护与其他保护间的信息交互过程，由于某特高压站 T062 断路器为线路–变压器串联络断路器，比较具有代表性，现以该断路器为例，特列出该站 T062 断路器保护信息流，如图 2–52 所示。表 2–9 为断路器保护配置。

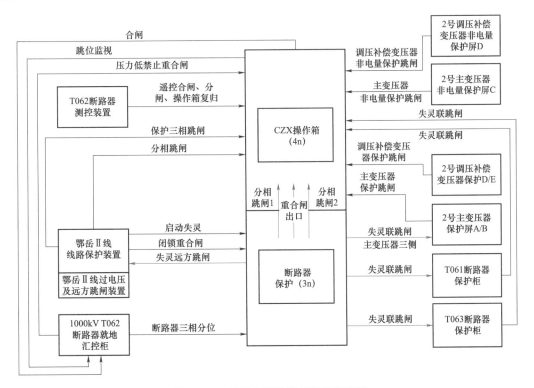

图 2–52　T062 断路器保护信息流图

表 2-9 断 路 器 保 护 配 置

设备名称	保护功能	互感器采样	动作行为
断路器保护	失灵保护	本断路器 TA	跳开相邻断路器；联跳相邻电力元件（主变压器、线路对端、相邻母线）
	充电过电流保护	本断路器 TA	跳本断路器
	重合闸功能	—	合本断路器
	三相不一致保护	—	跳本断路器（特高压站三相不一致保护仅使用断路器本体的三相不一致保护功能，断路器保护装置三相不一致功能未投入）
	死区保护	本断路器 TA	与失灵保护出口一致（在 3/2 断路器接线方式一般不存在保护死区，该功能不投入）

二、失灵保护构成及原理

断路器失灵保护是指故障电气设备的继电保护动作发出跳闸命令而断路器拒动时，利用故障设备的保护动作信息与拒动断路器的电流信息构成对断路器失灵的判别，能够以较短的时限切除失灵断路器相邻带电间隔断路器，使停电范围限制在最小，从而保证整个电网的稳定运行，避免造成发电机、变压器等故障元件的严重烧损和电网的崩溃瓦解事故。断路器失灵保护作为电网和主设备重要的近后备保护，是继电保护中很重要的保护，直接影响到电力系统的稳定运行。

（一）断路器失灵定义

当线路、变压器、母线或其他主设备发生短路，保护装置动作并发出跳闸命令，但故障设备的断路器拒绝动作，称之为断路器失灵。

（二）断路器失灵的原因

发生断路器失灵故障的原因有很多，主要有断路器跳闸线圈断线、断路器操动机构出现故障、控制回路断线等。

（三）失灵保护的必要性

当故障断路器失灵时，断路器失灵保护以较短的延时动作跳开上一级断路器，从而切除故障，使停电范围缩到最小，而由其他元件的后备保护动作来切除故障，则会明显延长故障设备的切除时间，并且扩大停电范围。因此，当出现故障线路断路器不能及时跳开切除故障点时，需要失灵保护快速动作，快速切除故障设备，保证电网的安全运行。

（四）失灵保护动作跳闸对象

断路器失灵保护启动后，相应会启动母线的母联差动保护、主变压器的差动保护及线路的远方跳闸、上一级断路器保护等。失灵保护与其他保护的联系是通过断路器保护中失灵保护压板出口到相应的保护来实现的。断路器失灵保护动作后需跳开所有与失灵断路器相连的相邻电气元件来隔离电源。特高压站 1000kV 侧与 500kV 侧以 3/2 断路器接线方式下线路–变压器串进行举例。如线路间隔边断路器失灵，失灵保护动作后需要切除与之相邻的所有母线断路器、切除中断路器、并通过线路保护通道发送远方跳闸信号来切除本线路对侧断路器。如变压器间隔边断路器失灵，失灵保护动作后需要切除与之相邻的所有母线断路器，切除中断路器，并通过主变压器保护失灵联跳主变压器各侧断路器。如该串中断路器失灵保护动作则需要切除线路保护通道发送远方跳闸信号来切除本线路对侧断路器，切除与失灵断路器相邻的两个边断路器，并通过主变压器保护失灵联跳主变压器各侧断路器。只有这样才能断开短路点的电源完成熄弧。失灵保护动作后经失灵跳本断路器时间，断路器保护会尝试再次跳开本断路器。110kV 断路器失灵保护动作功能见本章第四节。

（五）失灵保护的启动

失灵保护功能，分为分相启动失灵、保护三相跳闸启动失灵、失灵相高定值启动失灵三种情况。另外，充电保护动作时也启动失灵保护。

1. 故障相失灵

按相对应的线路保护跳闸触点和失灵过电流高定值都动作后，先经"失灵跳本断路器时间"延时发三相跳闸命令跳本断路器，再经"失灵动作时间"延时跳开相邻断路器。

2. 非故障相失灵

由三相跳闸输入触点保持失灵过流高定值动作元件，并且失灵过电流低定值动作元件连续动作，此时输出的动作逻辑先经"失灵跳本断路器时间"延时发三相跳闸命令跳本断路器，再经"失灵动作时间"延时跳开相邻断路器。

3. 三相跳闸启动失灵

由三相跳闸启动的失灵保护可分别经低功率因数、负序过电流和零序过电流三个辅助判据开放。三个辅助判据均可由整定控制字投退。输出的动作逻辑先经"失灵跳本断路器时间"延时发三相跳闸命令跳本断路器，再经"失灵动作时间"延时跳开相邻断路器。

4. 充电保护启动失灵

当充电过电流保护动作跳断路器时，如果此时断路器失灵，也必须通过失灵保护出口动作来隔离电源，因此充电过电流保护动作也可启动失灵保护，见图 2–53。

失灵保护的启动条件：

（1）有故障判据即保护启动。

（2）设备有故障电流（包括负序电流、零序电流、失灵高电流等）。

（3）达到失灵保护动作时间。

只有上述三个条件均满足时失灵保护才会启动。

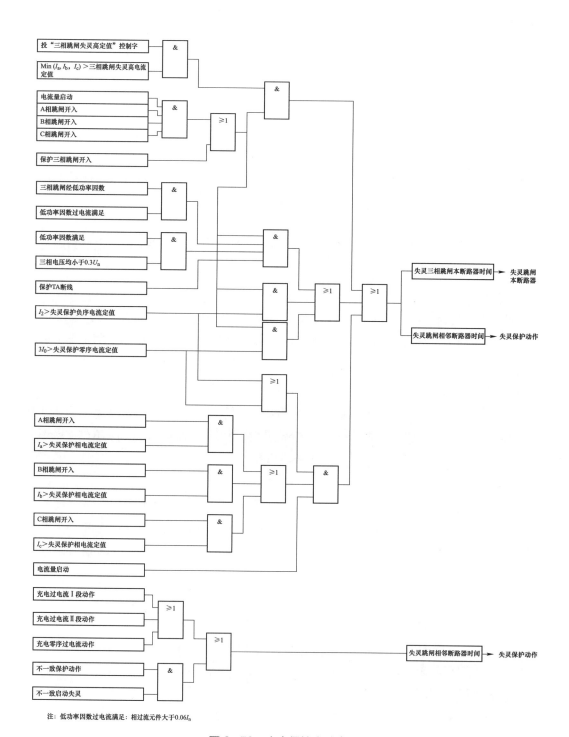

注：低功率因数过电流满足：相过流元件大于0.06I_n。

图 2-53 充电保护启动失灵

三、重合闸原理及实现方式

（一）重合闸的意义及应用

在电力系统的各种故障中，输电线路（架空线路）是发生故障概率最多的元件，约占电力系统总故障的 90%。输电线路故障的性质，大多数是瞬时性故障，故障概率占输电线路故障的 90% 左右，而永久性故障却不到 10%，最严重时也不到 20%。这些瞬时性故障多数由雷电引起的绝缘子表面闪络、线路对树枝放电、大风引起的碰线、鸟害和树枝等物掉落在导线上以及绝缘子表面污染等原因引起，这些故障被继电保护动作断开断路器后，故障点去游离，电弧熄灭，绝缘强度恢复，故障自行消除。因此如把输电线路因瞬时性故障跳开的断路器重新合闸，就能恢复供电，从而减少停电时间，这对系统安全可靠运行是十分有利的。但当断路器重合于输电线路永久性故障时，如线路倒杆、短线、绝缘子击穿或损坏、故障点去游离不够等时候，如把线路断路器重新合闸，线路还要被继电保护动作断路器再次断开，重合闸失败，如果重合到永久故障的线路上，系统将再一次受到故障的冲击，断路器将在短时间内开断两次短路电流，这非常不利于系统的安全稳定运行。但是由于输电线路上的瞬时性故障的概率比较大，所以一般在中、高压的架空线路上一般都普遍应用自动重合闸装置。据统计重合闸的成功率一般在 80% 以上。

为了避免断路器在重合于永久故障跳开后，重合闸装置继续发出重合命令使得断路器反复合闸于永久故障上，对系统和一次设备造成严重损害，重合闸必须在"充电"准备完成后才能启动合闸回路，重合闸一般在大于 10～15s 后完成充电，只有在充电完成情况下允许发出合闸命令，重合闸发出合闸命令后立即放电。在采用模拟型保护时，重合闸装置是采用电阻、电容来实现充、放电，重合闸合闸命令的发出是利用电容器上的电压对出口继电器放电来实现的。只有在电容器充电 15s 左右后，电容器的充电电压才足够驱动重合闸出口继电器，所以在微机型保护时代依然沿用重合闸充、放电的说法，但目前的微机型保护装置已经采用计数器或计时器的原理来检查满足充电条件后的时间是否达到 15s 来模拟重合闸的"充电"过程。

（二）重合闸的充放电条件

1. 重合闸放电条件（或门条件）

断路器预储压力不满足进行重合条件时，通过压力低闭锁重合闸开入对重合闸进行放电。

重合闸方式为禁止重合闸或停用重合闸时放电。

单相重合闸方式下，如果本断路器两相或三相跳闸位置动作或收到两相或三相跳闸命令或本保护装置三相跳闸，则重合闸放电。

（1）收到外部闭锁重合闸开入信号，或投入停用重合闸软压板时立即放电。

（2）当重合闸方式整定为禁止重合闸或停用重合闸时立即放电。

（3）合闸脉冲发出的同时放电。

（4）失灵保护、死区保护、不一致保护、充电保护动作时立即放电。

（5）收到外部三相跳闸信号时立即放电。

（6）当重合闸启动 200ms 后，如再收到任何跳闸信号，立即放电不重合。这可以确保先合断路器合于故障时，后合断路器不再重合。

2. 重合闸充电条件（与门条件）

（1）跳闸位置继电器 TWJ 不动作或线路有流。

（2）保护未启动。

（3）不满足重合闸放电条件。

（4）重合闸充电完成后充电灯亮。

（三）重合闸方式及动作过程

特高压站 1000kV 侧与 500kV 侧的重合闸功能一般使用断路器保护装置内的重合闸功能，重合闸方式由断路器保护内部控制字决定，功能分别有单相重合闸、三相重合闸、禁止重合闸、停用重合闸方式。

当选择单相重合闸方式时，在单相重合闸故障开放单相重合闸，即装置收到单相跳闸触点并当该触点返回时或者当单相 TWJ（跳闸位置继电器）动作且满足 TWJ 启动单重条件时，启动单重相重合闸。若线路三相跳闸或三相 TWJ 动作，则不启动单重。如果是电厂侧需要在对侧断路器先合上后再重合，可投入控制字"单相重合闸检线路有压"。

当选择三相重合闸方式时，线路保护上发生的任何故障三相跳闸，重合闸动作时三相重合。

当选择禁止重合闸方式时，装置放电且不重合，不沟通三相跳闸。

当选择停用重合闸方式时，装置放电，闭锁重合闸，并沟通三相跳闸。

（四）重合闸的启动方式

1. 位置不对应启动方式（TWJ 启动）

重合闸的位置不对应启动方式是采用断路器保护的跳闸位置继电器（TWJABC）来判断断路器各相的位置状态，当 TWJABC＝1 时，判断断路器各相在跳闸位置，并启动重合闸。用位置不对应启动方式启动重合闸，既可以在线路上发生故障时保护跳开断路器后启动重合闸，也可在断路器"偷跳"的情况下来启动重合闸。所谓的断路器"偷跳"是指在线路上未发生短路故障时断路器由于各种原因导致的分位状态，如误碰出口继电器和操动机构、出口继电器由于振动撞击而闭合等原因导致的断路器分闸状态。重合闸的位置不对应启动方式可对断路器偷跳的情况做出自动补救。

2. 保护启动方式

断路器保护或其他与该断路器有联系的保护（一般为线路保护）发出跳闸命令的同时会通过同一出口 TJABC（跳闸继电器）继电器的另一组出口触点来驱动断路器保护的 TABC（跳闸开入）开入来启动重合闸（该继电器也同时用于断路器的失灵保护的外部启动），因此该保护启动方式的投退需通过投退线路保护的"启重合闸启失灵"压板来进行控制，保护启动方式下在满足充电完成条件时，断路器保护会在不判 TWJ 继电器位置的情况下经过重合闸时间定值后即时驱动重合闸出口，在仅用保护启动重合闸方式时无法在断路器偷跳时启动重合闸。

（五）3/2断路器接线方式下对重合闸的要求

在3/2断路器接线方式下，如果线路保护动作跳开该线路的边断路器和中断路器，两个断路器的重合闸动作时间上应如何配合，此时先假设先合中断路器而又重合于永久故障上，线路保护应再次跳开中断路器，如果此时中断路器失灵，失灵保护将跳开与该线路相邻元件，扩大了停电范围。如果先合边断路器且重合于永久故障上，此时边断路器失灵保护将跳开相邻母线上所有断路器，并不影响其他线路或主变压器等元件的工作。所以理论上来说，线路保护跳开两个断路器后应先合边断路器，后合中断路器这种整定方式较为安全。但结合现场实际情况，具体边、中断路器的重合闸时间配合应根据调度下发定值单进行整定。

四、短引线保护构成及原理

（一）短引线保护应用场景

短引线保护是在3/2断路器接线、桥形接线或扩大单元接线中，当两个断路器之间所接元件（线路或变压器）退出或检修时（该线路或变压器保护已退出运行），为保证供电的可靠性，需要该串恢复环网运行。在这一特定运行方式下用于保护两个断路器之间的连线以及到电容式电压互感器的这段短引线而装设的保护装置。短引线故障应动作于这两个断路器跳闸，并闭锁其重合闸，其在正常运行时不投入，仅在线路或主变压器停电、保护退出，而断路器还在运行时投入。图2-54所示为短引线主接线图，表2-10为短引线保护配置。

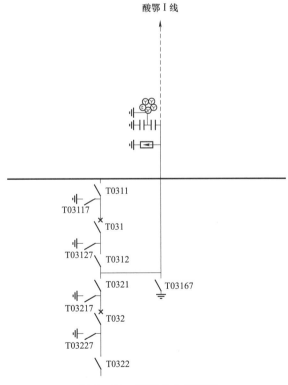

图2-54　短引线主接线图

表 2-10 短引线保护配置

设备名称	保护功能	互感器采样	动作行为
短引线保护	差动保护	T0311 侧 TA、T0322 侧 TA	跳开 T031 断路器、T032 断路器
	过电流保护 I 段	T0311 侧 TA、T0322 侧 TA	跳开 T031 断路器、T032 断路器
	过电流保护 II 段	T0311 侧 TA、T0322 侧 TA	跳开 T031 断路器、T032 断路器

（二）短引线保护功能及表达式

短引线保护的功能配置上较为简单，交流回路仅采用所保护范围内两个断路器外侧 TA 各引入一组电流。在功能上配置有差动保护和两段式的充电过电流保护。保护动作出口于两组断路器的 TJR 三相跳闸出口回路，启动断路器失灵并闭锁重合闸。

短引线保护由比率差动保护构成，其动作方程表达为

$$I_{cd} > I_{cdzd}$$

$$I_{cd} > KI_{zd} \qquad (2-60)$$

其中，$I_{cd} = \left| \dot{I}_\phi + \dot{I}'_\phi \right|$，$I_{zd} = \left| \dot{I}_\phi - \dot{I}'_\phi \right|$，$\dot{I}_\phi$ 和 $\dot{I}'_\phi$ 分别对应两个断路器的电流互感器电流，分别由 A、B、C 三相构成，K 为固定值的制动系数。

过电流保护由两段和过电流保护构成，其动作方程为

$$\left| \dot{I}_\phi + \dot{I}'_\phi \right| > I_{pzd} \qquad (2-61)$$

其中，$\dot{I}_\phi$ 和 $\dot{I}'_\phi$ 分别对应两个断路器的电流互感器电流，分别由 A、B、C 三相构成，I_{pzd} 为过电流保护电流整定定值。

当 $\left| \dot{I}_\phi + \dot{I}'_\phi \right|$ 大于过电流保护 I 段定值时，瞬时切除故障，当 $\left| \dot{I}_\phi + \dot{I}'_\phi \right|$ 大于过电流保护 II 段定值时，通过过电流保护 II 段时间定值延时切除故障。

五、负荷开关的原理及应用

负荷开关是介于断路器和隔离开关之间的一种开关电器，具有简单的灭弧装置，能切断额定负荷电流和一定的过负荷电流，但不能切断短路电流。特高压站主变压器低压侧无功补偿装置（电容器组与电抗器组）是通过负荷开关与 110kV 母线相连接，负荷开关主要用于无功补偿装置的投退和过负荷电流的切断。下面以 GS12-4B 型负荷开关（LBS）举例，该负荷开关采用 SF₆ 气体作为绝缘介质的三相联动式气体开关，用于电容器及电抗器的投切使用，其灭弧方式是采用新型压气方式，另外采用了自能灭弧方式便于灭弧。操作方式是采用电动弹簧操作方式，即靠合闸弹簧的释放能量（通过电动机储能）进行合闸动作，靠合闸动作同时储能的分闸弹簧进行分闸动作。表 2-11 为 110kV 负荷开关额定参数。

表2-11　　　　　　　　　　　　　110kV 负荷开关额定参数

参数类型		参数值
额定电压		126/145kV
额定耐受电压	雷冲击耐受电压	650kV
	工频耐电压	275kV
额定电流		1600A
额定频率		50Hz
最大分合容量		240MVA
额定短时间耐受电流		31.5/40kA 3s
额定分闸时间		<0.046s
合闸时间		<0.08s
额定控制电压		DC110/DC220V
额定气体压力		（0.6±0.02）MPa（℃）
气体最低保证压力		（0.5±0.02）MPa（℃）
SF_6气体质量		95kg
操作方式		合闸-弹簧，分闸-弹簧
依据标准		IEC-62271-100

第六节　无功补偿装置保护原理及配置

一、特高压并联电抗器保护构成及原理

（一）特高压并联电抗器的作用

高压并联电抗器可以吸收系统容性无功功率，限制系统的过电压和潜供电容电流，提高重合闸成功率。线路并联电抗器还可以削弱空载或轻载时长线路的电容效应所引起的工频电压升高，改善沿线电压分布和轻载线路中的无功分布并降低线损减少潜供电流，加速潜供电弧的熄灭，提高线路自动重合闸的成功率，有利于消除发电机的自励磁。可以通过调整并联电抗器的数量来调整运行电压。

目前 500kV 以上系统采用的并联电抗器通常为单相油浸式，铁芯带有间隙，单台容量40～60Mvar。并联电抗器有以下主要接入方式。

（1）通过隔离开关或者直接与线路连接。这种接线方式目前应用最多，可节省设备，减少投资，电抗器可与输电线路视为一体，但运行欠灵活。

（2）采用专用断路器与线路连接。这种接线方式运行灵活，但投资较大。

（3）通过放电间隙与线路相连。当线路电压较高时使放电间隙击穿，自动投入电抗器；电压较低时自动退出。这种接线方式可减少投资，但技术要求较高，可靠性较低。

（二）特高压并联电抗器保护装置构成

GB/T 14285—2006《继电保护和安全自动装置技术规程》中规定，为防止油浸式电抗器出现下列故障及异常运行方式，应装设相应的保护：

（1）绕组的单相接地和匝间短路及其引出线的相间短路和单相接地短路；

（2）油面降低；

（3）油面温度升高和冷却系统故障；

（4）过负荷。

针对以上故障及异常的电抗器保护要求其电气量保护按主后一体且双重化配置，非电量保护按单套配置。其主要保护功能包括：

（1）主电抗器主保护包括差动保护、零序差动保护和匝间保护；

（2）主电抗器后备保护包括过电流保护、零序过电流保护和过负荷保护；

（3）中性点电抗器保护包括过电流保护和过负荷保护；

（4）非电量保护包括重瓦斯、轻瓦斯、压力释放、油位异常、油面温度和绕组温度。

线路并联高压电抗器主接线如图2-55所示。

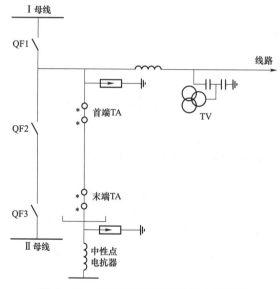

图2-55　线路并联高压电抗器主接线图

线路并联高压电抗器保护配置情况如表2-12所示。

表2-12　　　　　　　　　线路并联高压电抗器保护配置

设备名称	保护功能	互感器采样	动作行为
线路并联电抗器	差动速断	首端TA、末端TA	跳QF1、QF2
	差动保护	首端TA、末端TA	跳QF1、QF2
	零序差动	首端TA、末端TA	跳QF1、QF2
	匝间保护	首端TA、线路TV	跳QF1、QF2

续表

设备名称	保护功能	互感器采样	动作行为
线路并联电抗器	主电抗过电流保护	首端 TA	跳 QF1、QF2
	主电抗零序过电流	首端 TA	跳 QF1、QF2
	主电抗过负荷	首端 TA	告警
	中性点电抗器过电流	末端 TA	跳 QF1、QF2
	中性点电抗器过负荷	末端 TA	告警

（三）电抗器保护基本原理

1. 电抗器的主保护

电抗器主保护包括差动保护和匝间保护，其中差动保护包括差动速断、比率差动和零差保护，差动速断和比率差动均由 3 个差动继电器按照三相式接线构成，差动速断具有严重内部故障时的快速跳闸特性，比率差动具有防止区外故障误动的制动特性。当主电抗器内部及其引出线相间短路和单相接地短路时，差动保护动作，作用于跳闸。电抗器的励磁涌流对于差动保护而言如同穿越电流，因此差动保护不存在躲励磁涌流问题。

零差保护能够灵敏地反映出电抗器内部接地故障，具有防止区外故障误动的制动特性。

电抗器的匝间短路是一种比较常见的内部故障形式，但差动保护是不能反映出匝间短路故障的。对于油浸式电抗器，其轻瓦斯和重瓦斯保护对内部匝间短路都具有保护作用，而一般以零序功率方向保护作为匝间短路的电气量保护。当电抗器内部和外部接地故障时，用零序功率方向继电器能明确区别出来，电抗器全部绕组的接地故障都在保护范围内。保护电压取自线路互感器安装处的零序电压，零序电流由装置自产，取自电抗器线端的电流互感器。当短路匝数很少时，一相匝间短路引起的三相不平衡电流有可能很小，很难被检测出，因此为提高零序功率方向元件的灵敏度，匝间短路保护要经过零序电压补偿。

2. 电抗器的后备保护

电抗器后备保护主要包括过电流保护、零序过电流和过负荷保护。

过电流保护由 3 个电流元件按三相式接线构成，作为电抗器内部及引线相间故障的后备保护。

通过保护控制字可控制过电流保护投退，过电流保护应防止因励磁涌流而误动。

电抗器零序过电流保护反映零序电流大小，作为电抗器内部接地故障和匝间故障的后备保护，零序电流取自电抗器线端的电流互感器。

电抗器所接系统电压异常升高时可能引起电抗器过负荷，为此设有过负荷保护。过负荷保护取电抗器首端三相最大电流进行判别，延时作用于信号报警。

3. 中性点电抗器保护

为了限制线路单相重合闸时的潜供电流，提高单相重合闸成功率，高压电抗器的中性点都会接有小电抗器。当线路发生单相接地或断路器一相未合上，三相严重不对称时，中性点电抗器会流过数值很大的电流，造成绕组过热，为此装设小电抗器保护。

中性点小电抗主要配置中性点过电流和过负荷保护。保护采用主电抗器自产零序电流和末端自产零序电流的"与"门逻辑构成电流回路，也可采用中性点电抗器反映零序电流的电流互感器。其中，过电流保护动作于跳闸，过负荷保护主要是针对三相不对称原因引起的异常，监视三相不平衡状态，延时作用于信号报警。

4. 电抗器的非电量保护

油浸式主电抗器和中性点电抗器均配置非电量保护。保护具有独立的出口回路，与变压器非电量保护相似，可通过相应的控制字选择报警或者跳闸，同时作用于断路器的两个跳闸绕组。

（四）电抗器保护实现方式

1. 主电抗器差动保护

电抗器差动保护是电抗器相间短路的主保护。三相差流最大值大于差动启动电流时，差动启动元件动作，此启动元件用来开放差动速断、比率差动保护。

（1）差动速断保护。差动速断保护用来在电抗器内部严重故障时快速动作。当任一相差动电流大于差动速断整定值时，该保护瞬时动作，装置立即出口。差动速断保护动作逻辑及动作特性分别如图 2-56 和图 2-58 所示。差动速断保护为差动保护范围内严重故障的保护，TA 断线不闭锁该保护。

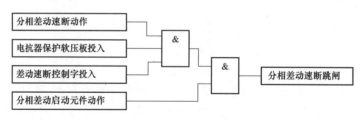

图 2-56　差动速断逻辑框图

（2）比率差动保护。比率差动保护的动作逻辑如图 2-57 所示，比率差动保护的动作特性采用三折线方式实现如图 2-58 所示。其中，I_d 为差动电流，I_r 为制动电流；I_{cdqd} 为比率差动启动电流定值，I_{cdsd} 为差动速断电流定值，k_1、k_2、k_3 为比率差动比率制动系数定值，I_{r1}、I_{r2} 为比率特性拐点制动电流定值。比率差动启动电流定值 I_{cdqd} 用以躲过电抗器正常运行时最大负荷电流下流过装置的不平衡电流，返回系数取 0.95。

2. 主电抗器零序差动保护

零序差动保护一般具有二折线制动特性，差动电流和制动电流分别为

$$3I_{0d} = \left| 3\dot{I}_{0.1} + 3\dot{I}_{0.2} \right| \qquad (2-62)$$

$$3I_{0.res} = \frac{1}{2}\left| 3\dot{I}_{0.1} - 3\dot{I}_{0.2} \right| \qquad (2-63)$$

式中：$\dot{I}_{0.1}$ 为电抗器首端零序电流；$\dot{I}_{0.2}$ 为电抗器末端零序电流。

首端零序电流为自产零序电流 $3\dot{I}_{0.1} = \left| \dot{I}_{a1} + \dot{I}_{b1} + \dot{I}_{c1} \right|$ $\qquad (2-64)$

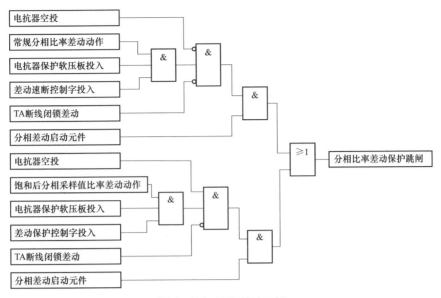

图 2-57 比率差动逻辑

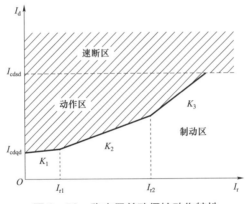

图 2-58 稳态量差动保护动作特性

末端零序电流为自产零序电流 $3\dot{I}_{0.2} = \left| \dot{I}_{a2} + \dot{I}_{b2} + \dot{I}_{c2} \right|$ （2-65）

首端和末端的电流互感器型号相同，如变比不同，需软件补偿后使用。

当零序电流使用外接零序电流互感器时，由于极性不易测试判别，并且首端零序电流互感器自产零序电流的特性和外接电流互感器的特性差异大，空投电抗器或者相邻线路重合闸过程中，最大励磁涌流能引起误动，因此不宜使用外接电流互感器。

零序差动保护由零序差动和零序差动速断两部分组成，其动作特性如图 2-59 所示。

零序差动速断动作方程为

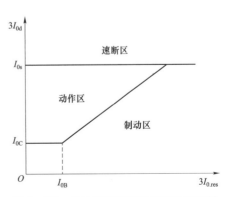

图 2-59 电抗器零序差动保护动作特性

$$3I_{0d} > I_{0s} \qquad (2-66)$$

式中：$3I_{0d}$ 为零序差动动作电流；I_{0s} 为差动速断定值。

比率制动的零序差动动作方程为

$$3I_{0d} > I_{0C} \quad (3I_{0.res} < I_{0B}) \qquad (2-67)$$

$$3I_{0d} > K_{0.b}(3I_{0.res} - I_{0B}) + I_{0C} \quad (3I_{0.res} \geqslant I_{0B}) \qquad (2-68)$$

式中：I_{0C} 为零序差动启动动作电流值；I_{0B} 为拐点电流值；$3I_{0.res}$ 为制动电流；$K_{0.b}$ 为比率制动斜率。

3. 主电抗器匝间保护

由于电抗器内部匝间短路时，对应的末端测量值总是满足零序电压超前零序电流，而且此时零序电抗的测量值为系统的零序电抗。当电抗器外部（系统）故障时，对应的零序电压滞后于零序电流，此时零序电抗的测量值为电抗器的零序阻抗。所以，利用主电抗器零序电流和电抗器安装处零序电压的相位关系来区分电抗器匝间短路、内部接地故障和电抗器外部故障，该零序功率方向保护为匝间短路的主保护。

当短路匝数很少时，由于零序电压很小，相应的在系统零序阻抗（系统的零序阻抗远小于电抗器的零序阻抗）上产生的零序电流和零序电压很小，因此为了更好地判别小匝数的匝间故障，需要对零序电压进行补偿。自动补偿型零序功率元件的动作方程为

$$-180° < \arg\frac{3\dot{U}_0 + kZ_0 3\dot{I}_0}{3\dot{I}_0} < 0° \qquad (2-69)$$

式中：$\dot{I}_0$ 和 $\dot{U}_0$ 分别是电抗器线路侧的自产零序电流和自产零序电压；Z_0 为电抗器的零序阻抗（包括主电抗器和中性点电抗器的零序阻抗）；k 为浮动补偿系数，其随电流和电压的大小变化而变化。

在线路非全相运行、带线路空充电抗器、线路发生接地故障后再重合、线路两侧断路器跳开后的 LC 振荡、开关非同期、区外故障及非全相伴随系统振荡时，为保证匝间保护不误动，匝间保护的启动元件具有浮动门槛，并将零序功率方向元件与零序阻抗元件和阻抗元件共同作为保护动作条件，其动作逻辑如图 2-60 所示。

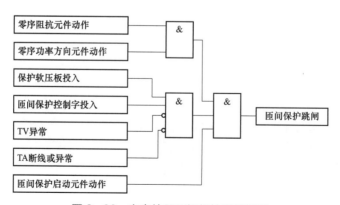

图 2-60　主电抗器匝间保护逻辑框图

为了保证匝间保护的可靠运行，匝间保护还应设有 TA 断线和 TV 断线检测元件。当 TA 或者 TV 断线时，退出主电抗器匝间保护。

4. 主电抗器过电流保护

当最大相电流大于动作整定值时，主电抗器过电流保护动作，其逻辑框图如图 2−61 所示。

图 2−61　过电流保护逻辑框图

5. 主电抗器零序过电流保护

当主电抗器首端自产零序电流大于动作整定值时，主电抗器零序过电流保护动作，其逻辑框图如图 2−62 所示。

图 2−62　零序过电流保护逻辑框图

6. 过负荷保护

当主电抗器首端最大相电流大于动作整定值时，主电抗过负荷保护动作，其逻辑框图如图 2−63 所示。

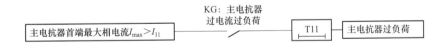

图 2−63　过负荷保护逻辑框图

7. 中性点电抗器过电流保护

高压并联电抗器的中性点一般都接有一台小电抗器（也称中性点电抗器），主要作为限制线路单相重合闸时潜供电流之用。当系统发生单相接地或在线路单相断开期间，小电抗器会流过较大电流。为了保证小电抗器的安全稳定要求，通常配置中性点电抗的过电流保护。该保护也可作为电抗器内部接地短路故障和匝间短路故障的后备保护。

装置设有一段中性点电抗过电流保护，当电抗器末端 TA 的自产零序电流大于动作整定值时，中性点电抗器过电流保护动作，其逻辑框图如图 2−64 所示。

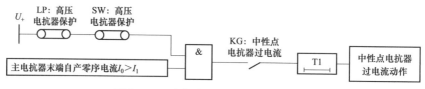

图 2-64　中性点过电流保护逻辑框图

8. 中性点电抗器过负荷保护

当主电抗器末端零序电流大于动作整定值时，中性点电抗过负荷保护动作，其逻辑框图如图 2-65 所示。

图 2-65　中性点过负荷保护逻辑框图

二、特高压电容器保护构成及原理

1. 电容器过电流保护

一般配置两段式过电流保护。各段保护由独立的控制字分别进行投退。过电流保护的电流及时间定值可独立整定。检测到电流大于定值，过电流保护启动，启动计时元件。

在故障电流大于本段过电流定值的前提下：

1）当所有相故障电流小于"过电流闭锁定值"时，跳本间隔负荷开关，并启动母线失灵和解除母线复压闭锁；

2）当任一相故障电流大于"过电流闭锁定值"时，跳主变压器低压侧断路器，并启动主变压器失灵和解除主变压器复压闭锁。

2. 电容器电压保护

电容器电压保护包括过电压保护和低电压保护。电容器组的电压保护是利用母线电压互感器 TV 测量和保护电容器。电容器电压保护主要用于防止系统稳态过电压和低电压，过电压保护的整定值一般取电容器额定电压的 1.1 倍。

（1）过电压保护。用于过电压保护的电压取自母线电压 U_{ab}，U_{bc}，U_{ca}。图 2-66 所示为过电压保护逻辑图。当任一电压超过过电压保护定值时，过电压保护启动，动作条件为：

1）任一电压大于定值；

2）断路器在合位；

3）延时时间到。

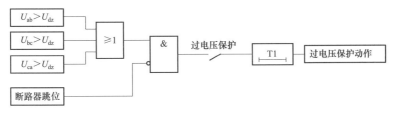

图 2-66　过电压保护逻辑图

（2）低电压保护。在系统失电时将电容器可靠切除，由低电压保护压板和控制字进行功能的投退。图 2-67 所示为低电压保护逻辑图。

其动作条件为：

1）母线线电压均低于低电压定值；

2）本线路三相电流均小于低压电流闭锁定值；

3）曾有压超过 2s；

4）断路器在合位；

5）低电压保护延时时间到。

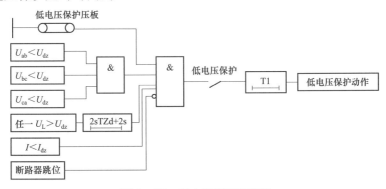

图 2-67　低电压保护逻辑图

3. 电容器不平衡保护

不平衡元件用来检测电容器内部故障，装置提供多个分支的不平衡量检测，由不平衡保护控制字进行功能的投退，由控制字进行不平衡电压和不平衡电流的检测的投退。不平衡电压保护逻辑图如图 2-68 所示。

不平衡电压的动作条件：

（1）任一组不平衡电压输入大于不平衡电压定值；

（2）断路器在合位；

（3）不平衡电压延时时间到。

图 2-68　不平衡电压保护逻辑图

不平衡电流的动作条件：

（1）任一组不平衡电流输入大于不平衡电流定值；

（2）断路器在合位；

（3）不平衡电流延时时间到。

不平衡电流保护逻辑图如图 2-69 所示。

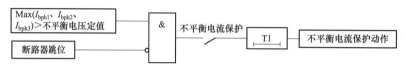

图 2-69　不平衡电流保护逻辑图

第二篇
特高压直流输电保护与控制系统

第三章　特高压直流概述

第一节　特高压直流输电发展历程

一、高压直流输电技术发展历程

高压直流输电是电力电子技术应用最重要、最活跃的领域之一，高压直流输电技术的发展与关键器件的研制成功密不可分。早在 1881 年，M.Deprez 受到直流发电机弧光试验的启发，发表了高压直流输电的第一个理论研究报告，他很快把理论用于实践，于 1882 年前夕把 2kV 1.5kW 的功率输送超过 35 英里，这是直流输电首次伟大尝试。1901 年 Hewitt 的汞汽整流器和栅极控制的采用，奠定了可控整流和逆变的基础。1940 年之前，苏联制造出试验性单阳极阀，到了 1950 年，苏联建成 200kV 输送容量达 30MW 的莫斯科—卡希拉地下直流输电系统。汞弧阀受限于制作工艺，汞弧桥限制电压在 150kV 左右，随着 50 年代晶闸管问世，并在短时间内快速提升容量至兆瓦级，晶闸管阀逐步取代汞弧阀成为直流输电领域的主要器件。

1972 年，加拿大建成伊尔河高压直流输电工程，该工程电压 80kV，输送容量 350MW，是晶闸管阀在高压直流工程中的首次应用。自 20 世纪 70 年代初期开始，美国、苏联、巴西、巴拿马、南非等国开始了特高压直流输电的研究工作。CIGRE、IEEE、美国 EPRI、巴西 CEPEL、加拿大 IREQ、瑞典 ABB 等科研机构和制造厂商，在特高压直流输电关键技术研究、系统分析、环境影响研究、绝缘特性研究和工程可行性研究等方面取得大量成果，具备了 ±800kV 直流输电技术工程应用的基本条件。

二、高压直流输电特点

随着人类经济社会发展，不同地区的资源储备与经济潜力不匹配推动了高压直流输电工程推广与发展。

1. 高经济性

高压直流输电的合理性和适用性在远距离、大容量输电中已得到明显的表现。直流输电线路的造价和运行费用比交流输电低，而换流站的造价和运行费用均比交流变电站要高，对同样输电容量，输送距离越远，直流比交流经济性越好。等价距离是指相同输电容量下，换流站加直流输电线路造价总和与变电站加交流输电线路造价总和相等的分界距离。当输电距离大于等价距离时，采用直流输电更为经济。架空线路目前的等价距离约为600～700km，电缆线路的等价距离约为20～40km。

2. 强互连性

交流输电能力受到同步发电机减功角稳定问题的限制，且输电距离增大，同步机间联系电抗增大，稳定问题更加突出，交流输电能力受到很大制约，而且交流系统联网的扩展，系统短路容量扩大，造成断路器选型十分困难。相比之下，直流输电系统两端电网无需同步运行，直流输电不存在功角稳定问题，可在设备容量及受端交流系统容量允许范围内，大容量输送电力，发生短路故障时，交直流系统互联不会造成短路容量增加，有利于防止交流系统故障扩大。

3. 强可控性

直流输电具有潮流快速可控的特点，可用于所连交流系统的稳定与频率控制，对于双端直流输电系统，可迅速实现潮流反转。在正常运行下电网潮流调整需要慢速潮流反转，通常需要几秒至几十秒，电网运行故障下，紧急功率支援时需要快速潮流反转，大约在500ms 以内。这对于所连交流系统的稳定控制、负荷波动频率控制以及故障状态下频率变动控制都能发挥重要作用。

4. 运行复杂性

换流站设备多、结构复杂、造价高、损耗大、运行费用高、可靠性较差。换流器在工作过程中会产生大量谐波并吸收大量无功功率，处理不当会对交流电网运行造成大量问题，需要大量无功滤波装置解决这类问题。目前直流输电的接地极、直流断路器都存在技术难点，尚未得到好的解决方案，同时对于直流系统两侧弱系统电网，对系统运行电压有更严格要求。

第二节　高压直流输电工程简介

一、国外高压直流输电工程简介

到 2018 年底为止，全世界已投运的电网换相直流输电工程有 140 个左右，其中汞弧阀直流输电工程 11 个，全部为高压直流输电技术前 25 年的早期建设成果，其余均为晶闸管直流输电工程。在所有直流输电工程中，背靠背直流输电工程约 28 个，其余均为长距离直流输电工程。

（1）瑞典—哥特兰岛连线工程（1954 年）。这是第一条商业经营的 HVDC 工程，该工程初期设计为 20MW，100kV 单极电缆连接方式为哥特兰岛输电。工程论证表明这种供电方式比在岛上建立新的热电厂更为经济，而这种距离（96km）又不能采用交流电缆传输电力。

（2）伏尔加格勒—顿巴斯工程（1962—1965 年）。这是世界首例投入运行的架空线直流输电工程。输电距离为 470km，输送功率为 720MW，电压 ±400kV，电流 900A，采用双极汞弧阀换流器。该直流工程建设的一个重要作用是加强已经存在的交流弱联系系统。

（3）佐久间互联工程（1965 年，1993 年）。世界上首个用于不同频率电网间互连的零距离直流工程。该工程可实现所连日本 50Hz 与 60Hz 交流电网间双方向的功率交换。设计容量为 300MW，电压为 ±125kV。该工程能够很好地实现两交流系统功率的相互支援和稳定控制，1993 年 6 月该工程又实现了采用晶闸管换流器的改造。

（4）意大利—科西嘉—撒丁岛工程（1967 年，1987 年）。这条连接撒丁岛与意大利本土的直流工程采用单极 200kV 大地与海水作为回流方式。输电容量 200MW，能够实现对撒丁岛电网的频率支持。极线的方式依据穿越区域的不同交替的变化，位于撒丁岛的架空线—海缆—科西嘉岛的架空线—海缆—意大利本土的架空线。总电缆距离 121km，这是交流输电不能实现的。在 1987 年系统扩展至 300MW，在科西嘉岛上新建了分支换流站，形成了 3 端直流输电，也成为世界首例多端直流输电的示例。

（5）太平洋联络线工程（1970 年）。太平洋联络线工程最大特点是同时与两条 500kV（60Hz）交流线路并联运行。该工程采用直流方式的原因有两个：一是输电距离远（1372km）采用高压直流输电更合算；二是利用直流输电的控制特性阻尼交流联网中已经存在的低频振荡。该工程为双极 ±400kV 方式，输送功率 1440MW，将北部丰富的水电电力送往南部负荷中心并实现与南部火电的联合经济运行。该工程于 1986 年改造成晶闸管阀，输电容量也增大至 1920MW。1989 年通过并接晶闸管阀方式又增加输送功率 1100MW。

（6）伊尔河工程（1972 年）。伊尔河工程标志着直流输电的发展进入一个新的阶段。该工程从设计阶段按晶闸管换流阀考虑，是第一个基于晶闸管换流阀的大型直流输电工程。该工程是一个连接布伦兹瑞克和魁北克水电站的 BTB 工程，电压为 2×80kV，交换容量为 320MW，每个换流站包括两个换流桥，4800 个空冷方式的晶闸管安放在 40 个单元模块中，每 4 个单元模块并联组成一个桥臂。

（7）卡哈拉—巴萨工程（1978 年）。1969 年，一条连接莫桑比克赞比河与南非约翰内斯堡，距离 1360km 的直流工程通过可行性论证。该工程输送容量 1920MW，电压 ±533kV，采用晶闸管换流阀。该工程是国际上首个极间电压超过百万伏级的工程，也是世界上首个跨国大容量输电工程。该工程于 20 世纪 70 年代投运，在 2008 年前后，ABB 对其进行了升级换代的改造。

（8）斯奎尔比特工程（1977 年）。论证工作表明，通过 750km 的直流输电为北达科他提供电力比输煤到当地发电更为经济。另外，直流输电可提供比交流输电更好的系统稳定控制手段。因此采用了直流输电方式。该直流工程首次采用 12 脉动换流器，系统容量500MW，电压 ±250kV。

（9）北海道—本州互连工程（1979 年，1980 年，1993 年）。考虑存在 43km 的海中电缆和对交流电网频率控制的需要，日本在北海道与本州联络的 167km 联网工程中采用了直流方式。系统投运分三个阶段完成，最终容量为 600MW、±125kV。值得一提的是该工程的最后一期中，首先采用了光触发晶闸管。

（10）伊泰普工程（1986 年）。基于晶闸管的 HVDC 在伊泰普工程中达到一个辉煌的

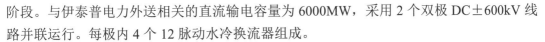

阶段。与伊泰普电力外送相关的直流输电容量为6000MW，采用2个双极DC±600kV线路并联运行。每极内4个12脉动水冷换流器组成。

（11）坎顿斯德—康福德工程（1986年）。美国北英格兰州与加拿大魁北克水电局协议11年间购电300亿kWh，因而建设了直流双极690MW，±450kV输电工程。距离跨度达1500km。

（12）英吉利海峡工程（1986年）。在早期（1961）建成英吉利海峡联网工程的20年后，两国电力公司又策划建设2000MW的新的HVDC联网工程来利用两国用电负荷的时间差和实现系统稳定控制。工程由两个1000MW双极换流器构成，输电海缆有8条，运行电压为±270kV。该工程最大特点是采用不同厂家不同类型的换流器，在英国一侧为保证交流电网电压的稳定性，装设了SVC，实现了协调控制。

（13）波罗的海电缆直流工程。该工程所用电缆长度255km，输电功率为600MW，电压450kV，连接瑞典和德国。该工程在直流电缆技术、接地极技术及有源滤波器等方面体现了当时直流输电技术的最新发展。

（14）巴斯海峡联网工程（2005年）。该工程为单极400kV，输送容量600MW，最大特点是电缆长度为世界直流输电之最，达298.3km，且只在电缆中集成了通信光缆，可用于网络支持等通信业务，扩展了电缆方式HVDC的用途。

二、国内高压直流输电工程简介

我国从20世纪50年代开始从事高压直流输电技术的研究，于60年代在中国电力科学研究院建成国内第一个晶闸管阀模拟装置，并于1977年在上海将一条报废的交流电缆线路改造成为31kV的直流输电试验线路，供研究HVDC技术使用。从20世纪80年代末，结合长江流域电力外送及高压直流输电技术的引进与创新，我国直流输电技术的研究和发展取得了突飞猛进的提高，目前传统高压直流输电已投运30余项，下面结合具有代表性的工程示例，讲述高压直流技术在我国的发展作用。

（1）舟山直流工程（1989年）。中国第一个高压直流输电工程，是中国的国家重点科技攻关项目。该工程的输电距离为54.1km，其中架空线分三段，总长42.1km；海底电缆分二段，总长12km。第一期工程的规模为：单极直流100kV，输送容量50MW，采用6脉动换流器。整个工程从科研、设计、制造、施工、调试、直到运行，全部依靠中国自己的力量完成。该工程将华东电网的交流电通过浙江省宁波市大碶镇的整流站，向舟山本岛的鳌头浦逆变站送电，配电给舟山各地使用。

（2）葛南直流工程（1989年）。中国第一条±500kV超高压直流输电工程，输送功率为1200MW。本工程于1982年进行可行性研究，1984年国家批准为建设项目，站内一次设备由西门子公司提供，1988年工程全部建成。由于换流变压器未通过出厂试验而重新制造，极1推迟到1989年9月投入运行。本工程送端葛洲坝换流站位于宜昌宋家坝，受端换流站位于上海市奉贤县南桥，途经湖北、安徽、江苏、浙江和上海，线路全长1045.7km。本工程具有远距离输电和大区电网（华中和华东）非同期联网的性质。

（3）呼辽直流工程（2010年）。呼辽直流输电工程是内蒙古境内首条直流工程，呼伦贝尔—辽宁±500kV直流工程输电距离为908km，输送容量3000MW，该工程是继蒙东电网划入国家电网之后，真正实现与国家主干电网连成一体。呼辽直流投运的意义在于，蒙东地区特别是呼伦贝尔地区丰富的褐煤资源将就地转化为电能，通过直流点对点地输送到煤炭缺口很大的东北特别是辽宁地区。

（4）云广特高压直流输电工程（2010年）。±800kV云南—广东特高压直流输电工程是中国直流特高压输电自主化示范工程，也是世界上第一个投入商业化运营的特高压直流输电工程。工程西起云南省楚雄州禄丰县楚雄换流站，东至广东省广州增城市穗东换流站，途经云南、广西、广东三省，输电距离1373km，输送功率5000MW。

（5）锡泰特高压直流输电工程（2017年）。±800kV锡盟—泰州特高压直流工程起于内蒙古自治区锡林郭勒盟锡盟换流站，止于江苏省泰州市泰州换流站，线路全长1627.9km，该工程是世界上首个输电容量达到1000万kW、受端分层接入500/1000kV交流电网的±800kV特高压直流工程。此前国际高压直流输电的最高额定容量为800万kW，最高接入系统电压为交流750kV，工程创造了新的世界纪录。

（6）扎青特高压直流输电工程（2017年）。扎鲁特—青州±800kV特高压直流输电工程是东北电网的第一条跨区特高压直流工程，输电电压等级为±800kV，输电规模10 000MW，线路全长1234km。扎青特高压直流输电工程是贯彻党中央、国务院关于全面振兴东北地区等老工业基地系列决策部署，是解决东北窝电问题的标志性工程，是国家电网2017年特高压直流输电头号工程。项目投运后将解决东北地区长期存在的新能源电力外送瓶颈问题，对促进东北经济发展、优化清洁能源资源配置、节能降耗具有重大示范意义。

（7）上山特高压直流输电工程（2018年）。上海庙—山东直流工程是我国乃至世界上首个建设的±800kV、6250A特高压直流输电工程，输送容量达10 000MW。该工程是国家电网公司大气污染防治行动计划"四交四直"工程之一，对于促进蒙西能源基地开发，满足山东用电负荷增长需求，改善大气环境质量均具有十分重要意义。

（8）吉泉特高压直流输电工程（2018年）。吉泉特高压起点位于新疆昌吉自治州，终点位于安徽省宣城市，途经新疆、甘肃、宁夏、陕西、河南、安徽6省（区），新建昌吉、古泉2座换流站，换流容量2400万kW，线路全长3324km，送端换流站接入750kV交流电网，受端换流站分层接入500/1000kV交流电网。吉泉特高压是世界上电压等级最高、输送容量最大、输电距离最远、技术水平最高的特高压输电线路。工程刷新了世界电网技术的新高度，是国际高压输电领域里程碑式的"超级输电工程"。与之前建设的特高压直流工程相比，该工程电压等级从±800kV升至±1100kV，输送容量从640万kW升至1200万kW，经济输电距离提升至3000～5000km，进一步提高了直流输电效率，节约了宝贵的土地和走廊资源。

特高压直流输电技术

第四章

第一节　直流输电系统的结构

直流输电系统结构可分为两端（端对端）直流输电系统和多端直流输电系统。两端直流输电系统是只有一个整流站和一个逆变站的直流输电系统，与交流系统只有两个连接端口，是结构最简单的直流输电系统。多端直流输电系统与交流系统有三个及以上的连接端口，有多个换流站，实现多个电源系统向多个受端系统送电。

一、两端直流输电系统

两端直流输电系统可分为单极系统（正极或负极）、双极系统（正负两极）和背靠背直流系统（无直流输电线路）三种类型。图4-1所示为两端直流输电系统示意图。

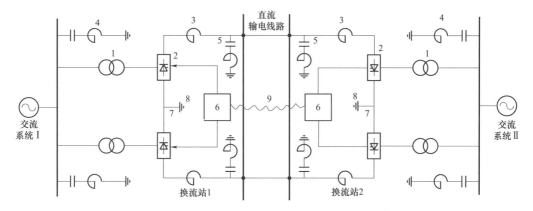

图4-1　两端直流输电系统示意图

1—换流变压器；2—换流器；3—平波电抗器；4—交流滤波器；5—直流滤波器；
6—控制保护系统；7—接地极引线；8—接地极；9—远动通信系统

（一）单极系统

单极系统的接线方式分为单极大地（或海水）回线和单极金属回线方式两种。当双极直流输电工程在单极运行时，还可以接成双导线并联大地回线方式运行。

1. 单极大地回线方式

单极大地回线方式是利用一根导线和大地（或海水）构成直流侧的单极回路，两端换流站均需接地。图4-2所示为单极大地回线输电系统示意图。这种方式的大地（或海水）

相当于直流输电线路的一根导线，流经它的电流为直流输电工程的运行电流。由于地下（或海水中）长期有大的直流电流流过，这将引起接地极附近地下金属构件的电化学腐蚀以及中性点接地变压器直流偏磁的增加而造成的变压器磁饱和等问题，这些问题有时需要采取一定的技术措施。对于单极大地回线方式的直流输电工程，其接地极设计所取的连续运行电流为工程连续运行的直流电流。

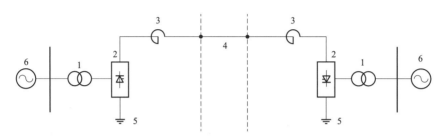

图 4-2 单极大地回线输电系统示意图
1—换流变压器；2—换流器；3—平波电抗器；4—直流输电线路；5—接地极系统；6—两端交流系统

单极大地回线方式的线路结构简单，可利用大地这个良导体，省去一根导线，线路造价低，但其运行的可靠性和灵活性均较差；同时对接地极的要求较高，使得接地极的投资增加。这种方式的应用场合主要是高压海底电缆直流工程，因为省去一根高压海底电缆所节省的投资还是相当可观的。

2. 单极金属回线方式

单极金属回线方式是利用两根导线构成直流侧的单极回路，其中一根低绝缘的导线（也称金属返回线）用来代替单极大地回线方式中的地回线。在运行中，地中无电流流过，可以避免由此所产生的电化学腐蚀和变压器磁饱和等问题。为了固定直流侧的对地电压和提高运行的安全性，金属返回线的一端需要接地，其不接地端的最高运行电压为最大直流电流时在金属返回线上的压降。这种方式的线路投资和运行费用均较单极大地回线方式的要高。通常是在不允许利用大地（或海水）为回线或选择接地极较困难以及输电距离较短的单极直流输电工程中采用。图 4-3 所示为单极金属回线输电系统示意图。

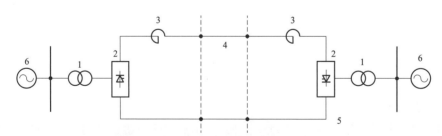

图 4-3 单极金属回线输电系统示意图
1—换流变压器；2—换流器；3—平波电抗器；4—直流输电线路；5—接地极系统；6—两端交流系统

3. 单极双导线并联大地回线方式

单极双导线并联大地回线方式是双极运行方式中需要单极运行时采用的特殊方式，与单极大地回线方式相比，由于极导线采用两级导线并联，极导线电阻值减小一半，因此线路损耗减小一半。图4-4所示为单极双导线并联大地回线输电系统示意图。

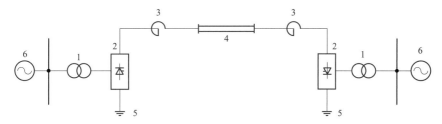

图4-4 单极双导线并联大地回线输电系统示意图

1—换流变压器；2—换流器；3—平波电抗器；4—直流输电线路；5—接地极系统；6—两端交流系统

（二）双极系统

双极系统接线方式直流输电工程中常用的接线方式，可分为双极两端中性点接地方式、双极一端中性点接地方式和双极金属中线方式三种类型。

1. 双极两端中性点接地方式

双极两端中性点接地方式是大多数直流输电工程所采用的正负两极对地，两端换流站的中性点均接地的系统构成方式，利用正负两极导线和两端换流站的正负两极相连，构成直流侧的闭合回路。两端接地极形成的大地回路，可作为输电系统的备用导线，正常运行时，直流电流的路径为正负两根极线。实际上它是由两个独立运行的单极大地回路系统构成，正负两极在地回路中的电流方向相反，地中电流为两极电流差，双极中的任一极均能构成一个独立运行的单极输电系统，双极的电流和电压可以不相等。图4-5所示为双极两端中性点接地输电系统示意图。

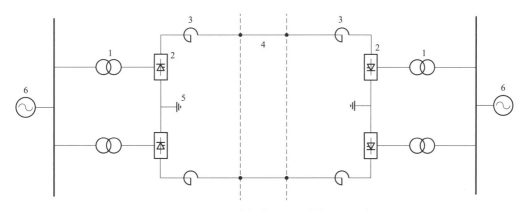

图4-5 双极两端中性点接地输电系统示意图

1—换流变压器；2—换流器；3—平波电抗器；4—直流输电线路；5—接地极系统；6—两端交流系统

双极的电流和电压均相等时称为双极对称运行方式，不相等时称为电压或电流的不对称运行方式。为减小地中电流的影响，在运行时尽量采用双极对称运行方式，如果由于某种原因需要一个极降低电压或电流运行，则可转为双极电压或电流不对称运行方式。

双极方式的直流输电工程，当输电线路或换流站的一个极发生故障需要退出工作时，可根据具体情况转为三种单极方式运行，即单极大地回线方式、单极金属回线方式及单极双导线并联大地回线方式。双极直流输电工程的两端接地极系统可根据工程所要求的单极大地回线运行时间长短来设计。如果单极大地回线方式只作为当一极故障时向单极金属回线方式转换的短时过渡方式来考虑，则可大大降低对接地极的要求。因此，双极两端中性点接地的直流输电，对于不同的工程要求，其接地极系统的差别也较大。

2. 双极一端中性点接地方式

这种接线方式只有一端换流站的中性点接地，其直流侧回路由正负两极导线组成，不能利用大地（或海水）作为备用导线。当一极线路发生故障需要退出工作时，必须停运整个双极系统，而没有单极运行的可能性。当一极换流站发生故障时，也不能自动转为单极大地回线方式运行，而只能在双极停运后，才有可能重新构成单极金属回线的运行方式。因此，这种接线方式的运行可靠性和灵活性均较差。其主要优点是可以保证在运行中地中无电流流过，从而可以避免由此产生的一些问题，这种系统构成方式在实际工程中很少采用。双极一端中性点接地输电系统示意图如图4-6所示。

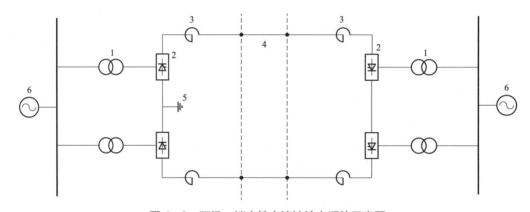

图4-6 双极一端中性点接地输电系统示意图

1—换流变压器；2—换流器；3—平波电抗器；4—直流输电线路；5—接地极系统；6—两端交流系统

3. 双极金属中线方式

双极金属中线方式是利用三根导线构成直流侧回路，其中一根为低绝缘的中性线，另外两根为正负两极的极线。这种系统构成相当于两个可独立运行的单极金属回线系统，共用一条低绝缘的金属返回线。为了固定直流侧各种设备的对地电位，通常中性线的一端接地，另一端的最高运行电压为流经金属中线最大电流时的电压降。这种方式在运行中地中无电流流过，它既可以避免由于地电流而产生的一些问题，又具有比较可靠和灵活的运行方式。当一极线路发生故障时，则可自动转为单极金属回线方式运行；当换流站的一个极发生故障需要退出工作时，可首先自动转为单极金属回线方式运行，然后还可转为单极双导线并联金属回线方式运行。其运行的可靠性与灵活性与双极两端中性点接地方式类似。由于采用三个导线组成的输电系统，其线路结构较复杂，线路造价较高。通常是当不允许地中流过直流电流或接地极极址很难选择时才采用。双极金属中线输电系统示意图如图4-7所示。

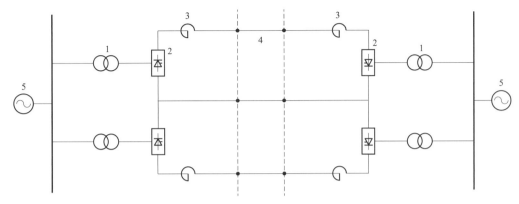

图4-7　双极金属中线输电系统示意图

1—换流变压器；2—换流器；3—平波电抗器；4—直流输电线路；5—两端交流系统

（三）背靠背直流系统

背靠背直流系统是输电线路长度为零的两端直流输电系统，它主要用于两个非同步运行的交流电力系统之间的联网或送电，也称为非同步联络站。如果两个被联电网额定频率不相同，也可称为变频站。背靠背直流系统的整流站和逆变站的设备通常均装设在一个站内，也称背靠背换流站。在背靠背换流站内，整流器和逆变器的直流侧通过平波电抗器相连，构成直流侧的闭环回路；而其交流侧则分别与各自的被联电网相连，从而形成两个电网的非同步联网。两个被联电网之间交换功率比的大小和方向均有控制系统进行快速方便地控制。背靠背直流输电系统示意图如图4-8所示。

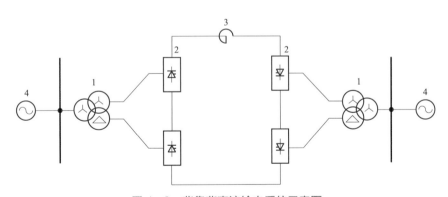

图4-8　背靠背直流输电系统示意图

1—换流变压器；2—换流器；3—平波电抗器；4—两端交流系统

背靠背直流输电系统的主要特点是直流侧可以选择低电压大电流运行，可充分利用大截面晶闸管的通流能力，同时直流侧设备也因直流电压低而使其造价也相应降低。由于整流器和逆变器均装设在一个阀厅内，直流侧谐波不会造成对通信线路的干扰，因此可降低对直流侧滤波的要求，省去直流滤波器，减小平波电抗器的电感值。

二、多端直流输电系统

多端直流输电系统是由三个或三个以上换流站以及连接换流站之间的高压直流输电线路组成，它与交流系统有三个或三个以上连接端口。多端直流输电系统可以解决多电源供电或多落点受电的输电问题，它还可以联系多个交流系统或者将交流系统分成多个孤立运行的电网。在多端直流输电系统中的换流站，可以作为整流站运行，也可以作为逆变站运行，整流站输送功率总和要等于逆变站输送功率总和，多端直流输电系统的输入功率与输出功率必须平衡。多端直流输电系统换流站之间的连接方式可以采用串联方式或并联方式。

1. 串联方式

串联方式的特点是各换流站均在同一直流电流下运行，换流站之间的有功调节和分配主要是靠改变换流站的直流电压来实现。串联方式的直流侧电压较高，在运行中的直流电流也较大，因此其经济性能不如并联方式好。当换流站需要改变潮流方向时，串联方式只需改变换流器的触发角，使原来的整流站（逆变站）变为逆变站（整流站）运行，不需改变换流器直流侧的接线，潮流反转操作快速方便。当某一换流站发生故障时，可投入其旁通开关，使其退出工作，其余的换流站经自动调整后，仍能继续运行，不需要用直流断路器断开故障。当某一段直流线路发生瞬时故障时，可调节换流器的触发角，使整个直流系统的直流电压降到零，待故障消除后，直流系统可自动再启动。当一段直流线路发生永久性故障时，则整个多端系统需要停运。

2. 并联方式

并联方式的特点是各换流站在同一个直流电压下运行，换流站之间的有功调节和分配主要是靠改变换流站的直流电流来实现的。由于并联方式在运行中保持直流电压不变，负荷的减小是降低直流电流来实现的，因此其系统损耗小，运行经济性也好，目前已运行的多端直流系统均采用并联方式。并联方式的主要缺点是当换流站需要改变潮流方向时，除了改变换流器的触发角，使原来的整流站变为逆变站外，还需将换流器直流侧两个端子接线倒转接入直流网络才能实现。因此并联方式对潮流变化频繁的换流站是很不方便的。同时当其中一个换流站因故障需要退出运行时，需要用直流断路器断开故障换流站，再用直流隔离开关将换流站隔开，然后对健全部分进行再启动，使直流系统工作在新的工作点。

第二节　直流输电系统主要设备及工作原理

在高压直流输电系统中，为了完成交直流电间的相互转换，并达到电力系统对安全稳定及电能质量的要求，换流站中应包括的主要设备或设施有换流阀、换流变压器、交流滤波器及无功补偿装置、直流滤波器、直流场开关设备、直流线路、接地极引线及接地极、直流测量装置、站间通信系统等。高压直流换流站典型构成如图4-9所示。

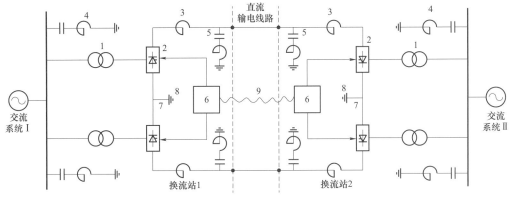

图 4-9 高压直流换流站典型构成图

1—换流变压器；2—换流器；3—平波电抗器；4—交流滤波器；5—直流滤波器；

6—控制保护系统；7—接地极线；8—接地极；9—站间通信系统

一、换流单元

直流输电换流站由基本换流单元组成，基本换流单元是在换流站内允许独立运行，进行换流的换流系统，主要包括换流变压器、换流器、相应的交流滤波器和直流滤波器以及控制保护装置等。目前工程上所采用的基本换流单元有 6 脉动换流单元和 12 脉动换流单元两种。它们的主要区别在于所采用的换流器不同，前者采用 6 脉动换流器（三相桥式换流回路），而后者则采用 12 脉动换流器（由两个交流侧电压相位差 30°的 6 脉动换流器所组成）。在汞弧阀换流时期，为了减少换流站设备的数量，降低造价，通常采用最高电压的汞弧阀所组成的 6 脉动换流单元为基本换流单元。在换流站内允许一组 6 脉动换流单元独立的单独运行，在运行中可以切除或投入一组 6 脉动换流单元。在这种情况下，交流滤波器和直流滤波器必须按 6 脉动换流器的要求来配备。当采用晶闸管换流阀以后，由于换流阀是由多个晶闸管串联组成，可以方便地利用不同的晶闸管串联数而得到不同的换流阀电压，从而可得到不同电压的 12 脉动换流器。因此，绝大多数直流输电工程均采用 12 脉动换流器作为基本换流单元，此时交流滤波器和直流滤波器只需按 12 脉动换流器的要求来配备，这样可大大地简化滤波装置，减小换流站占地面积，降低换流站造价。

12 脉动换流单元是由两个交流侧电压相位相差 30°的 6 脉动换流单元在直流侧串联而在交流侧并联所组成，其原理接线如图 4-10 所示。

12 脉动换流单元可以采用双绕组换流变压器或三绕组换流变压器，如图 4-10 所示。为了得到换流变压器阀侧绕组的电压相位相差 30°，其阀侧绕组的接线方式，必须一个为星形接线，另一个为三角形接线。换流变压器可以选择三相结构或单相结构。因此，对于一组 12 脉动换流单元的换流变压器，可以有四种选择方案：① 1 台三相三绕组变压器；② 2 台三相双绕组变压器；③ 3 台单相三绕组变压器；④ 6 台单相双绕组变压器。

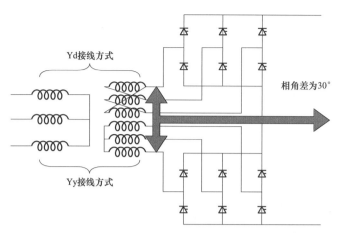

图 4-10 12 脉动换流桥接线

12 脉动换流器在交流侧和直流侧分别产生 12k±1 次和 12k 次的特征谐波。因此，在交流侧和直流侧只需分别配备 12k±1 次和 12k 次的滤波器。从而可简化滤波装置，缩小占地面积，降低换流站造价。这是选择 12 脉动换流单元作为基本换流单元的主要原因。对于 12 脉动换流单元除图 4-10 标出的主要设备外，还有相应的交直流避雷器和交直流开关以及测量设备等。

大部分直流输电工程均采用每极一组基本换流单元的接线方式，因为这种接线方式换流站的设备数量最少，投资最省，运行可靠性也最高。但是在以下情况下，有时需要考虑采用每极两组基本换流单元接线方式：① 当直流输送容量大，而交流系统相对较小时，为了减轻直流单极停运对交流系统的影响，可考虑将一极分为两个基本换流单元，这样在换流设备故障时，则可只停运单极容量的一半；② 当换流站的设备（主要是换流变压器），对于每极一组基本换流单元来说，在制造上或运输上有困难时，需要考虑采用每极两组基本换流单元的方案；③ 根据工程分期建设的要求，每极分成两期建设在经济上有利时，则可考虑在一极中先建一个基本换流单元，然后再建另一个，例如当送端电源建设周期较长时。

每极两组基本换流单元的接线方式，有串联方式和并联方式两种（见图 4-11），串联方式每组基本换流单元的直流电压为直流极电压的 1/2，其直流电流为直流极电流，并联方式每组基本换流单元的直流电流的 1/2，直流电压为直流极电压。

二、换流变压器

在高压直流输电系统中，换流变压器是最重要的设备之一，这是由于其处在交流电与直流电互相变换的核心位置以及在设备制造技术方面的复杂性和设备费用的昂贵等因素所决定的。另外换流变压器的可靠性及可用性对于整个系统来说也是至关重要的。

（一）换流变压器功能与特点

换流变压器与换流阀实现交流电与直流电之间的相互变换。现代高压直流输电系统一般都采用每极一组 12 脉动换流器的结构，所以换流变压器还为两个串联的 6 脉动换流器之间提供 30° 的相角差，从而形成 12 脉动换流器结构。换流变压器的阻抗限制了阀臂短路和直流母线上短路的故障电流，使换流阀免遭损坏。

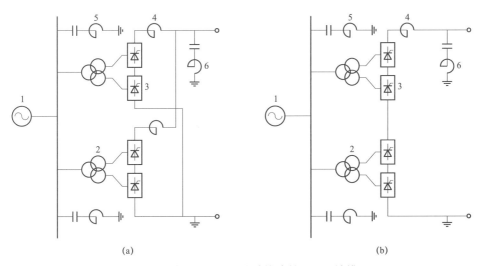

图 4−11 每极两组 12 脉动换流单元原理接线图

（a）串联方式；（b）并联方式

1—交流系统；2—换流变压器；3—12 脉动换流器；4—平波电抗器；5—交流滤波器；6—直流滤波器

由于换流变压器的运行与换流器的换相所造成的非线性密切相关，所以换流变压器在漏绝缘、谐波、直流偏磁、有载调压和试验等方面与普通电力变压器有着不同的特点。

1. 短路阻抗

为了限制阀臂及直流母线短路时的故障电流损坏换流阀的晶闸管元件，换流变压器应有足够大的短路阻抗，但短路阻抗过大会导致运行中的无功损耗增加，换相压降过大，因此需要相应增加无功补偿设备，并导致换相压降过大。大容量换流变压器的短路阻抗百分数通常为 12%～18%。

2. 绝缘

换流变压器阀侧绕组同时承受交流电压和直流电压。由两个 6 脉动换流器串联而形成的 12 脉动换流流器接线中，由接地端算起的第一个 6 脉动换流器的换流变压器阀侧绕组直流电压垫高 $0.25U_d$（U_d 为 12 脉动换流器的直流电压），第二个 6 脉动换流器的阀侧绕组垫高 $0.75U_d$，因此换流变压器的阀侧绕组除承受正常交流电压产生的应力外，还要承受直流电压产生的应力。另外，直流全压启动以及极性反转，都会导致换流变压器的绝缘结构远比普通的交流变压器复杂。

3. 谐波

换流变压器在运行中有特征谐波电流和非特征谐波电流流过。变压器漏磁的谐波分量会使变压器的杂散损耗增大，有时还可能使某些金属部件和油箱产生局部过热现象。对于有较强漏磁通过的部件要用非磁性材料或采用磁屏蔽措施，数值较大的谐波磁通所引起的磁致伸缩噪声，一般处于听觉较为灵敏的频带，必要时要采取更有效的隔声措施。

4. 有载调压

为了补偿换流变压器交流网侧电压的变化以及将触发角运行在适当的范围内以保证运行的安全性和经济性，要求有载调压分接开关的调压范围较大，特别是可能采用直流降压模式时，要求的调压范围往往高达 20%～30%。

5. 直流偏磁

运行中由于交直流线路的耦合、换流阀触发角的不平衡、接地极电位的升高以及换流变压器交流网侧存在 2 次谐波等原因将导致换流变压器阀侧及交流网侧绕组的电流中产生直流分量，使换流变压器产生直流偏磁现象，导致变压器损耗、温升及噪声都有所增加。但是，直流偏磁电流相对较小，一般不会对换流变压器的安全造成影响。

6. 试验

换流变压器除了要进行与普通交流变压器样的型式试验与例行试验之外，还要进行直流方面的试验，如直流电压试验、直流电压局部放电试验、直流电压极性反转试验等。

（二）换流变压器形式

换流变压器的总体结构分为三相三绕组式、三相双绕组式，单相双绕组式和单相三绕组式四种。换流变压器结构形式示意图如图 4－12 所示。

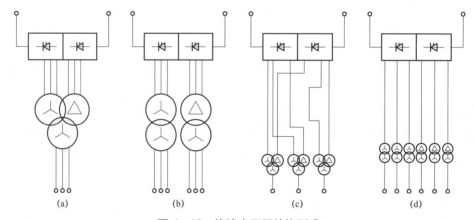

图 4－12 换流变压器结构形式

（a）三相三绕组；（b）三相双绕组；（c）单相三绕组；（d）单相双绕组

采用何种结构形式的换流变压器，应根据换流变压器交流侧及直流侧的系统电压要求、变压器的容量、运输条件以及换流站布置要求等因素进行全面考虑确定。

对于中等额定容量和电压的换流变压器，可选用三相变压器。采用三相变压器的优点是减少材料用量、减少变压器占地空间及损耗，特别是空载损耗。对应于 12 脉动换流器的两个 6 脉动换流桥，宜采用两台三相变压器，其阀侧输出电压彼此应保持 30° 的相角差，网侧绕组均为星形连接，而阀侧绕组，一台应为星形连接，另一台应为三角形连接。

对于容量较大的换流变压器，可采用单相变压器组。在运输条件允许时应采用单相双绕组变压器。这种形式的变压器带有一个交流网侧绕组和两个阀侧绕组。

阀侧绕组分别星形连接和三角形连接。两个阀侧绕组具有相同的额定容量和运行参数

（如阻抗和损耗），线电压之比为$\sqrt{3}$，相角差为30°。

高压大容量直流输电系统采用单相三绕组换流变压器组相对于采用单相双绕组来说具有更少的铁芯、油箱、套管及有载调压开关，因此原则上采用三绕组变压器要更经济、可见单相三绕组变压器的运输质量约为单相双绕组的1.6倍。

宜昌龙泉至常州政平直流输电工程的双极输送功率为3000MW、直流电压为±500kV。对选用单相三绕组变压器或单相双绕组变压器进行了选型原则性方案比较，详见表4-1。

表4-1　　　　　　　　　　换流变压器选型原则性比较

形式	单相三绕组	单相双绕组	形式	单相三绕组	单相双绕组
换流变压器容量（单台，MVA）	590	295	运输尺寸（长×宽×高，m×m×m）	13×3.5×4.9	905×4.4×4.7
接线方式	YNyd	YNy；YNd	运输难度	难	易
换流变压器总台数	6+1（每站双极）	12+2（每站双极）	制造难度	难	易
运输质量（t）	约400	约250	投资比较	100%	140%

考虑到采用单相三绕组变压器时，其单台容量将是世界上最大的，单台运输质量也是最重的，无论制造、运输或运行都存在一定的风险，因此从稳妥出发选用了单相双绕组形式的变压器。

图4-13为单相三绕组换流变压器外形图，这种变压器安装了有进入阀厅的阀侧套管。

（三）换流变压器主要参数选择

现代高压直流输电系统通常均采用12脉动换流器，以下介绍有关换流变压器主要参数选择以12脉动换流器为基础。

1．换流变压器阀侧交流额定电压U_{VN}

$$U_{VN}=\frac{U_{dioN}}{\sqrt{2}}\frac{\pi}{3}=\frac{U_{dioN}}{1.35}\qquad(4-1)$$

其中，U_{dioN}为在规定的额定触发角（α_N）或关断角（γ_N）额定直流电压（U_{dN}）及额定直流电流（I_{dN}）下，一个6脉动换流器的理想空载直流电压。

图4-13　单相三绕组换流变压器外形

对于整流侧

$$U_{\text{dioNR}} = \frac{U_{\text{dNR}}/n + U_{\text{T}}}{\cos\gamma_{\text{N}} - (d_{\text{XNR}} + d_{\text{rNR}})} \tag{4-2}$$

对于逆变侧

$$U_{\text{dioNI}} = \frac{(U_{\text{dNR}} - R_{\text{dN}}I_{\text{dN}}/n) - U_{\text{T}}}{\cos\gamma_{\text{N}} - (d_{\text{XNI}} + d_{\text{rNI}})} \tag{4-3}$$

式（4-2）和式（4-3）中，n 为每极 6 脉动换流器数，对于每极 1 组 12 脉动换流器，则 $n=2$；U_{dNR} 为整流侧额定直流电压；U_{T} 为换流阀正向导通压降；α_{N} 为整流侧额定触发角；γ_{N} 为逆变侧额定关断角；d_{XNR}、d_{XNI} 为对应于换流变压器额定抽头位置的整流侧与逆变侧的直流感性压降标幺值；d_{rNR}、d_{rNI} 分别为对应于换流变压器额定抽头位置的整流侧与逆变侧的直流阻性压降标幺值；R_{dN} 为直流输电线路电阻；I_{dN} 为额定直流电流。

这里应特别指出的是直流感性压降 d_{XNR} 及 d_{XNI}，是与换流阀换相过程密切相关的参数，它表征换相电抗，主要包括换流变压器的漏抗及其他在换相回路中影响换相的电抗，一般可认为

$$2d_{\text{XN}} \approx \text{换流变压器短路电压} U_{\text{K}} \text{标幺值} + \text{PLC 回路电抗感性压降标幺值}$$

由于换流变压器的漏抗是起主要作用的，所以又可近似地认为

$$D_{\text{XN}} \approx \frac{1}{2}U_{\text{K}} \tag{4-4}$$

另外还要指出，直流电阻性压降 d_{rNR}、d_{rNI} 也是反映换相过程的参数，它主要是代表在换相过程中换流变压器与平波电抗器中的负荷损耗以及换流阀中的负荷损耗，d_{rN} 可以表示为

$$d_{\text{rN}} = \frac{P_{\text{CU}}}{U_{\text{dioN}}I_{\text{dN}}} + \frac{2R_{\text{th}}I_{\text{dN}}}{U_{\text{dioN}}} \tag{4-5}$$

式中：P_{CU} 为换流变压器及平波电抗器的负荷损耗；R_{th} 为两个 6 脉动阀换流器同时导通时的损耗。

2. 换流变压器阀侧额定交流电流 I_{VN}

如果把理想的三脉动换流回路的阀侧电流 I_{V} 的波形视为幅值为 I_{d}（直流电流），长为 120° 的方波，则对于 6 脉动换流器，换流变压器阀侧交流电流的有效值可以表示为

$$I_{\text{VN}} = \frac{\sqrt{2}}{\sqrt{3}}I_{\text{dN}} = 0.816I_{\text{dN}} \tag{4-6}$$

式中：I_{VN} 为换流变压器阀侧额定交流电流有效值；I_{dN} 为额定直流电流。

3. 换流变压器额定容量 S_{N}

对于 6 脉动换流器，采用三相换流变压器的额定容量为

$$S_{\text{N}} = \sqrt{3U_{\text{VN}}I_{\text{VN}}} = \frac{\pi}{3}U_{\text{dioN}}I_{\text{dN}} \tag{4-7}$$

对于 12 脉动换流器，采用单相三绕组换流变压器的额定容量为

$$S_{\text{N3W}} = \sqrt{3}U_{\text{VN}}I_{\text{VN}} \times \frac{2}{3} = \frac{2\pi}{9}U_{\text{dioN}}I_{\text{dN}} \tag{4-8}$$

对于 12 脉动换流器，采用单相双绕组换流变压器的额定容量为

$$S_{\text{N2W}} = \frac{S_{\text{N3W}}}{2} = \frac{\pi}{9}U_{\text{dioN}}I_{\text{dN}} \tag{4-9}$$

当取 $U_{\text{dioNR}} = 284.13\text{kV}$，$I_{\text{dN}} = 3.0\text{kA}$ 时，单相双绕组换流变压器的容量为 297.5MVA。

4. 换流变压器短路阻抗（短路电压）

在进行高压直流输电系统设计时，对换流变压器的短路阻抗进行优化选择是项重要的内容。短路阻抗百分数太大（约大于 22%）或太小（约小于 12%）都会导致换流变压器制造成本的增加。短路阻抗的选择应考虑的因素有：① 短路阻抗确定了换流变压器的漏磁电感值以及晶闸管允许的短路浪涌电流值；② 由于短路阻抗越大，换流站内部的电压降就越大，因此对于已确定的高压直流输电系统的额定输送功率，就要求换流变压器及换流阀有更大的标称容量；③ 短路阻抗确定了换相角的大小，从而也影响逆变站超前触发角或关断角的大小；④ 短路阻抗影响换流站无功功率的需求以及所需的无功补偿设备容量；⑤ 短路阻抗将影响谐波电流的幅值，一般来说，短路阻抗增大会减小谐波电流的幅值。

以上所述，仅是换流变压器短路阻抗选择应顾及的一些主要因素。短路阻抗对换流站总费用的影响也要根据具体情况而定。对于长距离高压直流输电系统来讲，由于送电容量大选用的晶闸管元件的载流能力也较大，能够承受较大的短路电流，所以短路阻抗的减小可能不会使短路电流增加到超出晶闸管元件的能力范围。对于背靠背换流站，为了减少换流站的投资费用，直流电压选得较低，而直流电流选得较大，且往往接近换流阀所允许的短路电流。在这种情况下，短路阻抗的减小会导致直流电压的提高，换流站的成本可能会增加。我国的葛洲坝到上海南桥、天生桥到广州和宜昌到常州等直流输电工程，换流变压器的短路电压百分数大约为 15%～16%。

5. 换流变压器有载分接头调节方式及分接头调节范围

换流变压器有载分接头调节主要有两种调节方式：保持换流变压器阀侧空载电压恒定；保持控制角（触发角或关断角）于一定范围。

这两种方式的主要区别如下：前者换流变压器的分接头调节主要用于交流电网本身的电压波动所引起的换流变压器阀侧空载电压的变化，这种变化一般较小，因此所要求的范围也较小。由于直流负荷变化所产生的直流电压变化，则由控制角调节进行补偿。这种调节方式的分接头调节开关动作不太频繁，有利于延长分接头调节开关的使用寿命。后者换流器正常运行于较小的控制角范围之内，直流电压的变化主要由换流变压器的分接头调节补偿。这种方式吸收的无功少，运行经济，阀的应力较小，阀阻尼电阻回路损耗小，交直流谐波分量也较小，即直流系统的运行性能较好。这种调节方式的分接头调节开关动作频繁，同时要求的分接头调节范围要大些。

许多远距离高压直流输电工程都利用降压运行来消除直流架空线路的绝缘，由于气象及污秽原因而降低时所发生的非永久性接地故障，以提高输电系统的可用率。当采用这种

运行方式时所要求的正分接头范围最大。

我国近来建设的长距离高压直流输电工程一般都采用第二种有载分接头调节方式，即保持控制角于一定范围的调节方式。

（四）换流变压器绕组直流偏磁

换流变压器绕组中直流偏磁电流的存在会影响磁化曲线，并产生偏移零坐标轴的偏移量。其产生直流偏磁电流的原因有：触发角不平衡；换流器交流母线上的正序二次谐波电压；在稳态运行时由并行的交流线路感应到直流线路上的基频电流；单极大地回线方式运行时由于换流站中性点电位升高所产生的流经变压器中性点的直流电流。

换流阀运行中触发导通的轻微不平衡所引起的直流偏磁早已引起直流输电工程的注意。经研究表明，由于该原因在换流变压器绕组中产生直流分量的励磁电流，只有当触发角不平衡使得换流变压器阀侧绕组中正半波电流增大，而负半波电流减小，导致绕组中正负两半波电流平均值不等于零，这一极端的情况下才会出现。换流阀触发角不平衡产生的原因可能是由于交流系统电压的不对称和等距离触发系统及晶闸管触发回路所造成的触发误差。另外，由于同相两个阀触发信号光纤长度的轻微不同也会导致触发时间的轻微差别。

根据对换流阀控制系统包括换流阀触发电子回路的分析认为，不同阀之间触发角的不平衡一般不会超过 $0.02°$。按比较保守的估算，由此在阀侧绕组所产生的直流不平衡电流可估算为

$$\Delta I_{dc} = \frac{4\Delta\alpha}{360°} I_d$$

（4-10）

当 $\Delta\alpha = 0.02°$ 时，$\Delta I_{dc} = 0.22 I_d \times 10^{-3}$。

由于换流器交流母线存在正序二次谐波电压，在直流侧则会出现 50Hz 的交流电压分量，从而导致换流变压器阀侧电流中出现直流电流分量。根据我国的交流系统运行情况及有关规程的规定，一般假定换流器交流母线存在相当于系统基频电压 1%的正序二次谐波电压。这种假设是相当保守的，通常只有换流器交流母线上所接的交流滤波器与交流系统发生谐振时才会出现，利用 EMTDC 对包括 12 脉动换流器、交流滤波器、平波电抗器和直流滤波器在内的交直流系统进行模拟可以求出相应的直流电流分量。在模拟计算中，是将交流系统基频电压叠加上 1%的二次谐波电压，以考虑其对直流电流分量的影响。

在实际工程中，直流输电架空线路可能平行并靠近交流线路架设，在稳态运行时，交流线路上流过的交流电流可能在直流线路上感应出基频电压，从而导致直流线路上出现基频电流。即使交流线路三相系统的负荷电流是对称的，但又因各相导线与直流极线距离不等，也会在直流线路上感应产生交流基频电压。降低这种耦合影响的有效措施是交流线路采用相导线的换位措施。

由于在换流过程中换流阀的按序通断，直流线路的 50Hz 电流使得换流变压器阀侧绕组出现直流电流分量。在绕组一相中的直流电流分量可以在零和其最大值之间变化，这取决于 50Hz 电流与换相角之间的相角关系。在计算中往往假定最严重的条件以得到一个最

大的直流电流分量。

单极大地回线方式运行时接地极电流的影响是在换流变压器中产生直流电流偏磁，1991年新西兰350kV直流系统Benmore换流站在扩建工程投产调试时，换流变压器在空负荷（阀未解锁）条件下发现直流偏磁使励磁电流幅值达100A以上，从而引起严重的零序谐波使滤波器过负荷跳闸。当时制造厂认为变压器允许的因直流偏磁引起的励磁电流不能超过40A幅值，否则会使变压器铁芯过热。这一电流对应于5A的直流偏磁电流，相当于每台单变压器允许1.66A的直流偏磁电流。单极大地回线方式运行，在换流站或附近的变电站变压器中性点能引起多大的直流电流分量取决于与接地极的距离、接地极周围的大地电阻率、换流站及变电站的电位升高以及交流电网的构成及参数等多方面的因素。Benmore换流站至接地极的距离仅8km，接地极电流为2kA时，Benmore换流站的地电位高达84V，一般经验为10V左右。

考虑到上述新西兰直流输电工程的经验，并根据研究结果，我国天生桥到广州直流输电工程规范书中提出单极大地回线方式运行时流过换流变压器三相中性点的直流电流为10A，平均每台单相三绕组换流变压器承受3.3A，这一偏磁电流对网侧电压为220kV的变压器相当于额定励磁电流的0.7～1.3倍；而对于网侧电压为500kV的变压器，其值相当于额定励磁电流1.5～3倍。这样高的直流偏磁要求，给变压器的制造带来了一定的困难。

对于安顺到肇庆直流输电工程，制造商计算了换流站在最不利条件下的直流偏磁电流，结果是：触发角不平衡引起0.84A（阀侧）；二次谐波电压引起0.38A（阀侧）；并行交流线路感应引起1.09A（阀侧）；单极运行地电位升高引起1.67A，网侧绕组总的直流偏磁电流为$1.67A + (0.84A + 0.38A + 1.09A)/n_{nom} = 2.6A$。由上列数据可见，直流偏磁电流是正常励磁电流的1.7倍。

三、换流站交流滤波器及无功补偿装置

（一）换流站交流滤波器

在直流输电系统中，为了滤除直流控制系统产生的谐波以避免对交流输电系统带来不良影响，同时补偿直流控制系统消耗的无功功率，在直流系统运行过程中必须投入一定数量的交流滤波器（必须满足交流滤波器组数最小运行方式）。交流滤波器由电容、电抗和电阻串并联组成。

并联交流滤波器有常规无源交流滤波器、有源交流滤波器和连续可调交流滤波器三种型式。现在已投运的直流输电工程，交流滤波器大部分都采用常规无源交流滤波器。常规无源交流滤波器的设计、制造、调试、安装及运行等技术已非常成熟。葛洲坝到上海南桥及天生桥到广州直流输电工程也都采用常规无源交流滤波器。由于有源交流滤波器和连续可调交流滤波器仅在个别交流或直流输电工程中应用，因此本节仅论述无源交流滤波器。

1. 交流滤波器设备配置原则

交流滤波器的配置主要应遵循的原则是：① 滤波器额定电压等级一般应与换流器交流侧母线电压等级相同；② 应根据谐波电流的计算结果合理配置相应的单调谐滤波器以

调谐滤波器及三调谐交流滤波器或调谐高通型交流滤波器,但类型不宜太多,2~3 种为宜;③ 在满足性能要求和换流站无功平衡的情况下滤波器分组应尽可能少,尽量使用电容器分组;④ 全部滤波器投入运行时达到满足连续过负荷及降压运行时的性能要求;⑤ 任一滤波器退出运行时,均可满足额定工况运行时的性能要求;⑥ 小负荷(10% I_d)运行时,应使投入运行的滤波器容量为最小。

2. 交流滤波器电路类型

根据高压直流换流站常用无源滤波器的类型,按其频率阻抗特性可以分为三种类型:① 调谐滤波器,通常调谐至一个或两个频率,最多为三个频率;② 高通滤波器,在较宽的频率范围内具有相当低的阻抗;③ 调谐滤波器与高通滤波器的组合构成多重调谐高通滤波器。

3. 交流滤波高压电容器选择

交流滤波器元件包括高、低压电容器和电抗器、电阻器。在滤波器的整个投资中,高压电容器投资占了大部分,而且高压电容器的设计制造技术要求高,工艺复杂,其质量及性能好坏直接影响着交流滤波器性能和可靠运行。因此,将重点对高压电容器形式选择进行论述。

(1)高压电容器平均工作场强选择。交流滤波电容器一般采用金属箔电容器。高压电容器的性能技术经济指标是由比特性(kvar/dm³ 或 kg/kvar)和额定值来表征的。电容器介质平均工作场强对电容器技术经济指标起决定性作用。电容器的比特性大约和电容器平均工作场强的平方成正比;电容器的体积和平均工作场强平方成反比。取较高平均工作场强意味着单位体积电介质材料的电容值较高,电容器的体积较小;而单位体积电容值的提高和电容器体积的减小意味着减少材料的消耗和成本的降低。场强和介质材料的选取也决定了电容器的运行寿命。但是,能否选取较高的场强取决于:电介质耐受场强的能力,电极边缘局部放电起始电压,电介质耐受过电压的能力,电介质的厚度,电极边缘的裕度,电极形式等。目前,国际上交流电容器的平均工作场强在 60~70kV/mm 之间。

(2)熔断保护形式选择。电容器的熔断保护形式有内熔丝、外熔丝、无熔丝三种,滤波电容器组熔断保护类型如图 4-14 所示。

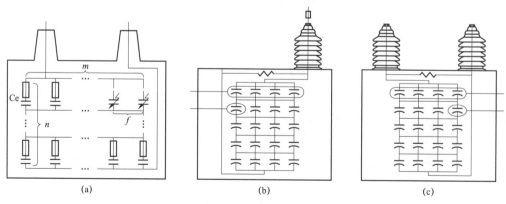

图 4-14 滤波电容器组熔断保护类型

(a)内熔丝;(b)外熔丝;(c)无熔丝

电容器元件并（或串）联后成为小组（group），若干个小组串（或并）联后装入不锈钢箱内组装成一台电容器，即单元（unit），电容器单元串、并联后则为电容器组（bank）。不同熔断保护形式的高压电容器特点如下。

1）内熔丝。每个电容器单元内部一般采用多个元件并联成一组，多组串联成一个单元（即一台电容器），每个电容器元件都串联有熔断器。当元件被击穿或熔丝动作后所导致的电容器单元或电容器组电容值和电压分布改变较小。按内熔丝设计的电容器单元的额定电压一般较外熔丝的小，而额定容量一般较外熔丝的大。单元容量一般为400～800kvar，最大的可以达到1500kvar。电容器单元内一般并联元件数较多，而串联元件数较少。

2）外熔丝。每个电容器单元内部一般采用多个电容器元件串联成一组，多组并联成为一个单元（即一台电容器），内部的串联数一般多于并联数，且元件不串接熔断器。每台电容器外部串联熔断器保护。当元件被击穿的数量到达一定数量时，熔丝动作，导致一个电容器单元退出运行，因此所引起的电容器组电容值和电压分布改变较大，这种改变不是连续的。电容器单元额定电压较高而额定容量较小，单元容量通常为100～200kvar左右。

3）无熔丝。每个电容器单元内部一般采用多个电容器元件串联成一组，多组并联成一个单元（即一台电容器）。电容器单元的内部及外部均不采用熔断器保护。这种设计是基于聚丙烯薄膜被击穿和两个金属电极之间缩短时，元件发生故障的概率很低。电容器单元的额定电压水平和外熔丝的相近，而额定容量较外熔丝的高。上述三种电容器中内熔丝和无熔丝电容器在交流系统中应用得较为广泛，一般欧洲倾向于用内熔丝电容器，而北美则在较长时期里倾向于用外熔丝电容器。无熔丝保护电容器的技术应用则出现于近10年。

作为高压直流换流站交流滤波器用电容器，应具有提供无功补偿和滤波的双重功能，因此从上述分析可知，外熔丝和无熔丝电容器的共同缺陷是：由于元件故障后引起电容器单元和电容器组电容值及电压分布改变较大，因此元件故障将使交流滤波器滤液性能因电容值改变较大而变差，而电压分布改变较大会造成其他电容器单元的电压应力增大。由于外熔丝开断容量的原因，外熔丝电容器单元容量比内熔丝的小，这意味着整组滤波器由于电容器单元多使成本增加。综上所述，高压直流输电换流站交流滤波器一般选用内熔丝电容器。

4. 交流滤波器设备安装方式

交流滤波器设备主要是高压电容器，它有支撑式和悬挂式两种安装方式。这两种安装方式在一些工程中均采用过，例如巴西伊泰普直流输电工程和印度强德拉普尔直流输电工程，采用的是悬挂式。我国目前大部分直流输电工程采用的是支撑式。

电容器单元在支架上有卧式和立式两种安装方式。卧式安装可以采用较短的层间支柱绝缘子，单元间连接导体也较短，故障单元更换也比较方便，并且可以减小电容器组底部主支柱绝缘子的机械应力，但电容器单元浸渍液泄漏的可能性较立式大。立式的特点和卧式的正好相反。除非有特殊要求，一般应采用卧式安装。支撑式电容器安装时，高电位在上部，和母线连接的导体从顶部引接。滤波器设备的其他元件电位较低，尺寸和质量较小，均采用支撑式安装。

（二）无功补偿装置

采用普通晶闸管换流阀进行换流的高压直流换流站，一般均采用电网电源换相控制技术，其特点是换流器在运行中要从交流系统吸取无功功率。整流侧和逆变侧吸取的无功功率与换流站和交流系统之间交换的有功功率成正比，在额定工况时一般为所交换的有功功率的 40%～60%。换流站运行中所需的无功功率不能依靠或不能主要依靠其所接入的交流系统来提供，而且也不允许换流站与交流系统之间有太大的无功功率交换。这主要是因为当换流站从交流系统吸取或输出大量无功功率时，将会导致无功损耗，同时换流站的交流电压将会大幅度变化。所以，在换流站中根据换流器的无功功率特性装设合适的无功补偿装置，是保证高压直流系统安全稳定运行的重要条件之一。

对于高压直流换流站的无功功率特性要求并没有统一的标准，为了满足换流器无功功率的需求，并保证换流站交流母线的电压稳定在允许的范围之内是最基本的要求，换流站的无功功率特性可采用下列三种方法来描述。

（1）保持换流站的功率因数为常数。当要求保持功率因数为常数时，则无功补偿装置必需根据直流负荷的变化以及交流电压的变化做出快速精确的反应。当直流负荷变化超出一定范围时，为达到这种特性的要求，在无功补偿装置及其控制系统中所花的代价是昂贵的。

（2）使换流站的功率因数为有功功率的适当函数，即 $\cos\varphi = f(P)$，换流站的无功功率需求是与有功功率成正比的。可能在换流站的正常有功功率水平下，无功补偿装置及其控制系统可以满足这种特性的要求。但是在直流系统处于低负荷时，由于交流滤波的要求投入运行的交流滤波器所发出的基波无功大于换流器所吸收的无功功率，利用加大换流器的触发角来进行控制往往还不足以完全平衡，因此这时换流站要向交流系统输出无功功率，此时则很难与所要求的特性相一致。而且按这种特性来要求无功补偿装置及其控制往往要极大地受制于交流系统的电压及无功状况，运行是比较复杂的。

（3）如果用 Q 表示换流站与交流系统所交换的无功功率，则可以用 $Q = 0 \pm \Delta Q$ 来表示换流站的无功功率特性。也就是说，换流站与交流系统的无功交换为零，或允许有 ΔQ 的少量交换，这要视交流系统的无功及电压特性来确定。按照这种特性，换流器所需的无功功率由换流站自身装设无功补偿装置完全补偿，与交流系统只允许少量的无功交换。而根据这一原则交流系统只需要解决换流站接入后所出现的其他无功功率及电压问题。目前的高压直流输电系统，一般采用这种特性要求来装设无功补偿装置及其控制系统，其明显的优点是实施简单、投资节省。

由于换流器的运行总是伴随着无功功率的消耗，因此每一个换流站都必须装设无功补偿设备，进行无功平衡和无功补偿时应注意如下几个工程问题。

1. 交流系统无功支持能力与无功需求

当换流站位于电厂或电厂群附近，如水电厂直流送出工程的整流站，在直流系统大负荷运行时，可以利用交流系统的部分无功电源，以达到少装容性无功补偿设备的目的，在直流系统小负荷运行时，可以利用发电机的进相能力，吸收换流站的部分过补偿无功，以达到少装感性无功补偿设备的目的。交流系统具有帮助换流站进行无功平衡的能力。充分利用交流系统无功支持能力可以减少换流站无功补偿容量，节省无功补偿设备电容器和电抗器的投资，还可以减少无功补偿设备的分组，节省相应的变电设备和控制保护设备的投资，在直流系统突然停运时，可以降低甩负荷过电压水平，相应降低换流站设备造价。因此，充分而合理地利用交流系统的无功能力是十分重要的。

交流系统无功能力可以采用普通的潮流程序进行计算，在规划电网的潮流计算中所需注意的所有事项都是有效的，如负荷功率因数的准确选择、母线电压的控制范围、发电机功率因数和空载电压的控制、发电机升压变压器和电网中关键联络变压器调压抽头的选择等。

决定交流系统无功支持能力计算结果的一个最重要因素是运行方式的选择。首先要考虑直流输电工程的运行方式，如正向输送额定功率、正向输送过负荷功率、正向输送最小功率、反向输送最大功率、反向输送最小功率等。对于所考虑的直流输送方式，要根据相关的规范和导则，结合工程投运和电网发展的实际，合理地选择水平年、电网开断方式和开机方式。

另一个决定无功支持能力计算值的重要因素是换流站母线电压水平的选择。一般来说，在计算交流系统向换流站提供无功能力时，在同样的交流系统条件下，换流站母线电压压得越低，系统支持换流站的容性无功能力越大。反之，母线电压抬得越高，所计算出的系统容性无功支持能力越小。为了充分利用系统的能力而又为运行留有足够的余地，在计算容性无功支持能力时，一般选择换流站母线电压等于或略低于额定水平。在计算感性无功支持能力时，换流站交流母线电压比规程允许的最高允许电压低 $0.01 \sim 0.02$（标幺值）。

当换流站位于负荷中心时，换流站交流母线将作为交流系统的一个枢纽母线，需要维持母线电压基本恒定。这样，在大负荷方式下，交流系统无功补偿不足，电压下降，部分无功负荷将从换流站得到补偿；在小负荷方式下，交流系统无功功率过剩，电压升高，需要换流站帮助吸收。这种交流系统对于换流站而言，相当于一个无功负荷。

将换流站所在区域的无功负荷结合到换流站无功消耗中并考虑，求进行补偿在很多情况下是可取的，因为这样更便于控制。但是，如果换流站交流母线电压为 500kV 等超高压水平，变电设备的费用大，将补偿系统无功负荷的设备装设在换流站是不合算的。另外，集中装设在换流站的无功补偿容量需要通过一定的网络元件到达无功负荷，将引起有功功率和无功功率的附加损耗。电网运行可能变得不经济。再者，最大集中装设的容性无功补偿设备在直流系统因故停运时可能产生过高的甩负荷过电压。鉴于上述原因，现代长距离大容量直流输电工程，如果位于负荷中心或电网的枢纽点，进行无功交换的设计原则。

在直流系统小负荷时，吸收的无功功率特别少，而由于滤波的要求，需要投入一定的滤波器，通常为两组滤波器，将造成无功功率过剩。如果此时仍要求换流站无功平衡，而换流站又不同时兼作变电站，没有适合于低压电抗器的安装位置，将有可能需要装设高压可投切电抗器，造价很高。如果利用换流站附近电网中的适当位；装设可投切的低压电抗器，能够满足电网的无功平衡，又可降低电网的总体投资。

2. 无功补偿设备类型

换流站装设的无功功率补偿装置一般有下列几种形式。

（1）交流滤波器及无功补偿电容器组。当换流站所接的交流系统不是很弱时，一般均采用这种补偿形式。交流滤波器除满足滤波要求外，也能提供基波无功。当交流滤波器所提供的基波无功不足以满足换流站的无功功率要求时，需另外装设无功补偿用的电容器组。在交流滤波器合理设计的范围外，加大交流滤波器的容量以满足无功功率的要求是不经济的。单纯的无功补偿用电容器组要比同容量的交流滤波器便宜。

（2）交流并联电抗器。为了满足换流站轻负荷运行时的要求，可能需要装设交流并联电抗器。由于并联电抗器要随无功补偿电容器（包括交流滤波器）的投入情况进行切换，因此需要装设开关设备。由于装设并联电抗器及其开关的费用较贵，因此只有当利用换流站自身的无功特性无法满足运行条件要求时才予以考虑。

（3）静止补偿装置。由于用开关投切的无功补偿电容器组、交流滤波器组以及交流并联电抗器等无功补偿装置的主要缺点是不能调节或仅能分级慢速调节，而且不能频繁操作，所以除了投切上列设备对主要部分的无功功率进行补偿之外，且利用换流站本身的无功特性尚不能满足高压直流系统对无功补偿的要求时，可采用静止补偿装置以达到对无功功率快速及无级调节的要求。另外，当受端为弱交流系统时，若采用这种补偿方式，还可提高系统电压的动态稳定性。

（4）同步调相机。同步调相机是一种特殊运行状态下的同步电机，当应用于电力系统时，能根据系统的需要，自动地在电网电压下降时增加无功功率输出。在电网电压上升时吸收无功功率，以维持电压，提高电力系统的稳定性，改善系统供电质量，用于改善电网功率因数，维持电网电压水平。同步调相机作为一种最早采用的无功补偿设备，一种专门的无功功率发电机，具有跟踪速度快（能抑制闪变或冲击）、补偿范围广（容性、感性均可）、故障率低等优点。因此，同步调相机是大型电网首选的无功补偿设备。但是，调相机也存在运行维护比较复杂、有功功率损耗较大、运行噪声较高、小容量调相机单位容量投入费用较高等缺点。因此，同步调相机宜作为大容量集中补偿装置，通常容量大于10MVA，多装设在枢纽变电站、换流站以及受端变电站或换流站。

3. 容性无功补偿设备容量确定

换流站需要装设多少容性无功补偿设备可以计算为

$$Q_{\text{total}} = \frac{Q_{\text{ac}} + Q_{\text{dc}}}{U^2} + NQ_{\text{sb}} \tag{4-11}$$

式中：Q_{total} 为在正常电压下交流滤波器和并联电容器所提供的总无功功率，Mvar；Q_{sb} 为在正常电压下由最大的交流滤波器分组或并联电容器分组所提供的无功功率，Mvar；N 为备用的无功补偿设备组数；Q_{ac} 为在决定无功供给设备容量时所假设得交流系统无功需求，负值表示交流系统提供的无功功率，Mvar；Q_{dc} 为在决定无功功率供给设备时所假设的直流换流设备的无功功率需求，Mvar；U 为标幺值设计电压。

容性无功容量设计点和校核点，对于设计点，式（4-11）的物理意义是指：在给定的直流系统运行方式下，换流器吸收最大的无功功率，交流系统需要无功负荷（或能够提供的无功支持），交流母线电压为较低的水平 U，N 组最大的无功补偿设备不可用，换流站仍能维持无功平衡。其中，几个参数的意义再补充解释为：Q_{dc} 为换流器在特定工况下的最大无功功率消耗值。而对于工况本身，则一般采用一个设计工况和多个校核工况。设计工况的最典型方式是正常正向额定方式。如果直流输电系统的主要目的是电网互联，或主要为输电，同时在很大程度兼作互联，则需要考虑反向最大输送方式的工况。如果设计点多余一个，Q_{dc} 需根据不同的直流系统运行工况计算。U 为设计平衡点的交流母线标幺值电压，其基值为该换流站交流母线正常运行电压，这一电压不一定是交流母线的额定电压，而是平常经常运行的电压水平，用于该站无功功率设备参数的设计。U 的选值主要根据计算交流系统容性无功功率支持能力时所取得电压。如果 Q_{ac} 的取值合理，U 可以采用 1。N 一般情况下为 1。

对于校核方式，如降压方式、过负荷方式、反送方式。仍需保证所考虑方式下无功的平衡。但由于这些方式的重要性远不如设计方式，因而可以改变公式中的如下参数：可以将 N 改为 0，即意味着不考虑校核方式与换流站失去备用无功补偿设备的方式同时发生；采用较小的 Q_{ac}，即考虑对换流站容性无功平衡较有利的交流系统运行方式；如果 U 小于 1，可以考虑将 U 改为 1，不考虑换流站极端电压水平。

4. 感性无功补偿设备容量确定

感性无功补偿设备容量可计算为

$$Q_r = Q_{fmin} - \frac{Q_{ac} + Q_{dc}}{U^2} \qquad (4-12)$$

式中：Q_r 为在正常电压下换流站并联电抗器吸收的总无功功率，Mvar；Q_{ac} 为在计算无功功率吸收设备时，允许从换流站流进交流系统的最大无功功率，Mvar；Q_{dc} 为在计算无功功率吸收设备时，计算的直流系统无功功率需求，Mvar；Q_{fmin} 为在正常电压下，由最少交流滤波器组所产生的无功功率，Mvar；U 为设计时考虑的交流母线标幺值电压。

与容性无功补偿设备类似，在工程实际中需考虑如下因素。

（1）Q_{dc}。尽管为了运行安全，换流器的无功消耗需要考虑上述所有的工程因素，但是如何选择计算换流器最小无功功率消耗的运行工况对工程造价有重要影响。一般在工程中有两种基本的方式，其一是选择单极最小运行方式，采用这种方式，换流器的无功功率消耗达到绝对最小，所设计的直流系统具有最好的运行灵活性和系统性能，但造价显著提高；其二是选择双极最小运行方式，采用这种方式，换流器消耗的无功功率能够达到直流工程额定功率的 4% 左右，假设换流站容性无功补偿设备容量在数值上为直流工程额定功率的 40%～60%，分成 10～12 组，则每组容量在数值上为直流工程额定功率的 4%～5%。换流器无功功率可以抵消一组无功补偿设备的容量。采用这种方式的主要理由有：① 现代直流输电工程可用率很高，平均约为 97%。因此单极运行时间占全年时间为 5%～6%；

② 在单极运行方式下，限最小功率运行的概率很低，理论上应不足 10%，因此全年单极最小运行方式发生的概率只有约 0.5%；③ 可以通过制定合理的运行调度规程，规定单极运行时最小功率按双极容许最小功率考虑；④ 换流器在小功率方式下可以通过改变触发角而多吸收无功功率。我国直流输电工程多采用双极最小运行方式作为感性无功补偿设计方式。

（2） Q_{fmin}，这一参数是指在最小运行方式下由于交流滤波器性能要求而必须投入的滤波用容性无功补偿设备的容量。现代直流输电工程的滤波性能要求一般较高，投入一组滤波装置常不能满足要求，因此需要在换流站或其附近的其他变电站装设感性的补偿设备，用于平衡多余的容性无功功率。实际上，在直流最小运行方式下，投入一组主要的滤波器后，谐波指标超标极为有限，对系统的影响很小，甚至比换流器投入前的背景谐波还要低。因此，适当调整这种方式下的滤波要求，使得投入一组滤波器的方式成为可能，可以很好地优化系统设计。

（3） Q_{ac}，本应为计算所得的交流系统吸收容性无功功率的能力，但如果换流站交流母线电压为 500kV 及以上的超高压，则采用可投切的高压电抗器价格十分昂贵，因此从全系统优化的角度出发，可在系统适当的位置装设低压电抗器。为了便于设计，在规范要求中可设式（4-12）中的 Q_r 为 0，Q_{ac} 的值为

$$Q_{ac} = U^2 Q_{fmin} - Q_{dc} \qquad (4-13)$$

5. 无功补偿设备分组

换流站容性无功补偿设备和感性无功补偿设备的容量，除需满足设计点的无功平衡条件外，另一个重要的工程问题是无功补偿设备的分组。一般来说，容性无功补偿设备是换流站无功补偿设备的主要部分，在总容量一定的情况下，分组越少，投资和占地就越省，但需受如下因素的控制。

（1）交流系统最大允许投切容量。根据交流系统的强弱，允许投切的容量受两个参数的限制。一是投切时的稳态电压变化，其含义是假定交直流系统其他所有运行方式不变，在投入或切除一组无功补偿设备，交直流控制系统到达新的稳态后，换流站交流母线电压的标幺值变化，一般规定为 1%~1.5%。交流系统稳态强度用 dU/dQ（稳）表示，主要是由系统无功潮流控制方式决定。二是投切时的暂态电压变化，其含义是所有控制系统开始动作前的电压突变，完全由系统电气强度决定，通常规定为 2%左右。对于现代直流输电系统，由于换流器可方便地参与瞬时无功功率控制而基本不增加一次设备投资，因此暂态电压变化的限制相对于稳态电压变化的限制而言起着次要作用。

（2）滤波器构成限制。为了滤除各次谐波，需要采用调谐于不同频率的滤波器；为了保证在一组甚至两组滤波器因损坏退出运行时，直流系统能够维持运行，提高直流输电系统的可靠性和可用率，每种滤波器又需要多于一组，因此对容性无功补偿设备的最低组数提出一定的要求。

（3）如果无功补偿设备分组数过少，每组容量必定很大，根据式（4-11），当单组容

量过大时，将使得总的容性无功补偿设备容量增加很大。

（4）根据式（4－12），当每组容性无功补偿设备容量太大时，换流站需要的感性无功补偿设备容量显著增大，整个工程的经济性降低。

（5）根据无功功率与电压控制要求，如果单组无功补偿设备容量太大，投入后将引起不平衡无功功率较大，可能会造成不满足系统的要求。对于较小的直流系统，如背靠背直流系统，可以采用控制直流系统运行方式，增加无功功率吸收，减少与系统的不平衡无功功率，对长距离大容量直流输电系统，由于其主要目的是远距离送电，一般不采用这种控制方式。

综合上述几个因素，一般换流站容性无功补偿设备的组数设为 8～12 组。对于离电源较近的整流站，如果滤波要求能够满足，则采用 6 组补偿设备也是可行的。换流站感性无功补偿设备容量一般较小，设备分组的方式一般只有 1 组和 2 组两种方式。

采用 1 组的方式显然较为节省，但该组设备故障对直流系统运行方式的限制以及由此带来的可靠性和可用率降低，必须在可以接受的范围内，否则应采用两组感性无功补偿设备。

四、直流滤波器

目前世界上已运行的高压直流输电工程中所采用的并联直流滤波器有无源直流滤波器和有源（混合）直流滤器两种形式。无源直流滤波器已有多年的运行经验，在大多数工程中采用。有源直流滤波器首次于 1991 年在康梯—斯堪 I 直流程中投入试运行，后来又在斯卡捷拉克 III 和波罗的海电缆直流工程中被采用，我国的天生桥换流站至广州换流站直流输电工程则是采用有源直流滤波器的远距离架空线路直流输电工程。本节主要论述无源直流滤波器。

（一）直流谐波的危害

因为直流输电系统的直流侧设备（主要指平波电抗器、各种滤波器、直流线路和直流接地极线路等）流过谐波电流是不可避免的，这种谐波电流将产生以下三种危害。

（1）对直流系统本身的危害。直流侧除滤波器外的所有设备中流过的谐波电流，都会造成这些设备的附加发热，因而增加了设备的额定值要求和运行费用。当谐波水平达到定值时，理论上可能引起直流保护系统误动，对于实际直流工程设计，一般不着重考虑这些因素。

（2）对线路邻近通信系统的危害。本节所叙述的直流侧谐波，是指频率在 5～6kHz 以下的音频谐波电流，其最大的危害是对直流线路和接地极线路走廊附近的明线电话线路的干扰。在直流输电技术发展的早期，较长距离的裸线作为电话线是十分广泛的，直流线路对电话线的干扰一直作为一个重要的技术问题。

（3）通过换流器对交流系统的渗透。类似于交流侧谐波电压可以通过换流器转移到直流侧的道理，直流侧的谐波电流也可以通过换流器转移到交流系统。如果一个直流系统直流侧的滤波太弱，如最近有些背靠背工程中取消了平波电抗器，使得直流回路的谐波电流只能由两侧换流变压器阻抗限制，流入到两侧交流系统的谐波将十分显著，可能造成这些系统运行性能显著下降。

（二）直流滤波器配置原则

直流滤波器配置，应充分考虑各次谐波的幅值及其在等值干扰电流中所占的比重，即在计算等值干扰电流时各次谐波电流的耦合系数及加权系数。在理论上，12 脉动换流器仅在直流侧产生 $12n$ 次（$n=1, 2, 3, \cdots$）谐波电压。但是，实际上由于存在着各种不对称因素，包括换流变压器对地杂散电容等，将导致换流器在直流侧产生非特征谐波。其中，由换流变压器杂散电容而产生的次数较低的一些非特征谐波幅值较大，要滤除它们需要较大的滤波器容量。这部分谐波的主要路径是通过换流变压器→换流阀→大地，而进入直流线路的分量较小。另外一方面是通信线路受到谐波干扰的频域主要在 1000Hz 左右，对 50Hz 的交流系统来讲，20 次左右的谐波分量危害最严重，要重点消除这部分谐波。考虑到同一换流站两极的对称性，两极应配置相同的直流滤波器。

目前世界上的直流输电工程，通常采用以下直流滤波器配置方案。

（1）在 12 脉动换流器低压端的中性母线和地之间连接一台中性点冲击电容器，以滤除流经该处的各低次非特征谐波，一般不装设低次谐波滤波器以避免增加投资。

（2）在换流站每极直流母线和中性母线之间并联两组双调谐或三调谐无源直流滤波器。中心调谐频率应针对谐波幅值较高的特征谐波并兼顾对等值干扰电流影响较大的高次谐波，这样可以达到较好的滤波效果。

（三）直流滤波器电路类型

直流滤波电路通常作为并联滤波器接在直流极母线与换流站中性线（或地）之间。直流滤波器的电路结构与交流滤波器类似，也有多种电路结构形式，常用的有具有或不具有高通特性的单调谐、双调谐和三调谐三种滤波器。

直流滤波器电路结构的确定应以直流线路所产生的等值干扰电流为基础。由于特征谐波电流的幅值最大，所以直流滤波器的电路结构应与这些谐波（即谐波次数为 12, 24, 36, $\cdots$ 的谐波）相匹配。

一般情况下，直流滤波器的成本占整个换流站的成本不是很大。直流滤波器中价格最高的元件为高压电容器，这是由于必须将它设计成耐受直流高压的电容器。降低成本的主要手段之一是将滤波器设计成具有公共高压电容器的双调谐或多调谐滤波电路。

通常在换流站的中性点与大地之间装设起滤波作用的电容器，装设该电容器的作用是为直流侧以 3 的倍次谐波为主要成分的电流提供低阻抗通道。由于换流变压器绕组存在对地杂散电容，为直流谐波特别是较低次的直流谐波电流提供了通道，因此应针对这种谐波来确定中性点电容器的参数，一般来说，该电容器电容值的选择范围应为十几微法至数毫法，同时还应避免与接地极线路的电感在临界频率上产生并联谐振。

直流滤波器的电路结构，通常多采用带通型双调谐滤波电路。对于 12 脉动换流器，当采用双调谐滤波器时，通常采用 12/24 及 12/36 的谐波次数组合。图 4−15 给出 12 脉动换流器一个极的直流滤波器示意图。

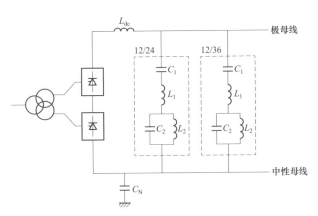

图 4-15　12 脉动换流器一个极的直流滤波器示意图

（四）直流滤波高压电容器选择

直流滤波元件包括高低压电容器、电抗器等元件，高压电容器是其中的主要元件。

1. 高压电容器平均工作场强选择

直流滤波器的高压电容器主要是承受直流电压，交流电压分量极小。直流电压按每个串联电容器单元端部瓷绝缘子的泄漏电阻大小分布在每个电容器单元上。目前，交流高压电容器的平均工作场强在 60～70kV/mm 之间，直流高压电容器的平均工作场强为 90～110kV/mm（直流）。用于直流滤波器的高压电容器所承受的电压应力主要是直流工作电压，其分布要考虑到沿电容器单元端部瓷绝缘套管泄漏电阻分布的不均匀性，另外还要计及谐波电压的影响。

2. 高压电容器熔断保护形式选择

用于直流滤波器的高压电容器可以选择外部熔断式保护、内部熔断式保护和无熔断式保护三种中的任一种，但目前以采用内部熔断式保护的为较多。由于直流滤波器仅用于滤波，没有无功补偿功能，滤波支路总电流一般较交流滤波器小，所以当技术经济合理时可采用性能可靠的、无熔断保护的高压电容器。

五、直流场主回路设备

直流场回路设备主要包括直流场开关、平波电抗器、隔离开关等。本节主要介绍开关设备，其他设备介绍见本章其他小节。

为了故障的保护切除、运行方式的转换以及检修的隔离等目的，在换流站的直流侧和交流侧均装设了开关装置。与一般交流变电站不同的是，换流站直流侧的某些开关装置所涉及的是直流电流的转换或遮断。而换流站交流侧的某些开关由于谐波、直流甩负荷以及磁饱和等原因而使开关装置的投切负担加重。

（一）直流开关设备配置原则

直流断路器位置图如图 4-16 所示。

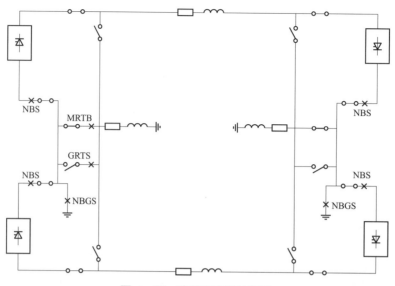

图 4-16　直流断路器位置图

1. 金属回线转换断路器 MRTB

MRTB 装设于接地极线回路中，用以将直流电流从单极大地回线转换到单极金属回线，以保证转换过程中不中断直流功率的输送。如果允许暂时中断直流功率的输送，则可不装设 MRTB。MRTB 必须与 GRTS 联合使用。

2. 大地回线转换开关 GRTS

GRTS 装设在接地极线与极线之间，它是为了用来在不停运的情况下，将直流电流从单极金属回线转换至单极大地回线。

3. 双极运行中性线临时接地开关 NBGS

NBGS 装设于中性线与换流站接地网之间。当接地极线路断开时，不平衡电流将使中性母线电压升高，为了防止双极闭锁，提高高压直流输电系统的稳定性，利用 NBGS 的合闸来建立中性母线与大地的连接，以保持双极继续运行，从而提高了高压直流输电系统的可用率。当接地极线路恢复正常运行时，NBGS 必须能将流经它至换流站接地网的电流转换至接地极线路。

4. 旁路断路器 BPS

安装于阀组旁，用于将阀组从运行方式隔离。

5. 中性母线断路器 NBS

当单极计划停运时，换流阀闭锁，将该极直流电流降为零，NBS 在无电流情况下分闸，将该极设备与另一个极隔离。如果换流阀内部发生接地故障，NBS 需要立即切断故障电流，但是如果故障电流很大，则 NBS 将不会打开。

（二）直流断路器基本构成

在高压直流输电系统中，某些运行方式的转换或故障的切除要采用直流断路器，如上述所说的金属回线转换断路器 MRTB、大地回线转换开关 GRTS 等。直流电流的开断不像交流电流那样可以利用交流电流的过零点，因此开断直流电流必须强迫过零。但是，当直流电流强迫过零时，由于直流系统储存着巨大的能量要释放出来，而释放出的能量又会在回路上产生过电压，引起断路器断口间的电弧重燃，以致造成开断失败。所以吸收这些能量就成为断路器开断的关键因素。我国已建的高压直流换流站中采用的直流断路器形式有无源型叠加振荡电流方式和有源型叠加振荡电流方式两种，但其构成不外乎由三部分组成：① 由交流断路器改造而成的转换开关；② 以形成电流过零点为目的的振荡回路；③ 以吸收直流回路中储存的能量为目的的耗能元件。转换开关可以采用少油断路器、六氟化硫断路器等交流断路器。振荡回路通常采用 L、C 振荡回路。耗能元件一般采用金属氧化物避雷器。图 4-17 所示为有源型叠加振荡电流方式直流断路器原理。图 4-18 所示为无源型叠加振荡电流方式直流断路器原理。

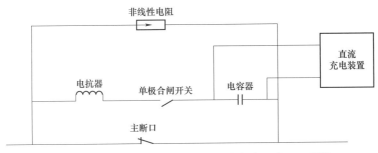

图 4-17　有源型叠加振荡电流方式直流断路器原理图

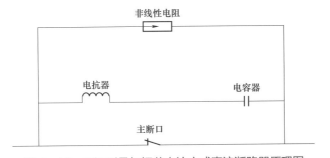

图 4-18　无源型叠加振荡电流方式直流断路器原理图

　　有源型叠加振荡方式是由对于流过直流电流较大的直流断路器，需用充电装置将电容器预充电至一定的直流电压，这样产生的振荡电流才能足够大，大的振荡电流叠加到原来的直流电流上，产生电流过零点。具体工作过程是：电容器由充电装置预先充电到一定的直流电压，在断路器触头分离后的适当时刻，单极合闸开关闭合，将换相电容器接入辅助回路。已充电的电容器激发产生振荡电流，当振荡电流反向峰值等于直流电流时，流过 SF_6 断路器的电流过零，断口处的电弧熄灭，后续过程与无源振荡回路一致。

　　无源型叠加振荡方式是对于直流电流较小的直流断路器，在断路器主触头分开之后，电弧电压在断路器与 L-C 支路构成的环路中激起振荡电流，当振荡电流反向峰值等于直流电流时，流过断路器的电流过零，断口处的电弧熄灭。此后，直流电流转移到电容器电抗器支路中，电流流经电容器，对其充电直到避雷器动作，L—C 支路中的电流又被转移到避雷器中，随后流过避雷器的电流渐渐减小，直至为零。这样，流过该直流断路器的直流电流就被渐渐地转移到与之并联的其他回路中去了，在转换过程中避雷器会吸收能量。

（三）平波电抗器

平波电抗器是指一种用于整流后直流回路中的电子装置。整流电路的脉波数总是有限的，在输出的整直电压中总是有纹波的。这种纹波往往是有害的，需要由平波电抗器加以抑制。直流输电的换流站都装有平波电抗器，使输出的直流接近于理想直流。直流供电的晶闸管电气传动中，平波电抗器也是不可少的。平波电抗器与直流滤波器一起构成高压直流换流站直流侧的直流谐波滤波回路。平波电抗器一般串接在每个极换流器的直流输出端与直流线路之间，是高压直流换流站的重要设备之一。

（四）隔离开关

隔离开关是一种主要用于"隔离电源、倒闸操作、用以连通和切断小电流电路"，无灭弧功能的开关器件。隔离开关在分位置时，触头间有符合规定要求的绝缘距离和明显的断开标志；在合位置时，能承载正常回路条件下的电流及在规定时间内异常条件（例如短路）下的电流的开关设备。

（五）避雷器

避雷器用于保护电气设备免受雷击时高瞬态过电压危害，直流场避雷器主要限制直流过电压并瞬间释放能量。直流避雷器的特点是非线性好、灭弧能力强、通流容量大、结构简单、体积小、耐污性能好。

六、直流线路、接地极引线及接地极

（一）直流输电架空线路

直流线路是连接两端换流站的架空送电线路。直流线路一般采用双极线路结构，当换流器有一极退出运行时，直流系统可按单极两线运行，输送功率减少一半，直流输电线路的造价低于三相交流输电线路。直流线路主要由导线、架空地线、绝缘子、金具、杆塔、基础、接地装置等组成。一般该线路具有两条通电导线，正极和负极具有相同电压值（如±800kV）。在线路每个终端都串接着具有相同额定电压的换流器。线路两端或者单端中性点（即换流器之间的接点）接地。如果采用两端中性点同时接地的方式，则两极独立运行。当两导线电流相等时，则在两中性点之间将没有电流流通。如果一极故障，另一极（大地作为回流电路）能够输送一半的额定负荷，目前大部分直流输电工程双极线路的额定电压均设定为±800kV。

（二）直流接地极引线

接地极引线是将直流电流引入地的线路，把大地（或海水）作为廉价和低损耗回路，在直流输电系统中获得广泛的应用。直流输电线路利用大地为回路的优点是：① 大地回路与同样长度的金属回路相比较，具有较低的电阻和相应低的功率损耗；② 利用大地为回路，可以根据输送容量的要求进行分期建设。对于双极直流输电系统，第一期可以先按

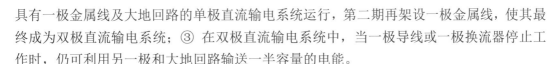

具有一极金属线及大地回路的单极直流输电系统运行，第二期再架设一极金属线，使其最终成为双极直流输电系统；③ 在双极直流输电系统中，当一极导线或一极换流器停止工作时，仍可利用另一极和大地回路输送一半容量的电能。

直流输电的接地极引线的运行电压很低，换流站采用传统的电流、电压测量方法，难以检测到靠近接地极的对地短路故障。为了检测接地极引线故障，近年来开发出脉冲回声、阻抗等接地及引线测量装置。其基本原理是，在换流站接地极的两根引线之间加低压高频脉冲，通过接收这些脉冲的回波，计算接地引线的阻抗。

（三）接地极

1. 接地极的作用

目前，世界上已投入运行的 HVDC（高压直流输电）系统，几乎都是两端直流输电系统：一端为整流站，另一端为逆变站。按照工程的需要，其主要接线方式有：① 单极大地回线方式；② 单极金属回线方式；③ 双极两端不接地方式；④ 双极两端接地方式；⑤ 双极一端接地方式。其中接线方式①、②、⑤，由于只是单点接地或不接地，因而地中无电流，接地极只是起钳制中性点电位的作用；接线方式①、④中的接地极，不但起着钳制中性点电位的作用，而且还为直流电流提供通路。因此，接线方式①、④对接地极设计有着特殊要求，以下仅以此两种接线予以叙述。

（1）单极大地回线方式。单极大地回线方式大多用于直流海底电缆输电系统，它用一个直流高压极线与大地构成回路，只能以大地返回方式运行。在这种接线方式下，流过接地极的电流等于线路上的系统运行电流。

（2）双极两端接地方式。双极两端接地方式可选择的运行方式较多，如单极大地回线运行方式、双极对称与不对称运行方式、同极并联大地回线运行方式等。对接地极设计有特殊要求的有如下几种运行方式。

1）单极大地回线运行方式。在 HVDC 系统建设初期，为了尽快地产生经济效益，往往要将先建起来的一极，投入运行直流输电线路投入极运行后，当极故障退出运行时，为了稳定系统，提高系统供电可靠性和可用率，健全极将继续运行。此时直流系统可处于单极大地回线方式运行，流过接地极的电流等于线路上的运行电流。

2）双极对称运行方式。对于双极两端中性点接地方式，当双极对称运行时，在理想的情况下，正负两极的电流相等，地中无电流。然而在实际运行中，不是绝对相等的，有不平衡电流流过接地极由于换流变压器阻抗和触发角等偏差，两极的这种不平衡电流通常可由控制系统来自动调节两极的触发角，并使其小于额定直流电流的 1%。当任意极输电线路或换流阀发生故障时，大地回路中的故障电流与故障极上的电流相同。

3）双极不对称运行方式。双极电流不对称运行方式，正负两极中的电流不相等，流经接地极中的电流为两极电流之差值，并且当两极中的电流大小关系发生变化时，接地极中电流的方向则随之而变。双极电压不对称方式，如果保持两极电流相等（此时两极输送功率不等），则仍可保持接地极中的电流小于直流额定电流的 1%。

4）同极并联大地回线运行方式。同极并联运行是将两个或更多的同极性电极并联，以大地为回线运行方式。显然该系统流过接地极的电流等于流过线路上电流的总和。同极并联运行的优点是节省电能，减少线路损耗。

2. 接地极运行特性

直流输电大地回线方式的优点是显而易见的，但可能带来的负面效应应引起各方的足够注意。强大的直流电流持续地、长时间地流过接地极所表现出的效应可分为电磁效应、热力效应和电化效应三类。

（1）电磁效应。当强大的直流电流经接地极注入大地时，在极址土壤中形成一个恒定的直流电流场，并伴随着出现大地电位升高、地面跨步电压和接触电动势等。因此，这种电磁效应可能会带来影响：直流电流场会改变接地极附近大地磁场，可能使得依靠大地磁场工作的设施（如指南针）在极址附近受到影响；大地电位升高；极址附近地面出现跨步电压和接触电动势，可能会影响到人畜安全。

（2）热力效应。由于不同土壤电阻率的接地极呈现出不同的电阻率值，在直流电流的作用下，电极温度将升高。当温度升高到一定程度时，土壤中的水分将可能被蒸发掉，土壤的导电性能将会变差，电极将出现热不稳定，严重时将可使土壤烧结成几乎不导电的玻璃状体，电极将丧失运行功能。影响电极温升的主要土壤参数有土壤电阻率、热导率、热容率和湿度等。因此，对于陆地（含海岸）电极，希望极址土壤有良好的导电和导热性能，有较大的热容系数和足够的湿度，这样才能保证接地极在运行中有良好的热稳定性能。

（3）电化效应。众所周知，当直流电流通过电解液时，在电极上便产生氧化还原反应：电解液中的正离子移向阴极，在阴极和电子结合而进行还原反应；负离子移向阳极，在阳极给出电子而进行氧化反应。大地中的水和盐类物质相当于电解液，当直流电流通过大地返回时，在阳极上产生氧化反应，使电极发生电腐蚀。电腐蚀不仅仅发生在电极上，也同样发生在埋在极址附近的地下金属设施的一端和电力系统接地网上。

3. 导流系统

接地极导流系统是由导流线、馈电电缆、电缆跳线、构架和辅助设施等组成。接地极引线送来的系统入地电流先由导流线将电流分成若干支路引至合适的地点，然后由馈电电缆将电流导入电极泄入大地。导流线可以是架空线，也可以是电缆。合理地选择导流线并使其布置合理是十分重要的，否则会出现某些支路电流过大，而另一些支路无电流或电流很小的不平衡现象。为了获得较好的电流分配特性，保证导流系统安全运行，根据工程运行经验和理论分析计算，接地极导流系统布置一般应遵循以下原则。

（1）导流线布置应与电极形状配合。

（2）适当增加导流线分支数，至少要考虑当一根导流线停运（损坏检修）时，不影响到其他导流线安全运行，提高运行的可靠性。

（3）引流电缆应有足够的载流容量储备，绝缘外套特性应具有良好的热稳定性。

（4）引流电缆应尽量避免接在电流溢流密度大，并且离开馈电棒端点至少在 5m 远的地方，避免引流电缆接点受腐蚀。

4. 其他辅助设施

接地极辅助设施包括检测井、渗水井、注水系统、在线监测系统等。

（1）检测井。为了在现场随时获取接地极运行时的温度、湿度等信息，陆地接地极一般应设置检测井。检测井一般设置在电极溢流密度较大或温升高、馈电缆接入点的地方。检测井采用 PVC 管，垂直布置在电极的上方和靠近电极的两侧，底部开露，与电极平齐，上端齐地面。检测时，温度或湿度计可伸到电极。

（2）渗水井。渗水井具有双重功能：一是将地面的水引入到电极，使电极保持潮湿；二是为接地极运行时产生的气体提供排出通道，使接地极保持良好的工作状态。渗水井一般布置在地面有水（如水稻田）且在电极的正上方，间距约 50m 一个。为了有利于水渗入和气体的排出，渗水井一般采用渗水性好的卵石和砂子。渗水井地面采用砂子填充，并设置防淤池，以免淤泥堵塞井口。

（3）注水系统。如果接地极的极址系旱地，往往需要专设注水装置道向电极注水。注水装置是由水泵、主水管、控制水阀、渗水管等组成，水泵将水源的水通过埋在地下的 PVC 主管线，将水送到设立在接地极地面上各个控制水阀，然后通过渗水管将水注入电极。渗水管道采用 PVC 管，沿着电极敷设在电极的上方。为了让水能均匀顺利地渗入焦炭中和防止水流冲刷焦炭，在 PVC 管的下方每隔数米开一孔洞，孔洞下面应垫一块混凝土预制板。

七、直流测量装置

为了保证高压直流系统有可靠的调节及保护功能，首先必须有可供利用的、可靠的系统数据，所以应在换流站设置完整的测量系统。换流站用于调节、控制和保护功能的测量数据必须建立在冗余的基础上。这要求可以通过采用双互感器的方式，或者通过处理另外一个不同而独立但包含所要求相同的测量变量来实现的方式。为了取得有关的测量数据，在换流站的交流侧与直流侧装设了相应的交流与直流测量装置。交流侧的测量装置，一般是交流电力系统中长期使用的常规设备，但在选用时应注意在换流站中的特殊要求。本节将主要对直流侧的测量装置作一一介绍。

（一）直流电流测量装置

直流电流测量装置，也称为直流电流互感器，通常安装于换流站的高压直流线路端以及换流站内中性母线和接地极引线处，其输出信号用于直流系统的控制和保护。对它们的主要技术性能要求是输出电路与被测主回路之间要有足够的绝缘强度、抗电磁干扰性能强、测量精度高和响应时间快等。高压直流电流测量装置通常采用电磁型、光电型、直流光电式、零磁通电流互感器等。

（1）电磁型直流电流测量。装置分为串联和并联两种形式，其原理接线如图 4–19（a）和图 4–19（b）所示，其主要组成部分为饱和电抗器、辅助交流电源、整流电路和负荷电阻等，工作原理与磁放大器相似。由于电抗器磁芯材料的矩形系数很高，矫磁力较小，当主回路直流电流变化时，将在负荷电阻上得到与一次电流成比例的二次直流信号。电磁型直流电流测量装置的主要性能为：测量精度一般为 0.5～1.5 级，响应时间为 50～100μs；一次电流小于 10%的额定值时不正确响应为 0.5%～3%。

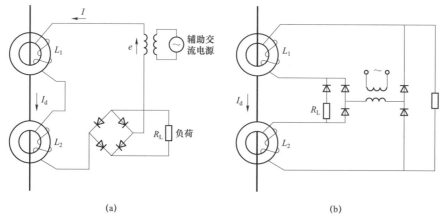

图 4-19　电磁型直流电流测量装置原理图

(a) 串联型；(b) 并联型

（2）光电型直流电流测量装置的结构方框图如图 4-20 所示。光电流传感器通常的组成部分有：① 高精度的分流器。它可以是分流电阻，也可以是罗果夫斯基线圈（Rogovski Coil）；② 光电模块（图 4-20 所示的远方模块）。该部分也位于装置的高压部分，其功能是实现被测信号的模数转换及数据的发送。远方模块的电子器件是由位于控制室的光电源通过单独的光纤供电；③ 信号的传输光纤；④ 光接口模块（图 4-20 所示的就地模块）。该部分位于控制室，用于接收光纤传输的数字信号，并通过模块中处理器芯片的检验控制送至相应的控制保护装置。光电流传感器所测的直流电流值以数字光信号通过可长达 300m 的光纤送至控制室的接收器。其测量精度可达 0.5%，测量频率范围可从直流至 7kHz。

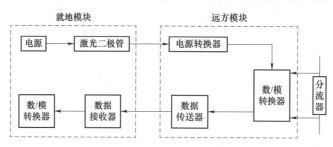

图 4-20　光电型直流电流测量装置的结构方框图

光电型与电磁型相比最大的优点是对地绝缘支柱直径小，电子回路更为简单，这对减少闪络故障、减少电磁干扰具有显著优点，并可降低造价。但光电型的响应速度，目前还不及电磁型。

我国大多数直流输电工程的换流站在直流极线、直流滤波器等多处采用了光电型电流互感器，其主要特点是：① 采用高精度的分流器测量直流电流；② 高电位端采用光能电子设备；③ 信号传输采用光纤，降低了电磁干扰影响；④ 高电位端与低电位端的信号传递光纤是通过直径小的硅橡胶套管，降低了污秽影响；⑤ 测量装置结构轻巧。该工程的直流电流互感器的测量精度小于 0.5%，截止频率为 7kHz。

（3）直流光电式电流互感器。直流光电式电流互感器采用全光纤结构，利用反射式 Sagnac 干涉原理和 Faraday 磁光效应实现对电流的测量，这样可使电流互感器具有较高的测量准确度、较大的动态范围及较好的暂态特性。采用硅橡胶复合绝缘子，绝缘结构简单可靠、体积小、重量轻。光学电流互感器利用光纤传送信号，抗干扰能力强，适应了数字化变电站技术发展的要求。

支柱型光学电流互感器主要由三部分组成。

1）光纤电流传感环。光纤传感环感应一次侧电流信号，通过由特种光纤制成的传输光纤传送到采集单元中。一套传感光纤环同时感应测量电流和保护电流信号。

2）光纤传输系统，光纤传输系统沟通高压侧与低压侧，它将采集单元发出的光信号输送到一次电流传感器端，同时将电流传感器返回的信号送至合并单元进行处理。传输光纤从复合绝缘子中穿过，在复合绝缘子以外的部分以光缆形式传输。

3）采集单元，采集单元置于汇控柜或屏柜中，包括电流互感器的光源、光探测器等光学元件，还包括测量被测电流信号的电路处理系统。采集单元通过光纤传输系统与电流传感器相连，将光源产生的光信号发送至传感器端，同时接收传感器返回的携带一次电流信息的光信号，并对返回的光信号进行处理，计算出一次电流值，并将此一次电流发送至合并单元中。采集单元也可与合并单元组合为一台装置，同时实现两者的功能。

（4）零磁通电流互感器。零磁通电流互感器也称为磁平衡式电流互感器，同样基于电磁感应原理，零磁通电流互感器理论误差等于零，不存在比差和角差。零磁通电流互感器为了消除励磁电流对测量精度的影响，采用一个补偿绕组，专门用于提供励磁电流，这样，测量绕组就不会受到励磁电流的影响，就不存在比差和角差，从而达到高精度的测量。

（二）直流电压测量装置

直流电压测量装置，也称直流电压互感器，按其原理可分为直流电压互感器原理的和电阻分压器加直流放大器原理两种。

使用直流电流互感器原理的直流电压互感器是在直流电流互感器的一次侧绕组串联一个高压电阻 R，其对地直流电压为 U_d，假定电流互感器一次侧绕组电流为 i_1、一次侧绕组和二次侧绕组的匝数分别为 W_1 和 W_2、二次侧绕组电流为 i_2、二次侧负荷电阻为 R_2、二次侧负荷电压为 U_2。图 4-21 表示这种直流电压互感器的电路原理图。

采用电阻分压器加直流放大器构成的直流电压互感器，其电路原理如图 4-22（a）所示。

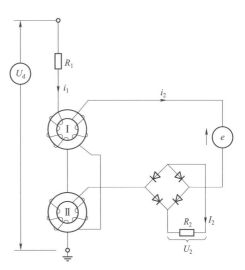

图 4-21　用直流电流互感器原理的直流电压互感器原理图

从图 4-22（a）可见，用 R_1 和 R_2 构成直流分压回路，以 R_2 的电压作为直流放大器的输入电压信号，经放大后取得与直流电压 U_d 成比例的电压 U_2 输出。若要求时间响应更快时，可改用图 4-22（b）所示的阻容性分压器。由于直流电压互感器的高压电阻 R_1 阻值较大，承受着高电压，因此一般是采用充油或充气结构的。

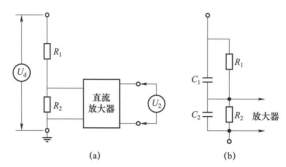

图 4-22　用电阻分压器加直流放大器组合的直流电压互感器电路原理图

（a）电阻分压的直流电压互感器；（b）阻容分压的直流电压互感器

第三节　特高压直流输电工程运行方式

一、全压运行和降压运行方式

直流输电工程的直流电压，在运行中可以选择全压运行方式（即额定直流电压方式）或降压运行方式。在运行中对全压方式和降压方式的选择原则是，能全压运行时则不选择降压方式运行。因为在输送同样功率的条件下直流电压的降低则使直流电流按比例相应地增加，这将使输电系统的损耗和运行费用升高。因此，为了使直流输电工程在最经济的状态下运行，其直流电压应尽可能地高。

其次，在降压方式下，直流输电系统的最大输送功率将降低。直流输送功率是直流电压和直流电流的乘积。当工程设计为降压方式的额定电流与全压方式相同时，降压方式的额定功率降低的幅度与直流电压降低的幅度相同。如果降压方式要求相应地降低直流额定电流则直流输送功率会降低得更多。例如，降压方式的直流电压选择为额定直流电压的70%而额定直流电流不变，则降压方式的额定输送功率为全压方式的70%。如果在直流电压降低到70%的情况下，还要求直流电流也相应地降低到其额定值的70%，则此时的直流输送功率仅为全压方式的49%，即输送功率将降低一半多。如果工程只需要在短时间内（约1～2h）降压运行，可利用工程短时负荷能力，直流电流最大可按降压时短时过负荷电流运行，此时的输送功率则少有增加。

再者，在降压方式下换流器的触发角 α 加大，这将使换流站的主要设备（如换流阀、换流变压器、平波电抗器、交流和直流滤波器等）的运行条件变坏。如果长时间在降压方式下大电流运行，换流站主要设备的寿命将会受到影响，通常在工程设计时，对降压方式的额定值（如额定直流电压、额定直流电流、过负荷额定值等）应作出规定。在降压方式运行时，需特别注意监视的是：换流器冷却系统的温度是否过高，换流站消耗的无功功率是否太多，这将引起换流站交流母线电压的降低；换流器交流侧和直流侧的谐波分量是否超标，换流变压器和平波电抗器是否发热等。

二、功率正送和功率反送方式

直流输电工程也具有双向送电的功能，它可以正向送电，也可以反向送电。在工程设计时确定某一方向为正向送电，另一方向则为反向送电。正在运行的直流输电工程进行功率输送方向的改变称为潮流反转。利用控制系统可以方便地进行潮流反转。直流输电工程的潮流反转有手动潮流反转和自动潮流反转以及正常潮流反转和紧急潮流反转。通常紧急潮流反转均是由控制系统自动地进行，而正常潮流反转可以手动进行也可以自动进行。

直流输电工程在启动以前需要确定其输送功率量及其传输方向是正送还是反送，并将功率传输方向置入控制系统，然后才能进行工程的启动。工程启动后，则会按所规定的送电方向送电。在运行中如果需要进行潮流反转，通常由运行人员手动操作潮流反转按钮，控制系统则按所规定的程序进行正常潮流反转。如果直流输电工程的正送和反送的电力、电量和时间均按合同或协议所规定的要求来进行，则可将工程每天的负荷曲线置入控制系统，控制系统则每天按所规定的时间和对输送功率的要求自动地进行正常潮流反转。如果工程具有紧急潮流反转的功能，当控制系统根据所测得的交流系统的信息，判断需要进行紧急潮流反转对交流系统进行紧急功率支援时，控制系统则自动进行紧急潮流反转。运行人员只需对反转过程进行监视，观察潮流反转后系统的运行情况并进行必要的操作和处理。

正常情况下，直流输电工程正送和反送的时间以及输送功率的大小，均由调度或通过合同作出规定，由运行人员来执行。在特殊情况下，也可以进行改变。在市场经济条件下，应充分利用直流输电功率输送方向和输送功率大小的可控性，来提高电力系统运行的经济性和可靠性。

三、双极对称与不对称运行方式

双极对称运行方式是指双极直流输电工程在运行中两个极的直流电压和直流电流均相等的运行方式，此时两极的输送功率也相等。双极直流输电工程在运行中两个极的直流电压或直流电流不相等时，均为双极不对称运行方式。双极不对称运行方式有：双极电压不对称方式；双极电流不对称方式；双极电压和电流均不对称方式。

（一）双极对称运行方式

双极对称运行方式有双极全压对称运行方式和双极降压对称运行方式，前者双极电压均为额定直流电压，而后者双极均降压运行。全压运行比降压运行输电系统的损耗小，换流器的触发角 α 小，换流站设备的运行条件好，直流输电系统的运行性能也好。因此能全压运行时，则不选择降压方式。双极对称运行方式两极的直流电流相等，接地极中的电流最小（通常均小于额定直流电流的 1%），其运行条件也最好，长期在此条件下运行，可延长接地极的寿命。因此，双极直流输电工程，在正常情况下均选择双极全压对称运行方式。这种运行方式可充分利用工程的设计能力，直流输电系统设备的运行条件好，系统的损耗小，运行费用小，运行可靠性高，只有当一极输电线路或换流站极的设备有问题，需要降低直流电压或直流电流运行时，才会选择双极不对称运行方式。

（二）双极不对称运行方式

双极不对称运行方式有双极电压不对称方式、双极电流不对称方式、双极电压和电流均不对称方式。

双极电压不对称方式是指一极全压运行另一极降压运行的方式，如降压的额定电压选择为工程额定电压的 70%，对于 ±500kV 的直流输电工程，一极运行在 500kV，而另一极则为 350kV。在电压不对称的运行方式下，最好能保持两极的直流电流相等，这样可使接地极中的电流最小。由于两极的电压不等，其输送功率也不相等。当降压运行不要求降低额定直流电流时，其输送功率将按降压的比例相应降低。如对于 ±500kV，双极额定功率为 1200MW 的直流输电工程，每极的额定功率为 600MW，当降压方式的额定电压为 70% 时降压运行的极的额定功率为 420MW。此时，在电压不对称方式的双极额定功率为 1020MW。如果直流输电工程在一极降压运行之前，其直流电流低于额定直流电流，则由一极降压引起的输送功率的降低，可用加大直流电流的办法来进行补偿，但最多只能加到直流电流的最大值。

如果降压方式还要求降低直流电流，当一极降压时其直流电流也需相应降低。此时，可供选择的运行方式有以下两种。

（1）为保证直流输电工程在这种条件下具有最大的输送能力，则两极分别按其额定输送能力运行。全压运行的极可在其额定电压和额定电流下输送额定功率。降压运行的极在电压降到 70% 时，如果要求电流也降到 70%，其输送功率则降到全压运行时的 49%。仍以上述工程为例，此时双极的输送能力为 600＋294＝894MW。两极的直流电流不等，一极为 200A，另一极为 840A，从而形成两极电压和电流均不对称的运行方式。全压运行的极为 500kV，1200A，600MW；降压运行的极为 350kV，840A，294MW；接地极中的电流为 360A。

（2）为保证接地极中的电流最小，当一极降压运行需要同时降低直流电流时，则两极的电流需同时降低，这将使双极直流输电工程的输送能力进一步的降低。以上述工程为例，此全压运行的极为 500kV，840A，420MW；降压运行的极为 350kV，840A，294MW，双极的输送能力为 714MW，占双极额定功率的 59%。由于两极的电流相等，接地极中的电流最小。此时，为双极电压不对称方式。

双极直流输电工程在运行中如某一极的冷却系统有问题，需要降低直流电流运行时，考虑选择双极电流不对称运行方式，电流降低的幅度视冷却系统的具体情况而定。此时接地极中的电流为两极电流之差值，电流降低的幅度越大，则接地极中的电流也越大；因此电流降低的幅度以及运行时间的长短，还需要考虑接地极的设计条件。如果在此条件下，工程不要求输送最大功率，也可以在一极要求降低直流电流时，另一极也同时降低，此时可保证接地极中的电流最小，但输送功率将相应降低。

四、直流输电工程控制方式

直流输电工程的稳态控制方式主要有控制有功功率的定功率控制方式或定电流控制方式以及控制无功功率的无功功率控制方式或交流电压控制方式等。在运行中控制方式是可以改变的。控制方式的改变可以由运行人员根据需要进行手动操作，也可以由控制系统按规定的条件自动地实现。

（一）定功率控制方式

在定功率控制方式下，直流输送功率由整流站的功率调节器保持恒定，并等于其整定值。在运行中当直流电压升高时，功率调节器将相应地降低直流电流值，而当直流电压降低时则会相应地升高直流电流值，从而保持直流电压和直流电流的乘积为功率整定值。因此在定功率控制方式下，直流电流在运行中不是一个常数，而是随直流电压的变化而变化，从而满足直流输送功率恒定的要求。定功率调节器是通过改变定电流调节器的整定值来保持输送功率的恒定。在定功率控制方式下，直流输送功率的改变用改变功率调节器的整定值来实现。

直流输电工程通常是由逆变站的控制方式来决定直流电压，而由整流站的控制方式决定直流电流及直流输送功率。逆变站通常采用定关断角（定角）控制或定电压控制来控制直流电压。为了降低直流输电系统的损耗和运行费用，在运行中应尽量使直流电压运行在其可能的最大值。当采用定 γ 角控制时，γ 角的定值应选为最小（15°～18°），从而使直流电压运行在最大值。

（二）定电流控制方式

在定电流控制方式下，直流电流由整流站的电流调节器保持恒定，并等于其整定值。直流输送功率不能恒定，它随着直流电压的变化而变化，当直流电压降低时，直流输送功率也降低，当直流电压升高时，直流输送功率则相应升高。为保证直流输电工程按给定的输送功率运行，在正常情况下采用定功率方式运行，当两端换流站之间的通信系统故障时，控制系统则自动转为定电流控制方式，并且保持故障前的电流整定值。因此，定电流控制方式可以作为通信系统故障时的一种备用控制方式。其次，当定功率调节器由于某种原因需要退出工作时，也可以由运行人员手动转为定电流控制方式。在定电流控制方式运行时，定功率调节器将退出工作，此时运行人员可以通过改变电流调节器的整定值，来改变直流输送功率。当逆变站采用定 γ 角控制方式时，由于直流电压在运行中不断地有小的变化，在整流站定电流控制方式下，直流输送功率也随直流电压的变化而有波动。当逆变站采用定电压控制方式时，在整流站定电流控制方式下，直流输送功率则能够保持恒定。

（三）无功功率控制方式

由换流原理可知，晶闸管换流阀组成的换流器，由于换流阀无关断电流的能力，其触发角 α 角只能在 0°～180°的范围内变化，换流器在运行中需要消耗大量的无功功率。换流器消耗的无功功率与直流输电的输送容量成正比，其比例系数为 $\tan\varphi$。因此，直流输电在运行中两端换流站需要的无功功率随其输送的有功功率而变化。为了满足换流器对无功功率的需要，两端换流站均装设有交流滤波器、静电电容器，有时还需要装设同步调相机或静止无功补偿装置。从直流输电本身的需求出发，为了保持两端换流站和交流系统交换的无功功率在一定的范围内，避免因直流输送功率的变化引起两端交流系统的电压变化较大，需要对换流站的无功功率进行控制。另外，两端交流系统的电压，也可以利用换流站的无功功率控制而保持在一定的范围内。当交流系统的电压升高时，控制系统可加大换流器的触发角 α，换流站可吸收交流系统多余的无功功率，使得交流电压降低；而当交流系统的电压降低时，控制系统则可以减小触发角。换流站则可向交流系统提供其不足的无功功率，使得交流电压升高。当然，换流站无功功率控制的范围是有限的，它将受到换流站无功补偿的配置情况、换流站设备的设计条件、直流输电的输送容量以及控制方式等各种因素的限制。也就是说，换流站能够向交流系统提供的无功功率以及从交流系统吸收的无功功率都是有限的。特别是当直流输电与强交流系统相连时，其调节交流电压的能力则更差。

换流站的无功功率控制方式通常有无功功率控制和交流电压控制两种。前者的控制原则是保持换流站和交流系统交换的无功功率在一定的范围内；后者则是保持换流站交流母线电压的变化在一定的范围。交流电压控制方式主要在换流站与弱交流系统连接的情况下采用，而一般的直流输电工程均采用无功功率控制方式。无功功率控制方式通常设有手动方式和自动方式，在正常情况下均运行在自动方式，必要时可转为手动方式。

特高压直流控制保护系统

第一节　特高压换流站控制系统简介

一、直流控制系统冗余配置

（一）控制系统冗余设计

控制系统的各层次都按照实现完全双重化原则设计。双重化的范围从测量二次绕组开始包括完整的测量回路，信号输入、输出回路，通信回路，主机和所有相关的直流控制装置。为满足高可靠性的要求，极控制系统（PCP）和换流器控制系统（CCP）均采用冗余配置，冗余的极控制系统（PCPA/PCPB）和换流器控制系统（CCP1A/CCP1B、CCP2A/CCP2B）通过交叉互连实现完整的控制功能，只有当前处于工作状态（Active）的系统才与另一换流器的控制系统或者极控制系统进行有效通信。以保证在任何一套控制系统发生故障时，不会对另一个控制层次或另一个换流器未发生故障的两套控制系统的功能造成任何限制或不可用。在发生系统切换时，极控制系统和换流器控制系统可以分别从 A 系统切换至 B 系统，或从 B 系统切换至 A 系统。

（二）控制系统冗余配置

直流极控系统、交流站控系统、站用电控制系统与各自测控装置，构成独立的控制系统，控制系统冗余配置，测控装置冗余配置，硬件完全相同。控制系统按区域配置分布式测控装置，测控装置从独立的 TA、TV 线圈引入测量量，从独立的触点引入开关量。所有的开关控制命令同时下发到测控装置，仅连接主系统的测控装置的命令出口动作，从系统的命令不出口动作。

（三）控制系统切换逻辑

控制系统为完全冗余的双重化系统，控制系统冗余切换功能可由控制系统的软件切换方式实现，也可由软件与硬件切换装置共同配合完成。硬件切换方式具有切换时间短的优点，切换装置采用封闭式金属外壳，采用双电源供电。

双重化的系统可以在故障状态下进行自动切换或者由运行人员手动切换。冗余逻辑切换模块具有手动模式和自动模式两种操作模式。自动模式时，处于备用状态的系统可以通过对应装置上的按钮手动启动切换，完成备用系统到主系统的切换，也可以通过运行人员启动当前系统切换；如果主系统发生故障可以自动切换到备用系统上，如果备用系统也同时发生故障，切换装置会产生一个 ESOF 命令，停运系统。当装置设置为手动模式时，模块不再响应切换指令，备用系统进入测试模式，手动模式主要用于控制系统检修。

主从系统自动切换逻辑原理如图 5-1 所示。

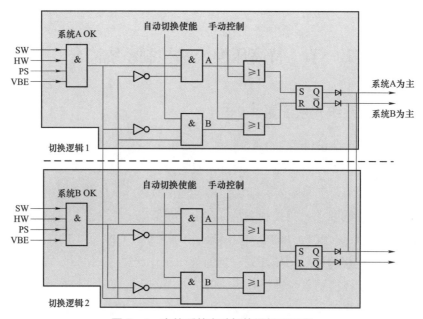

图 5-1 主从系统自动切换逻辑原理图

二、直流控制系统分层配置

（一）控制系统层次定义

依据 IEC 60633：1998 对直流控制系统的分层结构的定义，特高压直流输电按照双极、极、换流器进行配置。换流站内的控制系统按功能分为双极控制层、极控制层和换流器控制层等三个层次。

（二）控制系统分层原则

±800kV 特高压直流输电工程每极双 12 脉动换流器串联结构的接线方式，为提高直流系统的可靠性和可用率，特高压直流控制系统的分层设计满足以下原则要求。

特高压工程每极双十二脉动换流器串联结构的接线方式，为提高直流系统的可靠性和可用率，满足以下原则。

（1）控制系统以每个十二脉动换流器单元为基本单元进行配置，单独退出单十二脉动换流器单元而不影响其他设备的正常运行。

（2）控制系统单一元件的故障不能导致直流系统中任何十二脉动换流器单元退出运行。

（3）在高层控制单元故障时，十二脉动控制单元仍具备维持直流系统的当前运行状态继续运行，或根据运行人员的指令退出运行的能力。

（4）任何一极/换流器的电路故障及测量装置故障，不会通过换流器间信号交换接口、与其他控制层次的信号交换接口，以及装置电源而影响到另一极或本极另一换流器。

（三）控制系统分层功能配置

双极层的功能既可配置在站控系统中，也可下放至极控系统中，极 1 和极 2 的极控系统单独配置，根据换流器配置相应的换流器控制功能。双极层控制与极层控制系统一体设计，可不设置独立的双极控制主机，将无功控制等双极层功能配置在两极的极控主机 PCP 中实现；双极/极控制主机 PCP 与换流器控制主机 CCP 间主要传递电流指令和控制信号。对直流电流、直流电压、熄弧角等的闭环控制，以及换流器的解、闭锁等功能，布置在换流器控制主机 CCP 里；也可设置独立的双极控制主机，双极控制功能也可集成在站控系统中。独立的直流站控主机，包含无功控制功能，直流场顺序控制功能，交流站控系统完成交流场交流串相关控制联锁功能。

直流控制系统从功能上分为 AC/DC 系统层、区域层、双极控制层、极控制层和换流器控制层。针对控制设备层，直流控制系统包括极控系统、阀控系统、交流站控系统、站用电控制系统以及与之相关的双极层测量系统、极层测量系统和换流器层测量系统。

直流控制分层如图 5-2 所示。

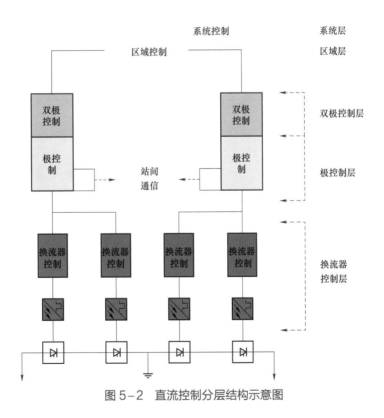

图 5-2 直流控制分层结构示意图

第二节　特高压换流站控制方式

一、顺序控制与联锁

（一）顺序控制与联锁概述

换流站设备状态转换复杂，除常见的检修、冷备用、热备用、运行外，另有换流器充电、连接，极隔离、极连接，金属回线、大地回线、空载加压试验等多种方式。为保证设备各种状态之间的平稳转换和运行，以及保证每种状态下各种操作的安全性、正确性，需要设计顺序控制和联锁功能。

顺序控制和联锁的目的是安全可靠地操作交、直流断路器、隔离开关、接地开关，安全可靠地进行控制模式或运行方式的转换，以及平稳地启动和停运直流输电系统。

自动顺序控制指通过一系列自动的、有先后次序的操作命令的执行，实现开关设备的分合运行、接线方式与控制模式的转换，实现直流系统的连接与隔离、换流器的启动与停运等。自动顺序控制一方面简化了运行人员对直流输电系统动作的干预，减少人为因素导致的误操作，另一面通过合理的顺序控制避免了设备承受过大应力的不利后果。例如运行人员只需触发极连接的按钮，程序就会顺次分合交、直流场的一系列断路器或隔离开关。

联锁指为完成某项操作所应具有的先决条件，当该条件不满足时，继续当前的操作将有可能危及设备或人身安全，因此在控制程序中会以先决条件不满足而禁止后续的操作。

进行程序逻辑设计时，顺序控制与联锁会统一考虑，但顺序控制侧重的是先后次序，联锁则强调先决条件。一般，设计顺序控制的逻辑时已包含使一些联锁条件也达到满足。从执行效果看，运行人员也可以不通过自动顺序控制而手动进行一系列操作，但必须满足操作的联锁条件。

（二）顺序控制与联锁基本设计原则

（1）顺序控制应能由运行人员在运行人员工作站上启动，或通过站控系统在站控制屏上手动启动，两者的优先级别为后者高于前者。

（2）联锁应在各个操作层次（位置）均能实现，包括远方调度中心、运行人员工作站、就地继电器室及设备就地。其优先级别依次为（从高到低）设备就地、就地继电器室、运行人员工作站、远方调度中心。其中就地继电器室工作站配置有断路器应急解锁旋钮，作为应急使用。

（3）顺序控制应具有自动执行和按步执行两种功能。按步执行时，每执行一步，应按照运行人员的选择，决定是继续下一步的执行还是停止顺序控制的执行（如自动功率曲线功能）。

（4）在顺序控制执行过程中，如果由于某一设备原因造成顺序控制无法执行下去，顺序控制操作应停止在该设备处，待运行人员手动操作该设备后，由运行人员决定该顺序操作是按自动执行，或按步执行的方式来继续执行，或是退回到该顺序操作的起始点。

（5）在顺序控制执行过程中，运行人员应能够终止或暂停该顺序控制的执行（如功率升降暂停功能）。在暂停状态下，应能由运行人员决定该顺序控制是按自动执行，或按步执行的方式来继续执行，或是退回到该顺序操作的起始点。

（6）对于阀的闭锁/解锁、控制模式或运行方式转换的顺序控制，以及整流侧和逆变侧之间的自动顺序的协调配合等，一般应在直流极控系统中实现。

在顺控程序设计中，可以将相对独立、实现某一明确目标的操作定义为一个基本顺序控制单元，也可以将相互关联的、实现更高一级目标的一系列基本顺序单元重新定义为一个完整顺序控制单元。具体执行时，既可以顺次执行一系列的基本顺序控制单元，也可以执行一个完整顺序控制操作。直流系统控制模式如图5-3所示。

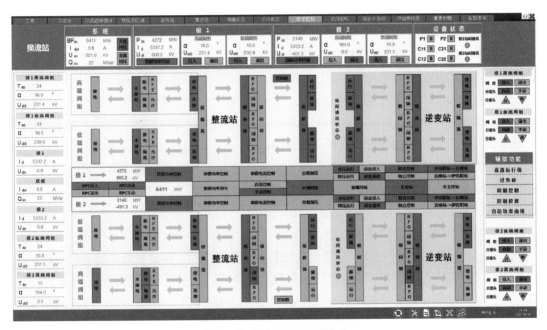

图5-3　直流系统控制模式

（三）常见的顺序控制与联锁功能

1. 直流系统运行状态

直流系统从停运状态到运行状态主要包括如下步骤。

（1）换流器热备用：从检修状态到冷备用，再到热备用状态，即换流器的接地开关全部分断，相关交流进线隔离开关合上，交流侧进线断路器热备用。

（2）换流器充电：当具备换流变压器充电条件后，合上交流侧断路器，换流器变压器充电，相应换流器阳极、阴极隔离开关，换流器阳极、阴极接地开关在拉开位置，阀闭锁。

（3）换流器（极）连接：换流器直流侧处于连接状态（极连接），包括直流极线的隔离开关闭合（直流线路连接）、中性母线、接地极，或按相关运行方式要求的直流场开关/隔离开关，以及直流滤波器已连接。

（4）运行人员设定输送功率定值以及功率上升速率，且满足运行的条件后，控制系统解锁换流器，直流功率越过避免直流电流断续的最小电流限值后，按照指定功率（电流）值及其速率上升。

直流系统从运行状态到正常停运状态，首先是降低直流功率，直至直流电流小于最小限值后闭锁换流阀，执行极隔离，或进一步将换流变压器交流侧隔离。

2. 顺序控制、联锁

顺序控制、联锁功能主要包括如下内容。

（1）交流场开关的控制与联锁，包括断路器、隔离开关、接地开关的控制联锁，满足电气"五防"要求。另外还在控制主机中配置有交流场 3/2 断路器接线方式中断路器联锁逻辑，目的是当交流场 3/2 断路器接线仅中相断路器运行时，及时跳开中相断路器，避免交流系统处于不正常运行状态。

（2）换流变压器充电/放电，包括换流变压器相应交流场断路器的控制。

（3）阀连接/隔离，包括相应换流器阳极、阴极隔离开关，换流器阳极、阴极接地开关，旁通隔离开关的控制。

（4）极连接/隔离，包括直流极线隔离开关的控制、形成直流运行接线方式（双极、单极大地回线、单极金属回线，以及特高压直流双 12 脉动换流器串联接线方式）直流场开关的顺序控制，以及直流滤波器的连接与断开等。

（5）控制模式选择，包括功率正向/反向、两站主控站和从控站的设置、站间联合控制或独立控制、定电流或定功率控制、双极功率控制/极功率控制/极电流控制、全压/降压运行、换流站无功控制模式，以及极的空载加压试验控制等。

（6）换流器的解锁、闭锁；启动、停运。

1）换流器解锁的顺序控制。在直流系统具备运行条件后，设定电流或功率的变化速率和整定值（整定值大于其允许的最小值，如标幺值 0.1），系统即呈解锁状态。在解锁的过程中，整流侧和逆变侧需密切配合。无论是常规的直流输电工程，还是特高压直流输电工程的完整极或不完整极的运行接线，在两站绝对最小滤波器投入后，极正常启动时，均为逆变侧先解锁建立逆变站的直流电压，整流站再解锁。

2）阀组在线投入的顺序控制。在一个 12 脉动换流器投运解锁、使直流极从不完整极运行转换为完整极运行的顺序控制过程中，应用专门的程序来解锁新投入的换流器，并控制触发角直至旁路断路器（BPB 或 BPS）的电流为零，即流过该换流器的电流等于运行极电流时，断开旁路断路器，极进入完整极运行状态后，再转入正常的定功率或定电流控制逻辑。极从不完整极进入完整极新投入换流器时，整流、逆变两侧通常采取整流侧稍先解锁、逆变侧稍后解锁的控制逻辑，这样可以有效利用启动过程中整流侧快速控制电流的特性保持系统电压和电流的稳定。

3）换流器（正常停运）闭锁的顺序控制。在常规直流输电工程每极一个 12 脉动换流器结构中，换流器停运就意味着极停运，其顺序控制逻辑为：直流控制系统以整定的速率降低输送功率至最小功率（标幺值 0.1）或以下，然后整流侧首先快速强制触发角移相至 160° 或稍大，整流侧不再产生直流电压，当电流为零后闭锁触发脉冲；如果过程中约 80ms

后电流未下降至低压限流定值或以下，需投旁通对、延时闭锁触发脉冲。逆变侧的正常停运逻辑为移相触发角为90°，用于使直流电压尽快为零，约延时200ms（与完成移相至90°的时间配合）投旁通对并闭锁触发脉冲，直流输电系统退出运行。

二、直流系统有功功率控制

（一）有功功率控制概述

直流输电工程的主要目的是在互联的两个交流系统间进行功率交换，因此精确的有功功率控制是直流输电系统首先要达到的功能。

有功功率控制的目标是使直流输电系统按照运行人员设定的功率指令，或预定的功率指令曲线传输功率，并能在外界扰动等异常情况下稳定、可靠运行。有功功率控制应能在双极、单极各种主接线运行方式下，在双极功率控制、极功率控制、极电流控制、降压等各种控制模式下，在功率上升/下降、大地回线/金属回线转换及各种控制模式转换的动态过程中，在站间通信异常等各种条件下保证功率的准确、可靠传输。在控制过程中，由于双极功率平衡/不平衡运行，或单极功率/电流、全压/降压等不同运行接线方式和控制模式的要求，控制系统必须对各极的实际直流功率值进行实时计算。

要改变直流输送功率，理论上可以改变直流电流，也可改变直流电压。对于直流系统而言，直流电压相比直流电流的响应时间常数要大，不能实现直流功率的快速调节；此外，直流电压改变不仅会使换流设备超过各种运行应力的限制，例如要求更多的分接开关档位、换流阀运行的触发角/熄弧角更大等，还会造成直流系统损耗大、不稳定、设备造价提高等严重后果。因此，通过改变直流电压来控制直流功率在0.1（标幺值），至额定功率、甚至过负荷运行是不可能的。

现代直流输电系统采用逆变侧控制直流电压、整流侧控制有功功率或直流电流的基本控制策略设计。逆变侧控制有功功率只出现在整流侧失去电流控制时，即整流侧触发角调节到最小触发角仍不能获得期望的直流功率，此时直流电压将由整流侧决定，而逆变侧逐渐进入电流调节模式（BSC，后备同步控制或应急电流控制），从而控制直流系统的有功功率。

对于直流输电工程来说，额定直流电压设计值定义为整流侧换流器直流端电压U_{dR}。工程中，逆变侧控制直流电压时，通常直流电压计算为

$$U_{dR} = U_{dI} + I_d R_L \qquad (5-1)$$

式中：U_{dI}为逆变侧换流器直流端电压；I_d为直流电流；R_L为直流电流回路的电阻总和。

在正常稳定运行情况下，直流电流是由整流侧进行实时控制的，工程设计的极直流输送功率定义为整流侧换流器极出口处输出的直流功率。直流双极运行方式下，其直流功率为两极功率之和。

$$P_d = U_{dR} I_d \qquad (5-2)$$

在不同的运行主接线及控制模式下，有功功率控制将采取不同的控制策略。按照控制参量的不同，有功功率控制一般分为极电流控制、极功率控制和双极功率控制，以及直流电压全压和降压控制模式。直流系统有功功率的基本控制模式如图5-4所示。

极1 →	2379 MW 797.4 kV	双极功率控制	单极功率控制	单极电流控制	空载加压	全压运行	动态投入	联合控制	伊克昭站-->沂南站
						降压运行	动态退出	独立控制	沂南站-->伊克昭站
RPC投入 RPC退出	RPC自动 RPC手动	4743 MW	双极功率指令	自动控制 手动控制	大地回线	金属回线		主控站	非主控站
极2 →	2366 MW -793.4 kV	双极功率控制	单极功率控制	单极电流控制	空载加压	全压运行	动态投入	联合控制	伊克昭站-->沂南站
						降压运行	动态退出	独立控制	沂南站-->伊克昭站

图 5-4　直流系统控制模式

（二）极电流控制

极电流控制模式以本极整定的直流电流值为控制参量，无论何种扰动，本极都将保持直流电流运行值不变。这种控制模式通常用于试验，例如测试直流系统动态响应特性时的电流阶跃试验。

（三）极功率控制

极功率控制模式以本极有功功率为控制参量，功率指令除以经滤波处理的直流电压后输出本极电流指令值。极功率控制是极独立功率控制模式，即其功率整定值专门为本极设定，不受另一极运行模式的影响。

（四）双极功率控制

处于双极功率控制模式的极将以双极总功率为控制参量，而不论另一极处于何种控制模式。处于双极功率控制模式的极将动态地调整本极功率定值，以维持两个极的总功率为整定值。当另一极闭锁时，处于双极功率控制模式的极将尽其所能补偿功率的损失，从而维持直流系统与交流系统交换的功率恒定。因此，双极功率控制模式对于提高直流输电系统的运行水平，维持交流电网的稳定性都有重要作用。

当直流输电系统的两极都处于双极功率控制模式时，除了可以互相补偿单极闭锁导致的功率损失外，还可以将实测的接地极电流引入控制系统中，实行两极电流平衡控制以尽可能减小接地极电流及其带来的不利后果，即两个极处于直流电流平衡的运行控制模式。

基于上述优点，双极功率控制是直流输电系统最为优选的控制模式。

如图 5-5 是双极都采用双极功率控制模式时电流指令的计算原理图，两极功率按其直流电压分配功率，以获得尽可能相同的直流电流。额外引入实测的接地极电流后还可进一步减小流入接地极的电流。

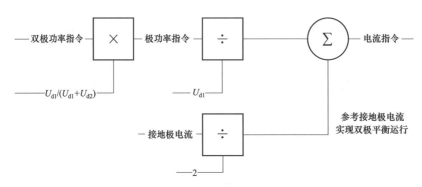

图 5-5　双极功率控制模式时电流指令的计算原理图

（五）全压和降压控制模式

降低直流电压运行整定值（通常为 80%、70%）的控制模式，是为了在直流系统，主要是直流线路绝缘能力降低时，尽量使直流系统在一个较低的电压水平下保持运行，以提高直流系统的可靠性和可用率。从直流电压公式可以得到，要降低直流电压通常需降低阀侧空载理想直流电压和增大触发角/关断角，但是为了避免低压大电流的不稳定运行工况，降压运行时限制最大的运行电流为额定直流电流，因此，直流电压降低导致直流最大输送功率降低。

（六）同步电流控制与应急电流控制

由于直流系统特性决定，整流和逆变两侧的电流控制指令值必须保持 0.1（标幺值）的间隔差，提升电流需首先提升整流侧的电流控制指令，降低电流时需首先降低逆变侧的控制指令。在两站之间通信正常时，两站之间最重要的通信信息和协调内容就是实时的直流电流指令值信号，这种控制模式称为同步电流控制。

如果失去站间通信，为了保证仍能实现直流功率或直流电流的调节，配置有后备的同步电流控制，也称为应急电流控制。逆变侧的电流指令值要跟随实测电流值，确保它小于整流侧电流指令值 0.1（标幺值）。两种控制模式既可以用于定电流控制，也可用于定功率控制。

（七）过负荷控制

直流有功功率控制中，一个重要的环节是过负荷控制。在成套设计中，根据系统需求和设备技术经济比较进行综合考虑，提出在不同的条件下，直流系统允许的长时过负荷和短时过负荷能力，包括连续过负荷、2h 过负荷、3/5/10s 过负荷能力等。

如图 5-6 所示为过负荷控制逻辑示意图。其中：晶闸管温度限制因素主要包括环境温度、阀厅温度、备用冷却状态；换流变压器温度限制因素主要包括换流变压器冷却设备能力、换流变压器油温。在连续和限时过负荷限值中，首先取大值以保证系统对过负荷的要求。最终，取各限制值的最小值，以在保证设备安全的前提下，尽可能满足系统的过负荷要求。逻辑输出用于极功率计算、电流定值限制。

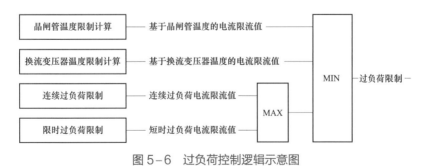

图 5-6　过负荷控制逻辑示意图

三、换流站无功功率控制

（一）换流站无功控制概述

直流系统工作时，无论是工作于整流还是逆变状态，换流器都要消耗大量的无功功率，换流站通过安装并联电容器等设备补偿换流器的无功消耗，交流滤波器除了可以滤除换流器产生的谐波外，还可以同时提供无功功率。在低功率运行时，为了满足滤波的要求换流站投入的交流滤波器提供的无功功率有可能过剩，若交流系统较弱则会将交流电压提高到很高的水平，此时可安装并联电抗器平衡过剩的无功功率。并联电容器、交流滤波器和并联电抗器是换流站主要的无功补偿设备。如果条件允许，系统内的发电机、换流站内变压器的低压电抗器以及 SVC 等也是可选的无功补偿设备，但这些设备容量一般较小，在换流站的无功补偿设备中居于辅助地位。

换流站的无功/电压控制指根据换流器的功率水平与交流系统电压情况计算所需的无功容量，并通过投入或退出无功补偿设备达到无功补偿或平衡的目的。交流滤波器也是谐波滤波设备，在换流站的无功控制中也包括了交流谐波控制的内容。考虑到谐波危害的严重性，以及交流滤波器设备自身容量限制的设备安全，在无功控制中谐波控制的优先级相对较高。无功控制属于直流控制的站控范围，整流站、逆变站的无功控制互相独立。

在直流系统的各个功率水平点，以及不同的运行主接线方式下，例如双极/单极、全压/降压、金属回线/大地回线，换流器都会产生含量不同的谐波电流，为滤除这些谐波需投入数量不等、类型不同的交流滤波器。某一功率水平下，为保证足够的滤波效果需投入最小数量的不同类型的滤波器，这种要求称之为交流滤波器的性能指标（即最小滤波器组数）；为保证交流滤波器不发生过负荷，需投入最小数量的不同类型的滤波器，这种要求称之为交流滤波器的额定值指标（即绝对最小滤波器组数）。

在无功控制中，涉及设备安全因素的某类型滤波器的额定值指标（绝对最小滤波器组数）显然具有最高优先级，当这一条件不满足时必须立刻投入所需类型的其他滤波器小组，当其他设备不可用时则必须采取降功率甚至闭锁直流的措施以保证交流滤波器设备安全。一般而言，满足滤波器性能指标的滤波器组数要大于/等于满足滤波器额定值指标的组数。

在满足交流滤波器的额定值指标和性能指标前提下，可依据设定的换流站与交流系统交换的无功定值或者换流站交流母线电压的定值投入或退出无功补偿设备。站内无功补偿设备中，除了 SVC 具有平滑调节的特性外，并联电容器、交流滤波器和并联电抗器等具有"阶跃"补偿的性质。

通过增大换流器的触发角或关断角吸收过剩的无功功率是换流器天然具有的一种能力。在直流低功率时，为了满足交流滤波器的额定值和性能要求，交流滤波器补偿的无功功率往往会超过换流器吸收的无功功率，严重时有可能造成交流母线电压过高，此时利用换流器吸收过剩的无功功率，可减少额外的电抗器等无功吸收设备，在背靠背直流输电工程小功率运行时采用这一功能取得了很好的效果。

换流站无功控制首先要解决对换流器吸收无功功率的补偿，因此控制系统需要实时计算不同工况下换流器吸收的无功功率，以满足设定的交/直流系统无功交换限制的要求。

（二）无功控制的计算

换流器在运行过程中要消耗大量的无功功率，需要利用无功设备进行补偿。额定运行工况下，每个 12 脉动换流器消耗的无功功率计算为

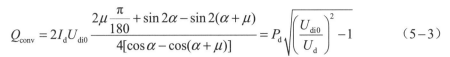

$$Q_{conv} = 2I_d U_{di0} \frac{2\mu\frac{\pi}{180} + \sin 2\alpha - \sin 2(\alpha+\mu)}{4[\cos\alpha - \cos(\alpha+\mu)]} = P_d \sqrt{\left(\frac{U_{di0}}{U_d}\right)^2 - 1} \qquad (5-3)$$

对于逆变器，式中的触发角α可用关断角γ替代。

式（5-3）中还涉及换相角μ。换相角直接影响直流电压、换流器产的谐波、换流器吸收的无功功率，以及逆变侧关断角的大小，在直流系统控制中多处要引用此量。

控制系统中换相角计算为：

整流侧

$$\cos(\alpha + \mu_R) = \cos\alpha - 2d_{xNR}\frac{I_d}{I_{dN}}\frac{U_{di0NR}}{U_{di0R}} \qquad (5-4)$$

则

$$\mu_R = \arccos(\alpha + \mu_R) - \alpha \qquad (5-5)$$

逆变侧

$$\cos(\alpha + \mu_I) = \cos\gamma - 2d_{xNI}\frac{I_d}{I_{dN}}\frac{U_{di0NI}}{U_{di0I}} \qquad (5-6)$$

则

$$\mu_I = \arccos(\gamma + \mu_I) - \gamma \qquad (5-7)$$

通过计算可知，额定负荷运行时，换流器消耗的无功功率约为额定输送容量的40%～60%。

（三）换流站无功功率平衡

高压直流输电系统运行时，其换流站交换无功功率状况如图5-7所示。

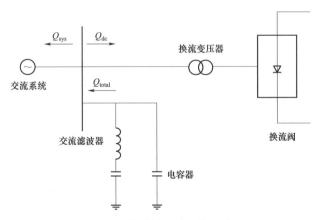

图5-7 换流站无功平衡示意图

Q_{sys}—交流系统与换流站间交换的无功功率；Q_{total}—当前状态下已投入总的无功补偿设备的额定容量；Q_{dc}—换流器消耗的无功功率

取交流系统向换流站提供无功功率为正方向，反之则为负方向，则换流站与交流系统间交换的无功功率为

$$Q_{sys} = Q_{total} - Q_{dc} \qquad\qquad (5-8)$$

Q_{sys} 为正时，表示了交流系统吸收无功功率；反之，则表示交流系统发出无功功率。

（四）无功功率控制优先级

在直流控制系统中，无功功率控制分为六个等级，在"手动"模式下，前四个优先级仍然有效。其具体优先级的分类情况如下。

（1）优先级 1：交流过电压控制（Over voltage control）。

交流过电压控制（Over voltage control）：交流过电压控制功能用于在交流电压受到扰动瞬时升高时，快速切除滤波器，以稳定交流电压，交流过电压控制处于最高优先级。

（2）优先级 2：绝对最小滤波器组数（Abs min）。

为了防止滤波器设备过负荷所需投入的最小滤波器组数，在任何情况下都必须满足。即使无功功率控制在"手动"模式下，绝对最小滤波器也可自动投入。各类滤波器投入组数小于绝对最小滤波器要求组数，自动投入相应滤波器。经过一定延时未投入滤波器，将导致直流系统功率回降。滤波器不满足最小功率下的最小滤波器组要求，控制系统自动闭锁直流系统。

（3）优先级 3：交流母线电压限制（U_{max}/U_{min}）。

交流母线电压限制（U_{max}/U_{min}）：监视交流母线电压，通过控制交流滤波器的投切来控制交流母线电压在正常运行的范围之内。如果电压在一定时间内超出了最大限值，无功功率控制在满足绝对最小滤波器组数的前提下，将通过连续切除滤波器来阻止电压的继续升高，保持交流电压稳定，以防止过压保护动作。如果多投入一组滤波器就将使电压超过最大限值，最大交流电压控制功能可阻止投入更多的滤波器。

（4）优先级 4：无功功率限制（Q_{max}）。

通过监测系统运行情况，限制系统中投入、切除的滤波器/并联电容器的数量，维持系统无功平衡。Q_{max} 主要用于闭锁时切除滤波器，正常运行时设定值很大，不起限制作用。

（5）优先级 5：最小滤波器组数（Minfilt）。

根据直流系统的输送功率、潮流方向、直流电压水平以及投入阀组数量情况来决定交流滤波器投入数量和类型，以满足滤波的要求。如果当前已投入的滤波器不能满足滤波的要求，此功能将下令投入更多的滤波器，直到满足滤波的要求。最小滤波器控制不会切除滤波器，但会执行投入滤波器或限制 $Q\_$control/$U\_$control 发出的切除命令。

（6）优先级 6：定无功控制/定电压控制（Q/U control）。

用于控制与交流系统的无功功率交换量或交流母线电压在一定范围内，根据设定的无功功率交换量或交流母线电压范围决定交流滤波器和并联电容器投切情况。运行人员应根据调度命令选择定无功功率或者定电压控制模式。

四、换流变压器分接头控制

改变换流变压器分接开关的档位相当于改变了换流变压器的阀侧电压，利用这一特性，可以使直流输电系统在交流系统扰动情况下获得更大、更稳定的运行范围与更经济的运行工况。分接开关控制功能按极、阀组配置，其输出为升高或降低分接开关档位的指令。图 5-8 示意了分接开关典型的控制流程，它共包括了 5 个主要部分：① 分接开关的自动和手动选择；② 以理想空载直流电压 U_{di0} 为目标控制分接开关；③ 以触发角度或关断角度变化范围控制分接开关；④ 以直流电压变化控制分接开关；⑤ 分接开关控制的同步、出口逻辑。

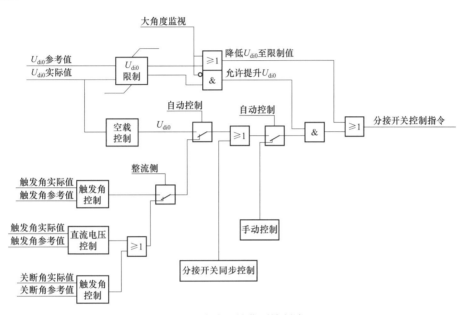

图 5-8　分接开关典型控制流程

（一）以换流变压器阀侧理想空载直流电压为基础的分接开关控制

分接开关的一种控制原理是保持换流变压器阀侧理想空载电压不变，当交流电压改变时，分接开关档位发生变化加以应对。这种控制方式下，由于档位步长的原因，U_{di0} 会产生误差，也会影响控制角度的变化。

在工程实际中，当换流变压器未充电或当换流变压器已充电，但是没有直流电流或直流电流尚未上升至最小允许电流值时，对于分接开关的控制称为空载分接开关控制。换流变压器未充电时，分接开关应控制 U_{di0} 降至最小值。换流变压器充电后，应控制 U_{di0} 为额定档位。

在进行空载加压试验时，其控制逻辑为保证空载加压时，U_{di0} 为额定设计值，这样可保证触发角在设计范围内，不至于过小。

在进行降压运行时，为了不使换流器运行在过大的触发角（或熄弧角），其分接开关控制也采用使 U_{di0} 降到最小值的控制逻辑。

（二）以角度变化范围为基础的分接开关控制逻辑

在正常运行中，整流侧一般要求换流器的触发角运行于额定值附近，这样可以在换流器吸收相对较小无功功率的条件下，使电流调节器具备增大或减小触发角的能力，从而获得比较好的调节效果。大多数工程中，整流侧分接开关的控制目标为触发角位于额定值上下的规定范围内，当触发角高于规定限值时，改变分接开关档位以减小换流变压器阀侧电压，使触发角减小；触发角低于限制时改变分接开关档位升高换流变压器阀侧电压，使触发角增加，这个规定的范围可视为整流侧分接开关的控制死区。

当交流电压变化时，为了保证输送功率的稳定，整流侧电流调节器首先快速变化触发角，以补偿交流电压的扰动。在这个过程中，分接开关控制要接受来自其他直流控制环节发来的触发角实测值以及触发角的整定值（不含无功控制要求增大触发角时，整流侧触发角为 15°，逆变侧关断角为 17°），一旦两者差值大于分接开关控制设定的角度变化允许范围（如±2.5°），则发出升高或降低分接开关的指令。

上述逻辑中采用实测值与设定值的允许变化范围进行比较，控制逻辑简单明了。否则，需通过分接开关控制计算的 U_{di0} 整定值，得出相应所需变化的触发角作为分接开关控制允许的角度变化范围。

（三）以直流电压变化范围为基础的分接开关控制逻辑

在正常运行中，逆变侧分接开关控制与触发角控制相配合，控制直流系统的电压。

在实现形式上，不同的技术路线的分接开关控制与触发角控制有不同的配合关系。在预测型触发角的控制策略中，关断角运行于额定值，而分接开关则直接以直流电压作为控制目标。当直流电压低于控制死区值时，升高换流变阀侧电压以增加直流电压，而当高于控制死区值时，减小换流变压器阀侧电压以降低直流电压。这种控制方式仅在直流电压超出死区时才由分接开关来调节，因此不能实现直流电压的精确控制。选择死区值时要避免分接开关的往复动作，一般选为分接开关调节步长的 0.7～0.8 倍。为了和直流电压变化控制相配合，分接开关控制的死区值要大于直流电压变化控制的范围以保证电压变化控制在前，分接开关动作在后。

在交流系统扰动中，逆变侧的主控制电压调节器首先要通过变化关断角来控制直流电压，在各种调节及其限制的作用下，分接开关控制逻辑主要是比较实测的直流电压是否超出电压允许变化整定值，一旦发现超出范围，则启动分接开关的动作指令。

采用实测值与整定值及其设定的允许变化范围进行比较，控制逻辑简单明了，否则需要通过实时的 U_{di0} 和触发角，并与分接开关控制计算的 U_{di0} 整定值比较，经比例系数处理得出直流电压调节量作为分接开关控制的直流电压允许变化范围。

无论是整流侧还是逆变侧，与换流器控制相比，分接开关控制均为慢速控制，其动作时间一般为 5～10s，这一方面考虑了分接开关的机械动作特性，另一方面也是为了和换流器控制相配合，使换流器控制在暂态过程中起作用，避免分接开关的频繁动作。

（四）分接开关控制的限制条件

在动态过程中，分接开关控制要接受来自各换流变压器监测装置送出的分接开关最高档位、最低档位、额定档位、实时档位的信息，以及直流电压、触发角/关断角、理想空载直流电压等，由此不仅产生分接开关的控制指令，而且同时产生允许进行控制的限制条件。

下面从各控制原理要求的控制指令直至最终控制指令出口逻辑进行分层解析。图5-9所示为分接开关控制指令输出逻辑。

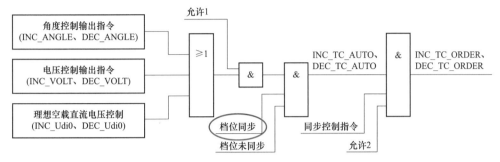

图5-9 分接开关控制指令输出逻辑

（1）从上述（一）～（三）可知，工程应用到的三种分接开关控制原理，经过各自的算法、比较判断逻辑，输出各自调节器的控制要求。在指定的运行状况下，分接开关仅取其中一个指令进行控制，图5-10中的"允许1"表明这些特定的运行工况。例如，对于整流侧，设计其分接开关控制为角度变化原理，这是指它处在电流调节器工作的正常运行工况时。如果整流侧一旦失去电流调节器的控制能力，它应转换为其他的分接开关控制原理，如直流电压控制原理。对于逆变侧，在其正常运行工况下进行直流电压控制，设计其分接开关控制为直流电压变化原理，一旦逆变侧转换为电流控制特性时，在主控制特性转换过程中，它的分接开关应考虑在一定时间内转换为角度变化原理。

（2）在上述三种原理控制策略发出要求分接开关档位变化时，如果各相分接开关档位未同步或调节档位的控制未完成，则它们的控制指令也送不出去。

（3）控制指令还要受到图5-10中的"允许2"的条件限制。例如，档位已调节到位但并未达到设计的最大或最小极限位置；档位调节过程已结束；分接开关无锁定的要求；同一时间内没有既要求升又要求降档位的指令，以及没有换流器大角度运行限制等。

（4）无论上述哪种原理，均要遵循分接开关的保护性控制功能。分接开关的保护性功能主要来自于阀侧交流电压的应力，如果阀侧电压应力过大会危害换流变压器、换流阀的设备安全。在分接开关控制中设置有两个电压水平的保护值，当阀侧理想空载直流电压 U_{dio} 越过第一个保护值时，虽然还在设备的耐受值以下，但此时将禁止进一步调高阀侧电压；当越过第二个保护值时将强制发出调低阀侧电压的指令，以保证设备安全。

当分接开关控制切换至手动模式后，除了一些保护性功能不受限制外，需要运行人员手动调节才能改变档位。

（五）同步控制

换流变压器的分接开关都是按换流变压器设备配置，当同一极间的不同换流变压器的分接开关不在相同档位时，在进行下一次调节前应首先将其调节一致。当双极连在同一交流系统时，且两极运行在双极控制模式下，若两极间换流变压器分接开关档位相差过大也要进行同步操作，以获得相对均匀的功率分配。

五、运行人员控制系统

运行人员控制系统的功能是对直流输电系统及一、二次设备的运行状态信息进行采集和存储，并为换流站运行人员提供运行监视和控制操作界面。通过运行人员控制设备，运行人员完成包括运行监视、控制操作、故障或异常工况处理、控制保护参数调整等在内的全部运行人员控制任务。运行人员控制系统还应具备全站的顺序事件记录、报警、换流站文档管理、网络同步对时信号的接收和下发等功能。

运行人员控制系统由系统服务器、运行工作站系统（通常包括运行人员、工程师工作站，以及顺序事件记录终端功能）、冷却控制室工作站、站局域网及远动局域网设备、硬件防火墙，以及网络打印机等辅助设备组成。为了便于直流系统的监控，通常还要求在控制室内配置主设备状态监视和便于运维检修监视的工作站。

运行人员控制系统还包括相关的接口设备，实现站局域网与远动局域网的接口，与站主时钟北斗、GPS 系统的接口，与保护及故障录波信息管理子站的接口，以及通过网络隔离装置与调度功率计划系统的接口等。如果是长距离直流输电工程，还可包括网桥，通过该设备，将两站的站局域网 LAN 组成广域网 WAN。为了逐步实现远方控制，现代直流输电工程中，在运行人员控制系统中还增设了远方监视工作站系统。图 5-10 为换流站运行人员控制系统结构。

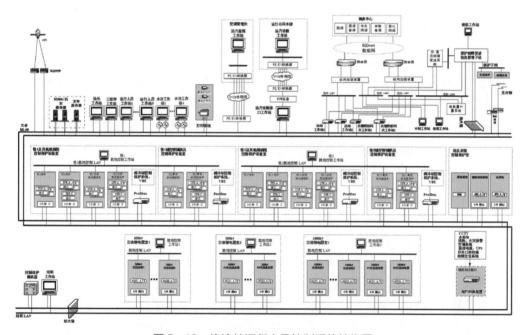

图 5-10　换流站运行人员控制系统结构图

（一）运行人员控制设备

从运行控制的角度，运行人员控制设备功能与硬件结构上也具有分层结构和冗余的特点。除了远方调度或监控中心外，作为运行人员控制的后备，通常要求在站内各相关控制屏柜上或专门的就地控制屏柜上配置有适当的人机接口和控制操作界面；在设备就地还配置有就地的控制功能。运行人员控制系统的站 LAN 网为双重化配置，分别与设备层的控制保护冗余设备、远动通信层的冗余设备，以及运行人员工作站冗余设备连接。运行人员控制系统与直流双极/极/换流器控制保护、交流滤波器保护等系统之间，与国家电力数据网之间，以及与各调度中心的专线通信规约采用国内或国际相关标准。

（二）远动通信设备

远方监控通信接口设备主要包括远动工作站、远动 LAN 网、保护及故障录波信息子站和能量计费终端系统工作站等。

远方监控通信层接口设备通过远动 LAN 网、交换机、路由器及网络安全装置等接入与远方监控中心相连的电力数据网。

（三）换流站辅助系统

换流站辅助系统包括换流站站用电系统、换流阀冷却系统、消防系统、空调系统等。辅助系统的可靠运行，尤其是换流阀冷却系统和站用电的可靠运行，是换流站安全可靠运行的重要基础。

不同的辅助系统采取的监控方式也不同。对于像消防、空调等短期退出不会造成直流输电系统强迫停运的子系统，一般仅将该子系统的总报警信号接入运行人员工作站，触发相应的事件记录，提醒运行人员及时处理。对于像站用电、阀冷设备这样的辅助系统，即使退出数秒，甚至电压跌落数秒都会造成直流输电系统强迫停运，不仅要将其控制保护系统的各类报警事件发送到运行人员工作站，并送入直流控制系统进行监控，还要将反映其工作状态的重要模拟量、反映其运行方式的重要开关量接入运行人员工作站，供运行人员实时监视并及时调整。

1. 站用电系统的监控

站用电系统监控的开关量包括 10kV 及 400V 各断路器、隔离开关、接地开关的分合状态，10kV 及 400V 各设备（包括各段）的投入、退出状态、备用电源自动投入装置的控制功能状态，以及 10kV 及 400V 站用变压器调压装置手动/自动选择等。站用电系统监控的模拟量包括 10kV 及 400V 各段母线的电压、三路电源的功率、站用变压器油温等。

上述监控量应由站用电监控主机送运行人员工作站，并在站用电主接线上简洁直观地表示出来，图 5-11 所示为站用电系统及其监视信号示意图。

2. 阀冷却系统的监控

换流阀冷却系统监视的开关量包括互为备用的两台主循环泵的运行状态，冷却塔（水冷系统）或冷却风扇（风冷系统）的运行状态，水冷主回路、水处理回路、工业水回路等管路上的阀门分合状态等。

换流阀冷却系统监视的模拟量包括：① 主水回路的冷却水流量，冷却水进阀、出阀温度，冷却水进阀、出阀压力，冷却水液位、电导率；② 水处理回路的流量、电导率；③ 外水冷系统缓冲水池液位；④ 阀厅温湿度、室外环境温度等，上述监控量应由换流阀冷却系统控制主机送运行人员工作站，并在阀冷系统水回路上简洁直观地表示出来，图 5-12 所示为换流器冷却系统及其监视信号示意图。上述模拟量一般都至少配置两个传感器，供两套阀冷控制保护系统使用，以前的工程中仅要求将主用系统采集到的测量值送运行人员工作站，随着设备状态检修的推进，现场要求将每个测点的两套传感器的测量值都送到运行人员工作站，用以日比对周分析，及时发现阀冷系统的测量故障，避免阀冷保护误动。

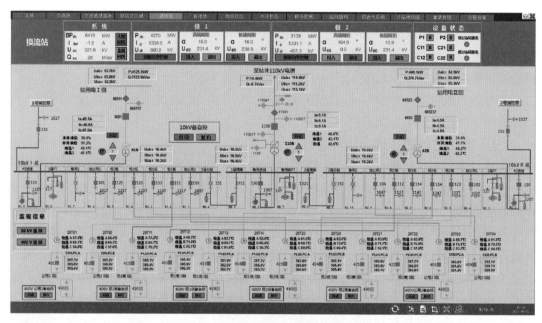

图 5-11 站用电系统及其监测信号示意图

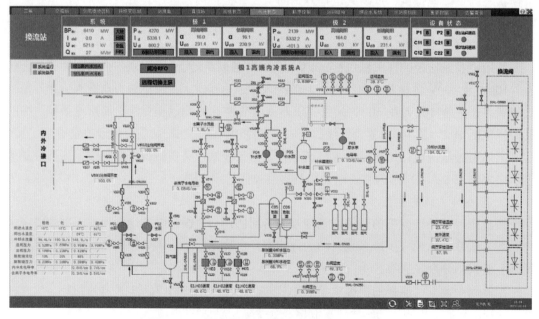

图 5-12 换流器冷却系统及其监视信号示意图

第三节 特高压换流站保护系统简介

一、直流保护系统配置方式

直流系统保护主要由阀组保护、极保护、双极保护、换流变压器引线和换流变压器保护、交流滤波器及其母线保护组成。各保护配置如表 5-1 所示。

表 5-1   直 流 系 统 保 护 配 置

序号	装置名称	主要保护功能	功能
1	PPR1A	极Ⅰ极保护A系统	保护极Ⅰ直流场、双极区直流场设备
	PPR1B	极Ⅰ极保护B系统	
	PPR1C	极Ⅰ极保护C系统	
2	PPR2A	极Ⅱ极保护A系统	保护极Ⅱ直流场、双极区直流场设备
	PPR2B	极Ⅱ极保护B系统	
	PPR2C	极Ⅱ极保护C系统	
3	CPR11A	极Ⅰ高端阀组保护A系统	保护极Ⅰ高端换流器区域设备
	CPR11B	极Ⅰ高端阀组保护B系统	
	CPR11C	极Ⅰ高端阀组保护C系统	
4	CPR12A	极Ⅰ低端阀组保护A系统	保护极Ⅰ低端换流器区域设备
	CPR12B	极Ⅰ低端阀组保护B系统	
	CPR12C	极Ⅰ低端阀组保护C系统	
5	CPR21A	极Ⅱ高端阀组保护A系统	保护极Ⅱ高端换流器区域设备
	CPR21B	极Ⅱ高端阀组保护B系统	
	CPR21C	极Ⅱ高端阀组保护C系统	
6	CPR22A	极Ⅱ低端阀组保护A系统	保护极Ⅱ低端换流器区域设备
	CPR22B	极Ⅱ低端阀组保护B系统	
	CPR22C	极Ⅱ低端阀组保护C系统	
7	AFP1A	第1大组交流滤波器保护A	保护第1大组交流滤波器及母线设备
	AFP1B	第1大组交流滤波器保护B	

序号	装置名称	主要保护功能	功能
8	AFP2A	第2大组交流滤波器保护A	保护第2大组交流滤波器及母线设备
	AFP2B	第2大组交流滤波器保护B	
9	AFP3A	第3大组交流滤波器保护A	保护第3大组交流滤波器及母线设备
	AFP3B	第3大组交流滤波器保护B	
10	AFP4A	第4大组交流滤波器保护A	保护第4大组交流滤波器及母线设备
	AFP4B	第4大组交流滤波器保护B	

阀组保护、极保护、双极保护采用三重化配置，阀组保护、极保护单独组屏，双极保护功能在极保护主机屏中实现，均按照"三取二"动作逻辑出口，如果三个系统中的一套不可用，保护系统会自动转为"二取一"逻辑。正常情况下，三个保护主机均在"运行"状态。

换流变压器电量保护集成在CPR主机中，采用三重化配置，换流变压器电量信号通过CMI（阀组测量接口）传入CPR，三套CPR动作出口分别接入阀组控制主机和阀组保护三取二装置。由阀组保护三取二装置和阀组控制主机分别执行出口跳闸命令；同时阀控主机执行闭锁命令。

换流变压器非电量保护跳闸信号，分别通过三套NEP（非电量保护接口）传入CCP，由CCP的三取二逻辑判断出口。

换流变压器非电量报警信号，通过CSI（阀组开关量接口）传入CCP，发出事件报文。

直流保护的故障清除操作包括请求控制系统切换、移相、降压、阀组退出、闭锁脉冲、跳交流断路器、启动失灵、锁定交流断路器、功率回降、极隔离、极平衡、重合直流场开关、合NBGS、禁止升分接头以及降分接头。

二、直流保护系统保护区域

直流系统保护所覆盖的范围包括换流站内全部换流器单元（包括换流阀、换流变压器、换流变压器引线及与换流变压器相连的交流断路器之间的区域）、直流开关场（包括平波电抗器、直流滤波器、直流极线、极/双极中性母线，以及直流接地极线路和接地极）、直流线路、交流场交流滤波器/电容器组、大组母线及与大组相连的交流断路器之间的区域。其中交流场部分属于换流站各极或各单元（指背靠背换流站的独立运行换流器单元）的共用设备；直流场双极中性线和接地极线路是两个极的共用设备。上述区内所有设备均应得到保护，相邻保护区域之间应重叠，不存在保护死区。

直流系统保护除设备保护外，还承担相关交/直流系统的保护。鉴于直流输电的特点，在设计中，直流系统保护通常分为两部分：① 直流保护部分，包括换流器和直流场两大区域，换流变压器与换流器组成换流器单元，联系紧密，因此换流变压器保护可以并入直流保护，也可以单独作为元件保护配置；② 交流滤波器及电容器组部分，保护单独配置。换流站保护分区如图 5-13 所示。

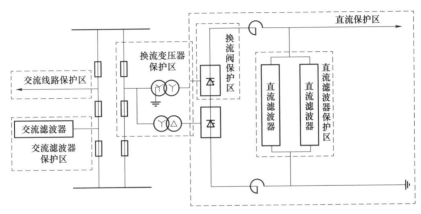

图 5-13　换流站保护分区图

根据直流系统主回路接线方式的特点，直流保护的分区不同。目前国内已投运的直流输电工程主要有每极双 12 脉动换流器串联接线、每极单 12 脉动换流器接线、背靠背接线三种接线方式。

每极双 12 脉动换流器串联接线方式，共包括 12 脉动换流器保护区、极保护区、双极保护区、各直流滤波器保护区、换流变压器保护区、各交流滤波器/电容器组保护区和直流线路保护区。图 5-14 为 12 脉动换流器保护配置图。

1）12 脉动换流器保护区。主要保护设备为 12 脉动换流器，通常包括 9 项保护以及 3 项保护性监控功能。

2）换流变压器保护区。以 12 脉动换流单元的换流变压器为保护对象，通常包括 16 项保护功能。2016 年后新建的特高压直流换流站阀组保护主机集成流器保护、换流变压器保护。

3）极保护区。该区包括了每极站内极母线和极中性母线部分，以及特高压直流输电工程特有的 12 脉动换流器旁路开关和相应的隔离开关设备，这种接线方式通常包括 14 项保护功能。图 5-15 为极区保护及直流线路保护配置图。

4）直流线路保护区。按各极直流线路配置，通常包括 5 项保护功能。2016 年后新建的特高压直流换流站极保护主机集成单极保护、直流线路保护、直流滤波器保护。图 5-16 为直流滤波器保护配置图。

5）双极保护区。主要保护对象是直流场双极的共用中性母线部分、接地极线路，以及接地极的监视。其通常包括 13 项保护功能。图 5-17 为双极保护配置图。

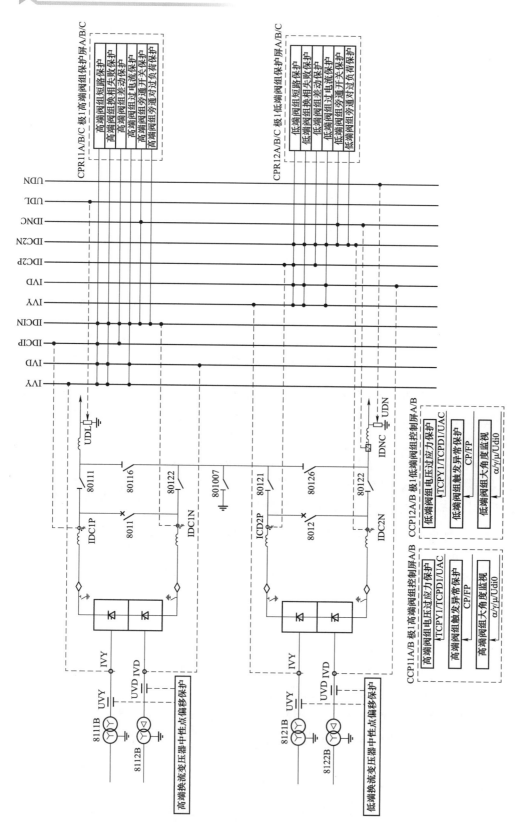

图 5-14 12 脉动换流器保护配置图

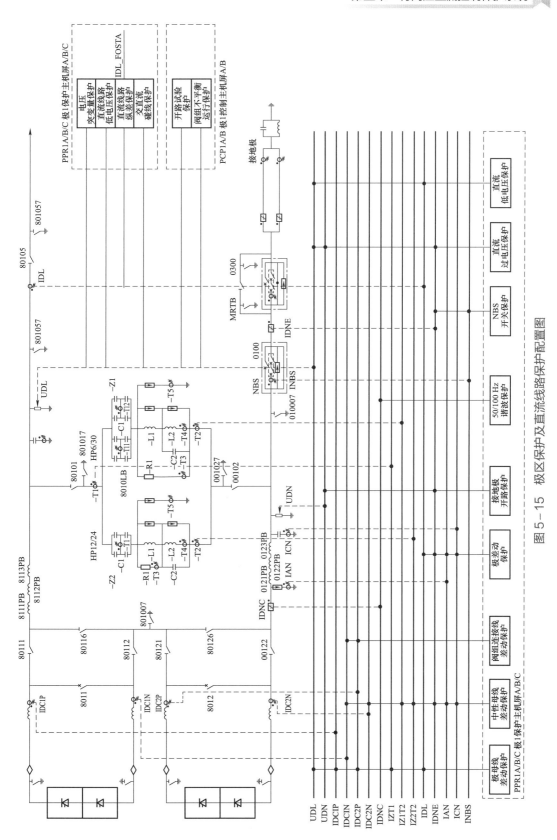

图 5-15　极区保护及直流线路保护配置图

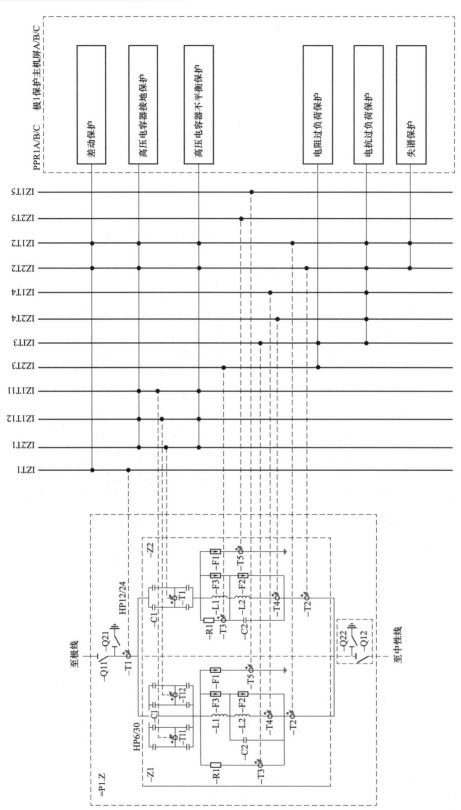

图 5-16　直流滤波器保护配置图

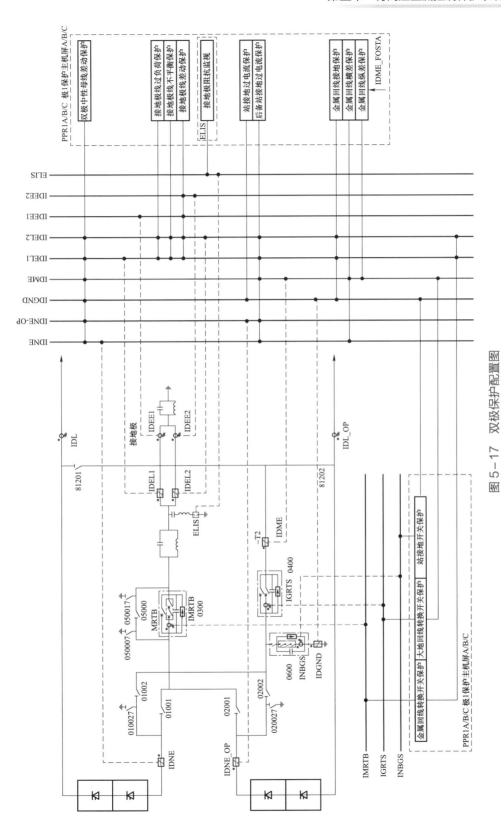

图 5-17　双极保护配置图

6）交流滤波器/电容器组保护区。按每个小组和每个大组分别配置保护。通常包括差动、过流、失灵、电容器不平衡、过负荷、母线过电压等保护功能，以及滤波器失谐报警功能。图5-18为交流滤波器小组保护配置图。

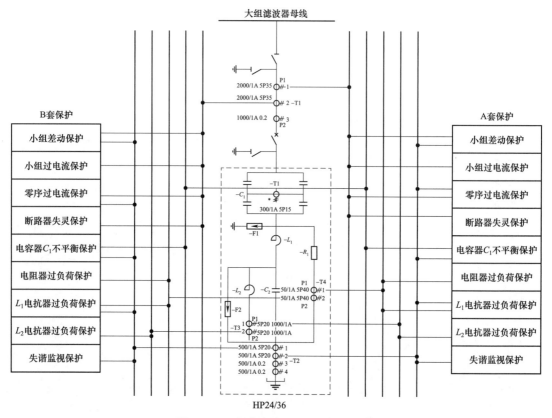

图5-18 交流滤波器小组保护配置图

第四节 直 流 闭 锁 方 式

在直流输电工程中故障种类及原因有很多，并且每种故障均按其自身故障特征设置有特定的隔离方式。总的来说，特高压直流工程故障隔离的一般措施会利用如下一项或几项故障清除程序用以清除故障：

（1）控制系统切换；

（2）极平衡；

（3）功率回降；

（4）移相；

（5）直流线路/阀组再启动；

（6）逆变站增大关断角；

（7）投入旁通对；

（8）阀组闭锁；

（9）交流断路器跳闸及锁定；

（10）启动断路器失灵；

（11）极隔离；

（12）阀组隔离；

（13）重合直流断路器。

特高压直流工程中由故障引起的保护动作闭锁也称为保护闭锁或故障闭锁。保护闭锁的目的就是能够快速降低直流系统输送功率、切除设备及减小系统应力。当上述隔离措施，例如控制系统切换、直流功率回降、直流再启动等措施不起作用时，故障侧就要执行故障闭锁命令。

换流器保护闭锁基本类型主要包括 X、Y、Z、S 闭锁，且闭锁优先级遵循 S＞X＞Z＞Y。闭锁类型主要是根据换流阀闭锁的时候是否投旁通对来进行定义的，如表 5-2 所示。

表 5-2　　　　　　　　　　　　　换流器保护闭锁基本类型

闭锁类型	闭锁特征
S-BLOCK	特殊条件闭锁
X-BLOCK	不投旁通对闭锁
Z-BLOCK	投旁通对闭锁
Y-BLOCK	条件投旁通对闭锁

X、Z、Y 保护闭锁动作时序中涉及移相、投旁通对、合旁路断路器、闭锁脉冲等动作方式。这里对上述四种动作方式进行解释。

（1）移相。快速增大触发角，使直流电压降低。对于整流站而言快速增大触发角至 90°以上最终移至 160° 左右，使整流站由整流状态变为逆变状态，电压极性发生改变。将直流输电系统中的残余能量进行耗散，从而有利于直流电流的熄灭；对于逆变站而言，本身即为逆变状态，移相后的触发角要大于可能的工作范围（110°～159°），通常大于 160°（约 164°），与整流站进行配合。

（2）投旁通对。正常运行时同相的两个换流阀不会同时导通，但投旁通对就需要同时触发换流器同相的两个换流阀，使其同时导通。造成直流侧短路，将直流电压快速降为零。旁通对投入可以实现交流侧与直流侧的隔离，此时直流电流无法进入换流变压器，从而减小故障期间换流变压器发生直流偏磁的时间，便于交流断路器跳闸。投旁通对的策略为：接收到紧急停运命令后，保持最后在导通状态阀的触发脉冲，同时发出与其同一相的另一个阀的触发脉冲，并闭锁其他阀的触发脉冲。对于部分特殊故障，由于投入旁通对时可能会造成故障电流过大，对避雷器等设备造成冲击，因此控制系统会发"禁止投旁通对"命令。

（3）合旁路断路器（BPS）。旁路断路器可以提高直流输电系统的可用率。当一个阀组需要检修时，可通过旁路断路器退出并隔离该阀组，同时并不会影响其他阀组的正常运行；当停用中的阀组需要投入时，也通过旁路断路器的配合实现换流器的投入操作。同样的，在换流阀发生非接地故障时需要将对应换流阀退出运行的过程中，通过合旁路断路器实现对该换流阀短路从而达到将故障阀组隔离而不中断直流功率的目的。

（4）闭锁脉冲。直流控制系统停止向换流阀发送触发脉冲，当换流阀上的直流电流自然过零以后，换流阀因不在导通而停止换流过程。

通过对上述基本内容的了解，下面就 X、Y、Z、S 四种基本闭锁类型继续进一步介绍与分析。

一、X-BLOCK

X-BLOCK 通常用于阀的故障，例如整流站阀短路故障、换流变压器阀侧两相短路故障；逆变站换流变压器阀侧两相短路故障、单桥换相失败、丢脉冲、OLT 试验期间故障、直流过电压故障、解锁前换流变压器阀侧接地等。不仅如此，X-BLOCK 还适用于当旁通对不能正确选择等触发回路故障的情况。无论整流站还是逆变站执行 X-BLOCK，其对站（逆变站或整流站）都要执行正常停运逻辑。

由表 5-3 可知，X-BLOCK 为不投旁通对的闭锁。不投旁通对是因为，整流站发生故障时本身故障阀就会产生很大的初始短路电流，为了将过电流限制在故障相，换流阀不应投旁通对且立即进行闭锁。若此时投旁通对可能造成非故障相的阀短路，最后导致发生三相短路，扩大了故障的范围。对于逆变站而言，阀短路时故障阀并不会产生很大的初始短路电流。所以不需要投入旁通对，而是移相至 160°之上（约 164°）并跳开交流断路器后，等待整流站闭锁后再进行闭锁脉冲。直流两侧故障时 X-BLOCK 的动作逻辑见表 5-3。

表 5-3   直流两侧故障时 X-BLOCK 的动作逻辑

X-BLOCK	整流站	逆变站
移相	√	√
投旁通对	×	×
合旁路断路器	合旁路断路器条件： 非极闭锁或最后一组阀闭锁， 合旁路断路器；否则不合。 有合闸命令脉冲	合旁路断路器条件： 有合闸命令脉冲
闭锁脉冲	√	经延时闭锁

二、Y-BLOCK

Y-BLOCK 主要适用于阀区的接地故障、双极中性区接地故障、站内临时接地极过电流故障、直流输电线/金属回线接地故障、直流场断路器分闸失败等对设备不产生严重应力的直流侧故障。

对于整流站而言，直流控制保护系统发出 Y-BLOCK 指令后要立即移相，发跳开交流断路器命令，并向逆变站发出本站保护动作信息。若极闭锁或最后一组阀闭锁，经延时（不同工程或有不同）后电流低于定值则闭锁脉冲；对于逆变站而言，直流控制保护系统发出

Y-BLOCK 指令后要立即移相同时投旁通对，发跳开交流断路器命令，并向整流站发出本站保护动作信息，等待对站闭锁后在进行闭锁脉冲。表5-4 为直流两侧故障时 Y-BLOCK 的动作逻辑。

表5-4 直流两侧故障时 Y-BLOCK 的动作逻辑

Y-BLOCK	整流站	逆变站
移相	极闭锁或最后一组阀闭锁，移相；否则不移相	×
投旁通对	极闭锁或最后一组阀闭锁，经延时（不同工程或有不同）后如果 IDL_low≠1 投旁通对，否则不投旁通对；非极闭锁或最后一组阀闭锁，投旁通对	√
合旁路断路器	非极闭锁或最后一组阀闭锁，合旁路断路器；否则不合	√
闭锁脉冲	极闭锁或最后一组阀闭锁，经延时 & IDL_low=1 发 block 命令；否则 BPS 或 BPI 合上后发 block 命令	极闭锁或最后一组阀闭锁，经延时 & IDL_low=1 发 block 命令；否则 BPS 或 BPI 合上后发 block 命令
投旁通对失败，执行 X-Block	经延时	经延时

三、Z-BLOCK

Z-BLOCK 主要适用于与直流侧相关的过电流故障或者接地故障，例如换流阀过电流故障，极母线接地故障、中性母线接地故障、极区域接地故障等直流场区的接地故障，以及接地极开路、直流线路低电压或过电压故障等，以上故障都是要将交、直流系统迅速隔离。因此如表 5-5 所示，无论整流站还是逆变站发出 Z-BLOCK 命令时，总是无条件投旁通对以及合旁路断路器。

表5-5 直流两侧故障时 Z-BLOCK 的动作逻辑

Z-BLOCK	整流站	逆变站
移相	极闭锁或最后一组阀闭锁，移相；否则不移相	×
投旁通对	√	√
合旁路断路器	√	√
闭锁脉冲	BPS 或 BPI 合上后发 block 命令	BPS 或 BPI 合上后发 block 命令
投旁通对失败，执行 X-Block	经延时	经延时

无论整流站还是逆变站执行 Z-BLOCK 命令，对站（逆变站或整流站）都执行正常停运逻辑。对于整流站而言，直流控制保护系统发出 Z-BLOCK 指令后要立即移相、投旁通对，发跳开交流断路器命令，并向逆变站发出本站保护动作信息。当直流电压下降后闭锁脉冲，停止旁通对的导通；对于逆变站而言，直流控制保护系统发出 Z-BLOCK 指令后要立即移相至 160°以上（约 164°），并投旁通对，发跳开交流断路器命令，并向逆变站发出本站保护动作信息。当直流电压下降后闭锁脉冲，停止旁通对的导通。

四、S-BLOCK

S-BLOCK 是在阀短路电流保护以及直流差动保护中使用的，主要作用在于配合交流断路器的断开控制，规范交流断路器断开的时间，避免大电流下断开交流断路器。它是特高压直流工程新增加的一种闭锁方式。在交流断路器断开前，对于整流站是直流电流控制，移相后从整流站的电源点吸收的能量很少，所以可以在交流断路器断开前移相后延时闭锁；对于逆变站，先跳开交流断路器，后投旁通对，再闭锁脉冲，可以避免两相短路故障的发生。假如阀侧电流没有过零点自然熄灭，则补发投旁通对指令，实现交、直流系统的隔离。表 5-6 所示为直流两侧故障时 S-BLOCK 的动作逻辑。

表5-6　　　　　　　　直流两侧故障时 S-BLOCK 的动作逻辑

S-BLOCK	整流站	逆变站
移相	√	×
投旁通对	×	交流断路器 earlymake&BPS 分位，投旁通对
合旁路 断路器	非极闭锁或最后一组阀闭锁， 合旁路断路器；否则不合	√
闭锁脉冲	经延时，发 block 命令	BPS 或 BPI 合上后发 block 命令

通过对上述四种保护闭锁基本类型的介绍和分析，可以总结出一些规律。整流站与逆变站的站间通信正常时，故障侧执行相应的保护闭锁逻辑，而另一侧即非故障侧则执行正常闭锁逻辑（同 Y-BLOCK 闭锁逻辑相同），并且根据保护动作后果可以不必立即跳开交流断路器；整流站发生故障时，主要通过立即移相的方式来减少故障应力，同时逆变站执行正常闭锁指令，并将触发角移至 90°，使得直流电流降低至零。上述整流站与逆变站动作的目的都是为了将直流线路上的能量尽快消散殆尽；逆变站发生故障时，主要通过移相、投旁通对的方式将交直流系统进行隔离，同时对整流站发出信息，要求整流站迅速通过对控制器的调节来实现降低直流电流的目的。

X、Y、Z、S 四种保护闭锁基本类型是通过旁通对是否投入来定义的。旁通对投入则表示除旁通对之外其余阀的触发脉冲均被闭锁。而通过对投旁通对的含义解释可以知道，为了防止旁通对而投入造成两相短路的发生，必须要迅速且正确触发最后导通阀的相同相形成旁通对。

正常情况下，特高压直流整流、逆变站的控制保护系统信息会通过站间通信进行信息交换。所以任一侧换流站因故障出现闭锁时，通过站间通信将其闭锁信号发送至对站。任一侧换流站接受到来自对站的闭锁信号时，本站将自动进入正常闭锁，即 Y-BLOCK 逻辑。但是如果站间通信由于某些原因发生故障，比如站间通信通道损坏或站间通信接口故障，都将会导致站间通信的中断。此时故障侧出现闭锁时，非故障侧接收不到来自对站发出的闭锁信号，所以非故障侧必然只能依靠本侧保护进行闭锁。当站间通信中断时，若整流站出现闭锁，逆变站会进入空载运行状态，空载运行持续一段时间后自动执行闭锁逻辑。当逆变站空载运行时，逆变站的电压控制器能够自动将电压控制在允许范围内；若逆变站出现闭锁，因为逆变站旁通断路器将会投入，此时对与整流站而言相当于直流线路发生短路故障，此时整流站需要进行强制移相并执行直流线路重启功能。因为此时逆变站旁通对依然处于投入状态相当于永久短路故障，直流线路重启不成功后自动闭锁。

第五节　直流保护配置

一、保护分区及功能配置

直流保护的范围覆盖两端换流站交流开关场相连的交流断路器之间的区域，对保护区域所有相关的直流设备进行保护，相邻保护区域之间相互重叠，不存在保护死区。直流保护按照区域分为换流器区保护、极区保护、双极区保护、直流线路区保护、直流滤波器区保护、换流变压器保护以及交流滤波器保护。保护分区如图 5-19 所示，换流器保护区

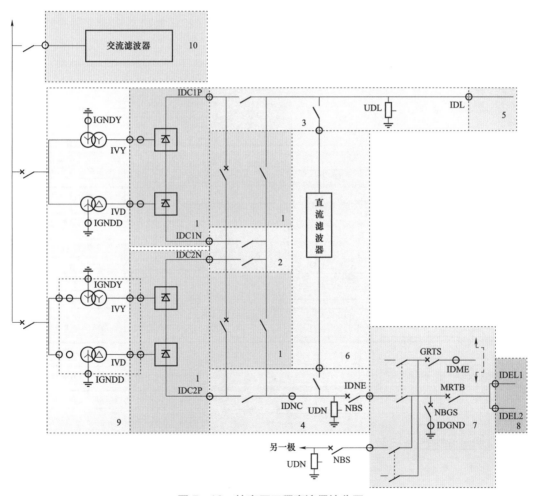

图5-19　特高压工程直流保护分区
1—换流器保护区域；2～5—极保护区域；6—直流滤波器保护区域；
7、8—双极保护区域；9—换流变压器区域；10—交流滤波器保护区域

（图中1区域及旁通开关）、极保护区（图中2、3、4区域及换流器连接区）、双极保护区（图中7、8区域）、直流线路保护区（图中5区域）、直流滤波器保护区（图中6区域）、换流变压器保护区（图中9区域）以及交流滤波器保护区（图中10区域）。

二、换流器保护配置

换流器区的保护范围覆盖了换流器、换流变压器阀侧绕组、阀侧交流连线、换流变压器引线和换流变压器等区域。换流器保护与换流变压器保护集中配置，换流器保护配置有：换流器过电流保护、阀短路保护、换相失败保护、换流器差动保护、换流变压器中性点偏移保护；旁通对过负荷保护、旁通开关保护、换流器直流过电压保护、换流器谐波保护。换流变压器保护配置有：换流变压器大差保护、换流变压器小差保护、换流变压器零序差动保护、换流变压器绕组差动保护、换流变压器引线差动保护、换流变压器过电压保护、换流变压器开关过流保护、换流变压器零序过电流保护、换流变压器过励磁保护、换流变压器饱和保护、换流变压器网侧过电流保护。换流器保护及换流变压器保护功能配置如图5-20、图5-21所示。

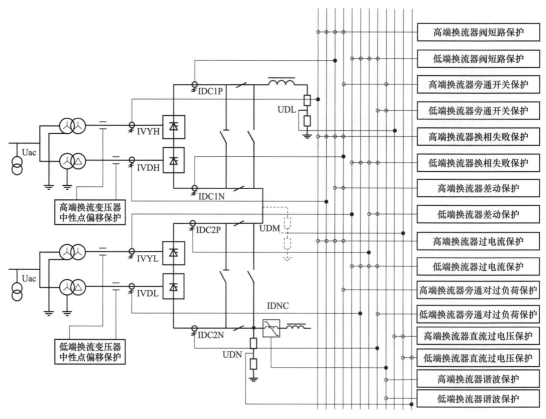

图5-20 直流换流器保护功能配置

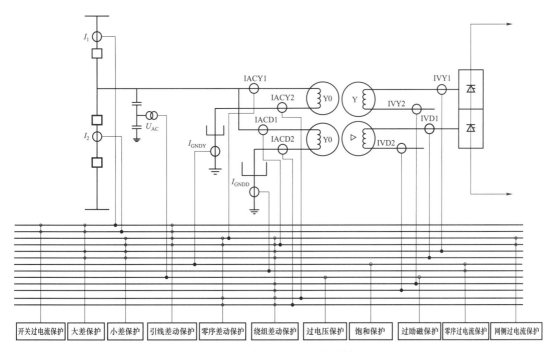

图5-21 换流变压器区保护功能配置

（一）阀短路保护

阀短路保护反映换流器桥臂短路故障、阀侧相间短路故障。当发生阀短路故障时，与故障阀处于同一半桥的健全阀在换相导通后，会流过很高的短路电流。应在同一半桥的第二个健全阀导通之前迅速检出故障，并且不带旁通对闭锁换流器，闭合相应的高速旁路开关，同时尽快跳开换流变压器网侧交流断路器。检测换流变压器阀侧高端换流器、低端换流器 Y 绕组和 D 绕组的电流以及高端换流器、低端换流器的直流电流，以换流变压器阀侧电流最大值或整流值与换流器直流电流的差值构成动作判据。保护动作整流侧执行 X 闭锁、逆变侧执行 S 闭锁。

高端换流器 Y 桥/D 桥阀短路保护判据为

$$I_{VYH} - \max(I_{DC1P}, I_{DC1N}) \geqslant \max(I_{sc\_set}, K_{set} I_{res}) \qquad (5-9)$$

$$I_{VDH} - \max(I_{DC1P}, I_{DC1N}) \geqslant \max(I_{sc\_set}, K_{set} I_{res}) \qquad (5-10)$$

低端换流器 Y 桥/D 桥阀短路保护判据为

$$I_{VYL} - \max(I_{DC2P}, I_{DC2N}) \geqslant \max(I_{sc\_set}, K_{set} I_{res}) \qquad (5-11)$$

$$I_{VDL} - \max(I_{DC2P}, I_{DC2N}) \geqslant \max(I_{sc,set}, K_{set} I_{res}) \qquad (5-12)$$

式中：I_{VYH}、I_{VDH} 为高端 Y 桥、D 桥换流变压器阀侧三相电流绝对值的最大值或三相电流的绝对值之和的 1/2；I_{VYL}、I_{VDL} 为低端星接、角接换流变压器阀侧三相电流绝对值的最大值或三相电流的绝对值之和的 1/2；I_{DC1P}、I_{DC1N} 为高端换流器高压侧、低压侧直流电流；I_{DC2P}、I_{DC2N} 为低端换流器高压侧、低压侧直流电流；$I_{sc,set}$ 为保护启动定值；I_{res} 为制动电流；K_{set} 为比例系数。

保护逻辑框图如图 5−22 所示。

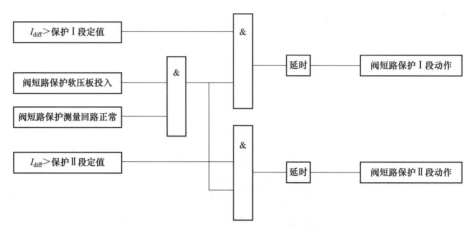

图 5−22　阀短路保护逻辑框图

（二）换相失败保护

换相失败保护是换流器发生换相失败时的主保护，换相失败可能是由一种或多种故障引起的，如控制脉冲发送错误、交流系统故障等。误触发换流器或触发脉冲丢失会导致单换流桥的换相失败，交流系统扰动会导致双换流桥的换相失败。换相失败的明显特征是交流电流降低，而直流电流升高，换相失败保护仅在逆变侧投入，在整流侧时自动退出。检测换流变压器阀侧高端换流器及低端换流器 Y 绕组和 D 绕组的电流，高端换流器及低端换流器的直流电流。以换流器直流电流与换流变压器阀侧电流最大值或整流值的差值构成动作判据。保护动作执行报警、切换控制系统、单桥换相失败 S 闭锁、双桥换相失败 Y 闭锁。

高端换流器 Y 桥/D 桥换相失败保护判据为

$$\max(I_{DC1P}, I_{DC1N}) - I_{VYH} \geqslant \max(I_{cfp.set}, K_{set1} I_{res}) \qquad （5−13）$$

$$\max(I_{DC1P}, I_{DC1N}) - I_{VDH} \geqslant \max(I_{cfp.set}, K_{set1} I_{res}) \qquad （5−14）$$

低端换流器 Y 桥/D 桥换相失败保护判据为

$$\max(I_{DC2P}, I_{DC2N}) - I_{VYL} \geqslant \max(I_{cfp.set}, K_{set1} I_{res}) \qquad （5−15）$$

$$\max(I_{DC2P}, I_{DC2N}) - I_{VDL} \geqslant \max(I_{cfp.set}, K_{set1} I_{res}) \qquad （5−16）$$

式中：I_{VYH}、I_{VDH} 为高端 Y 桥、D 桥换流变压器阀侧三相电流绝对值的最大值或三相电流的绝对值之和的 1/2；I_{VYL}、I_{VDL} 为低端星接、角接换流变压器阀侧三相电流绝对值的最大值或三相电流的绝对值之和的 1/2；I_{DC1P}、I_{DC1N} 为高端换流器高压侧、低压侧直流电流；I_{DC2P}、I_{DC2N} 为低端换流器高压侧、低压侧直流电流；I_{res} 为制动电流；$I_{cfp.set}$ 为保护启动定值；K_{set1} 为比例系数。

保护逻辑框图如图 5−23 所示。

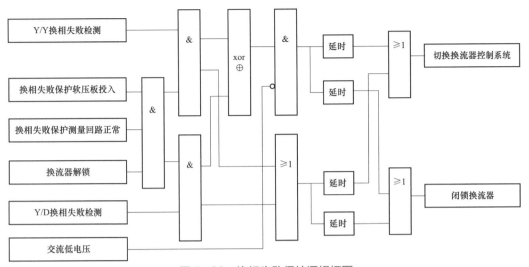

图 5-23 换相失败保护逻辑框图

（三）换流器差动保护

换流器差动保护是换流器发生接地故障时的主保护，保护阀厅内的换流阀以及换流变压器阀侧绕组的接地故障。以换流器高压侧直流电流与低压侧直流电流的差值构成动作判据。保护动作执行报警、换流器 S 闭锁。

换流器差动保护高端、低端换流器判据为

$$\left|I_{DC1P} - I_{DC1N}\right| \geqslant \max(I_{v.set}, K_{set}I_{res}) \tag{5-17}$$

$$\left|I_{DC2P} - I_{DC2N}\right| \geqslant \max(I_{v.set}, K_{set}I_{res}) \tag{5-18}$$

式中：I_{DC1P}、I_{DC1N} 为高端换流器高压侧、低压侧直流电流；I_{DC2P}、I_{DC2N} 为低端换流器高压侧、低压侧直流电流；I_{res} 为制动电流；$I_{v.set}$ 为保护启动定值；K_{set} 为比例系数。

保护逻辑框图如图 5-24 所示。

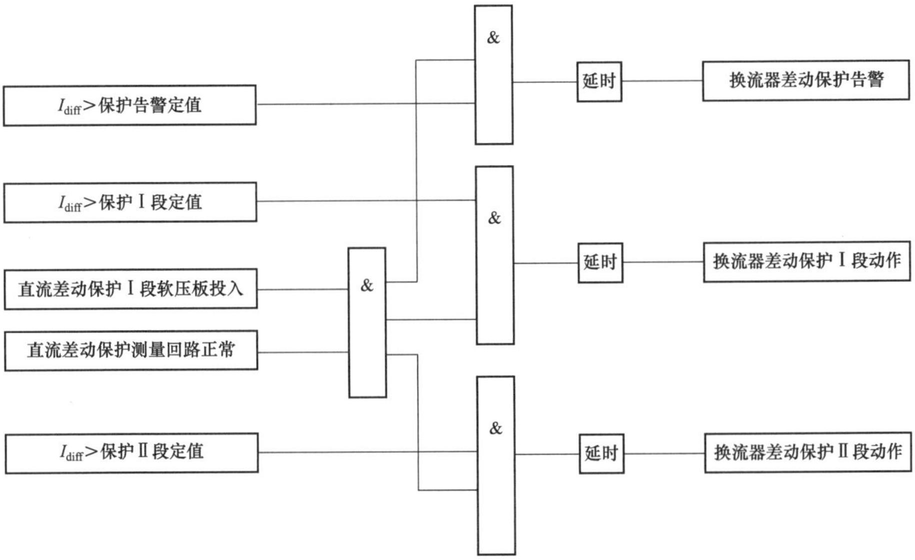

图 5-24 换流器差动保护逻辑框图

（四）换流器过电流保护

检测导致换流器桥臂设备过应力的过电流，防止换流器因过电流而损坏。保护与设备相应的过负荷及过电流能力配合。检测换流变压器阀侧高端换流器及低端换流器 Y 绕组和 D 绕组的电流以及高端、低端换流器低压侧直流电流。以换流变压器阀侧电流和换流器直流电流的最大值构成动作判据。保护动作执行切换控制系统、强制额定功率、换流器 Z 闭锁。

高端/低端换流器动作电流为

$$I_{max} = max(I_{VYH}, I_{VDH}, I_{DC1N}) \tag{5-19}$$

$$I_{max} = max(I_{VYL}, I_{VDL}, I_{DC2N}) \tag{5-20}$$

式中：I_{VYH}、I_{VDH} 为高端 Y 桥、D 桥换流变压器阀侧三相电流绝对值的最大值或三相电流的绝对值之和的 1/2；I_{VYL}、I_{VDL} 为低端星接、角接换流变压器阀侧三相电流绝对值的最大值或三相电流的绝对值之和的 1/2；I_{DC1N}、I_{DC2N} 为高端、低端换流器低压侧直流电流。

保护逻辑框图如图 5-25 所示。

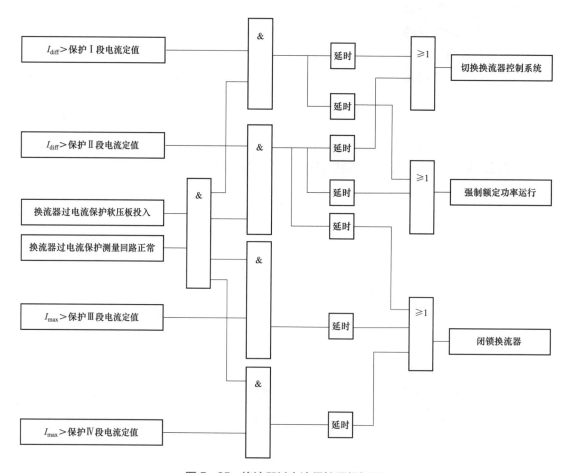

图 5-25 换流器过电流保护逻辑框图

158

（五）旁通开关保护

用于反映在投入换流器的过程中，旁通开关的电流转移失败情况，检测旁通开关是否未能拉断电流，防止旁通开关拉弧损坏。以中性母线直流电流和换流器低压侧直流电流进行比较，如果检测到电流差值并且断路器辅助触点指示断路器在断开位置时，保护动作执行重合旁通开关、换流器 Z 闭锁。

高端/低端换流器旁通开关保护判据为

$$\left| I_{\text{DNC}} - I_{\text{DC1N}} \right| \geqslant I_{\text{BP.set}} \quad \text{或} \quad I_{\text{BP1}} \geqslant I_{\text{BP.set}} \tag{5-21}$$

$$\left| I_{\text{DNC}} - I_{\text{DC2N}} \right| \geqslant I_{\text{BP.set}} \quad \text{或} \quad I_{\text{BP2}} \geqslant I_{\text{BP.set}} \tag{5-22}$$

式中：I_{DC1N}、I_{DC2N} 为高端、低端换流器低压侧直流电流；I_{DNC} 为中性母线电流；I_{BP1}、I_{BP2} 为高端、低端换流器旁通开关电流；$I_{\text{BP.set}}$ 为动作电流。

保护逻辑框图如图 5-26 所示。

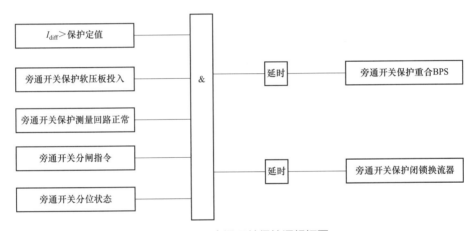

图 5-26 旁通开关保护逻辑框图

（六）旁通对过负荷保护

防止旁通对长时间过电流而导致换流器损坏，在投旁通对的情况下，换流阀在一段时间内持续通过较大电流会引起过热，需尽快闭合旁通断路器，使电流转移至旁通断路器。根据测量流过换流阀的电流判断旁通断路器是否闭合，若未闭合则重新投入旁通断路器，如超过允许的电流而导致较大过应力时保护动作。以高端换流器及低端换流器的直流电流过负荷构成动作判据。保护动作执行重合旁通开关、重合旁通隔离开关、换流器 Y 闭锁、闭锁极。

旁通对过负荷保护判据为

$$\left| I_{\text{DC1N}} \right| \geqslant I_{\text{BPP.set}} \quad \text{或} \quad \min(\left| I_{\text{DC1P}} \right|, \left| I_{\text{DC1N}} \right|) \geqslant I_{\text{BPP.set}} \tag{5-23}$$

$$\left| I_{\text{DC2N}} \right| \geqslant I_{\text{BPP.set}} \quad \text{或} \quad \min(\left| I_{\text{DC2P}} \right|, \left| I_{\text{DC2N}} \right|) \geqslant I_{\text{BPP.set}} \tag{5-24}$$

式中：I_{DC1P}、I_{DC1N} 为高端换流器高压侧、低压侧直流电流；I_{DC2P}、I_{DC2N} 为低端换流器高压侧、低压侧直流电流；$I_{\text{BPP.set}}$ 为动作电流。

保护逻辑框图如图 5-27 所示。

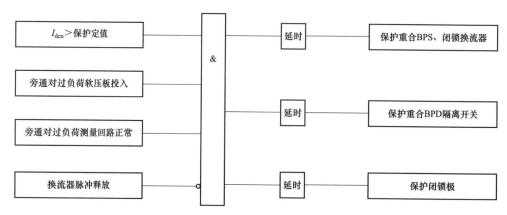

图 5-27　旁通对过负荷保护逻辑框图

（七）换流器谐波保护

检测直流电流中的 50Hz、100Hz 分量，作为阀触发异常和交流系统故障时的后备保护。此保护一般配置极保护中，在分层接入方式下也可在换流器保护中选配。计算直流电流中的工频分量和二次谐波分量，50Hz 谐波电流采集带宽一般为 40～60Hz，100Hz 谐波电流采集带宽一般为 80～120Hz。对于低水平的谐波成分，保护仅发出报警；对于高水平谐波分量，保护发出闭锁指令。保护动作执行切换控制系统、换流器闭锁。

50Hz 谐波保护判据为

$$I_{50Hz} \geqslant I_{set} \tag{5-25}$$

式中：I_{50Hz} 为直流电流中 50Hz 谐波电流；I_{set} 为 50Hz 谐波定值。

100Hz 谐波保护判据为

$$I_{100Hz} \geqslant I_{set} \tag{5-26}$$

式中：I_{100Hz} 为直流电流中 100Hz 谐波电流；I_{set} 为 100Hz 谐波定值。

保护逻辑框图如图 5-28、图 5-29 所示。

（八）换流变压器阀侧中性点偏移保护

在换流器未解锁状态下，发生换流变压器阀侧绕组单相接地故障时保护动作，避免换流变压器阀侧绕组存在接地故障时解锁换流器，直流系统在正常运行时该保护自动退出。以交流电压的零序分量构成动作判据，测量换流变压器二次侧末屏电压，正常状态下三相电压的矢量和为零，如果发生单相接地或相间短路故障，三相电压零序分量超过预定参考值保护动作。保护动作执行报警、禁止阀解锁、跳交流断路器。

保护判据为

$$|U_{VYa} + U_{VYb} + U_{VYc}| > U_{0.set} \text{ 或 } |U_{VDa} + U_{VDb} + U_{VDc}| > U_{0.set} \tag{5-27}$$

式中：U_{VYa}、U_{VYb}、U_{VYc} 为星接换流变压器阀侧 A、B、C 三相电压；U_{VDa}、U_{VDb}、U_{VDc} 为角接换流变压器阀侧 A、B、C 三相电压；$U_{0.set}$ 为电压定值。

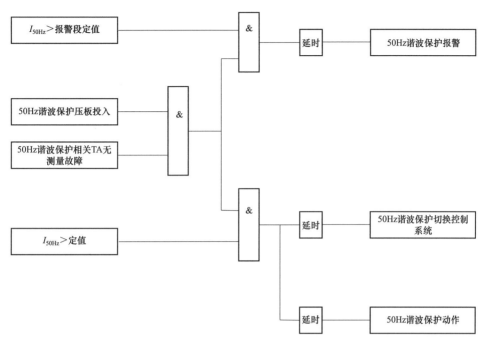

图 5-28　50Hz 谐波保护保护逻辑框图

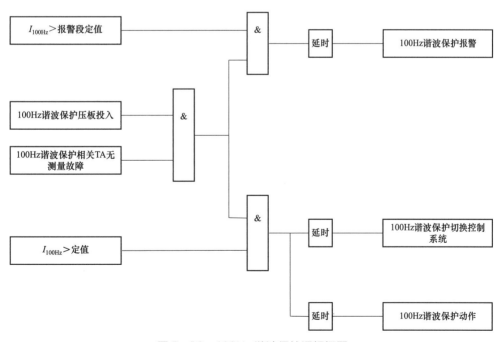

图 5-29　100Hz 谐波保护逻辑框图

保护逻辑框图如图 5-30 所示。

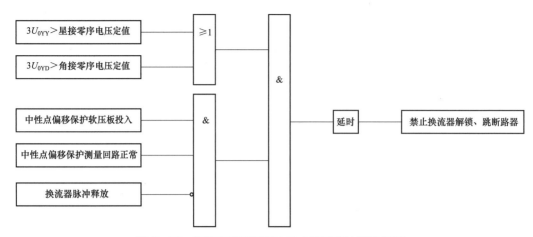

图 5-30 换流变压器阀侧中性点偏移保护逻辑框图

（九）换流器过电压保护

防止换流器电压过高导致设备损坏，保护换流器承受直流过电压，一般在高端换流器和低端换流器之间配置直流电压测点。以直流线路电压与换流器中点电压的差值或换流器中点电压与中性母线电压的差值构成动作判据。保护动作执行切换控制系统、换流器 Y 闭锁。

高端、低端换流器直流过电压保护判据为

$$|U_{DL} - U_{DM}| \geqslant U_{d.set} \tag{5-28}$$

$$|U_{DM} - U_{DN}| \geqslant U_{d.set} \tag{5-29}$$

式中：U_{DL} 为直流线路电压；U_{DM} 为高低换流器中点电压；U_{DN} 为中性母线电压。

保护逻辑框图如图 5-31 所示。

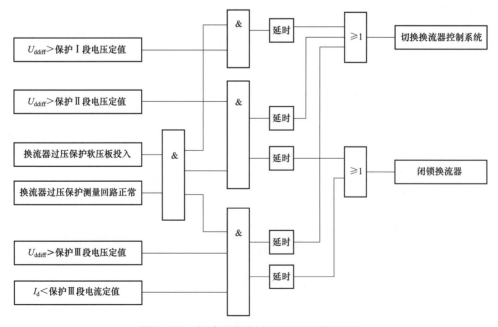

图 5-31 换流器直流过电压保护逻辑框图

（十）换流变压器引线差动保护

保护范围包括换流变压器引线电流互感器到换流变压器网侧的电流互感器之间的区域，用于反映换流变压器引线接地和相间故障。保护只对基波电流敏感，分相检测保护区域内电流的矢量和。考虑穿越电流的制动特性，具有电流互感器（TA）断线判别功能，并能通过控制字选择是否闭锁差动保护。保护动作执行跳交流断路器、换流器隔离。

换流变压器引线差动保护动作特性如图5-32所示。

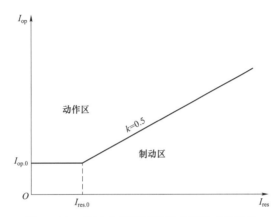

图5-32　换流变压器引线差动保护动作特性

换流变压器引线差动保护动作判据为

$$\left\{\begin{array}{ll} I_{op} > I_{op.0} & I_{res} < I_{res.0} \\ I_{op} > I_{op.0} + k(I_{res} - I_{res.0}) & I_{res} > I_{res.0} \end{array}\right\} \qquad (5-30)$$

式中：I_{op} 为差动电流；$I_{op.0}$ 为差动最小动作电流整定值；I_{res} 为制动电流；$I_{res.0}$ 为最小制动电流；k 为比率制动系数，内部固化为0.5。

保护逻辑框图如图5-33所示。

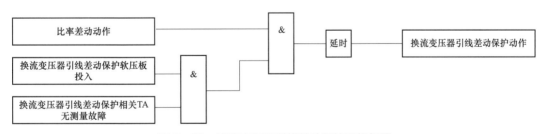

图5-33　换流变压器引线差动保护逻辑框图

（十一）换流变压器及引线差动保护

简称换流变压器大差保护，保护范围包括换流变压器引线电流互感器到换流变压器网侧的电流互感器之间的区域。保护分相检测保护区域内电流的矢量和，配置比率差动保护和差动速断保护，用于反映换流变压器及引线各种区内故障。保护只对基波电流敏感，具有防止励磁涌流引起误动的能力，配置电流互感器（TA）断线判别功能，并能通过控制字选择是否闭锁差动保护。保护动作执行跳交流断路器、换流器隔离。

换流变压器及引线差动保护动作特性如图 5-34 所示。

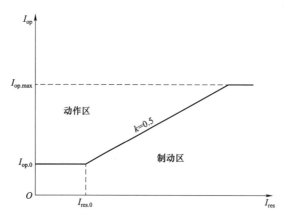

图 5-34 换流变压器及引线差动保护动作特性

动作判据可计算为

$$\left.\begin{cases} I_{op} > I_{op.0} & I_{res} < I_{res.0} \\ I_{op} > I_{op.0} + k(I_{res} - I_{res.0}) & I_{res} > I_{res.0} \\ I_{op} > I_{op.max} \end{cases}\right\} \tag{5-31}$$

式中：I_{op} 为差动电流；$I_{op.0}$ 为差动最小动作电流整定值；I_{res} 为制动电流；$I_{res.0}$ 为最小制动电流；k 为比率制动系数，内部固化为 0.5；$I_{op.max}$ 为差动速断电流整定值。

保护逻辑框图如图 5-35 所示。

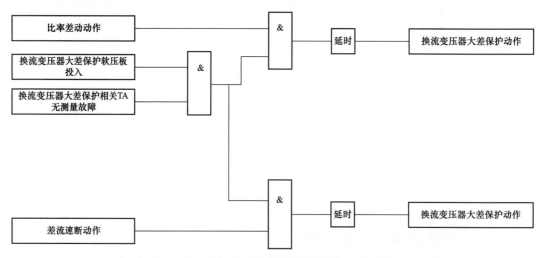

图 5-35 换流变压器及引线差动保护逻辑框图

（十二）换流变压器差动保护

简称换流变小差保护，保护范围包括换流变压器网侧和阀侧电流互感器之间的区域。

分相检测流入保护区域内电流的矢量和，配置比率差动保护和差动速断保护，用于反映换流变压器接地和匝间短路故障。保护只对基波电流敏感，并且考虑穿越电流的制动特性，具有防止励磁涌流引起误动的能力。具有电流互感器（TA）断线判别功能，并能通过控制字选择是否闭锁差动保护。保护动作执行跳交流断路器、换流器隔离。

换流变压器差动保护动作特性如图5−36所示。

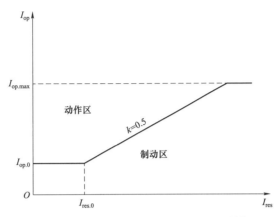

图5−36　换流变压器差动保护动作特性

换流变压器差动保护动作判据为

$$\left.\begin{cases} I_{op} > I_{op.0} & I_{res} < I_{res.0} \\ I_{op} > I_{op.0} + k(I_{res} - I_{res.0}) & I_{res} > I_{res.0} \\ I_{op} > I_{op.max} \end{cases}\right\} \quad (5-32)$$

式中：I_{op}为差动电流；$I_{op.0}$为差动最小动作电流整定值；I_{res}为制动电流；$I_{res.0}$为最小制动电流；k为比率制动系数，内部固化为0.5；$I_{op.max}$为差动速断电流整定值。

保护逻辑框图如图5−37所示。

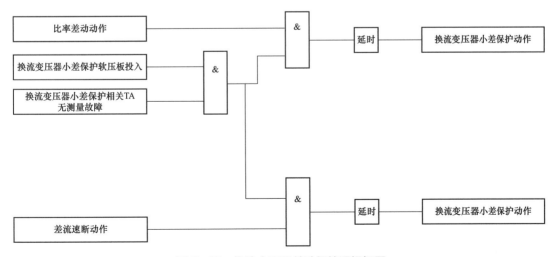

图5−37　换流变压器差动保护逻辑框图

（十三）换流变压器绕组差动保护

保护范围包括换流变压器的网侧绕组和阀侧绕组区域，用于反映换流变压器绕组接地和相间故障。分相检测换流变压器绕组首末端电流的矢量和，保护只对基波电流敏感，并且考虑穿越电流的制动特性。具有电流互感器（TA）断线判别功能，并能通过控制字选择是否闭锁差动保护。保护动作执行跳交流断路器、换流器隔离。

换流变压器绕组差动保护动作特性如图5-38所示。

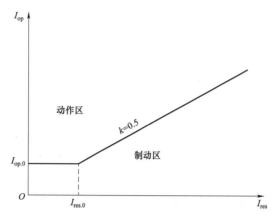

图5-38　换流变压器绕组差动保护动作特性

换流变压器绕组差动保护动作判据为

$$\left\{\begin{array}{ll} I_{op} > I_{op.0} & I_{res} < I_{res.0} \\ I_{op} > I_{op.0} + k(I_{res} - I_{res.0}) & I_{res} > I_{res.0} \end{array}\right\} \quad (5-33)$$

式中：I_{op} 为差动电流；$I_{op.0}$ 为差动最小动作电流整定值；I_{res} 为制动电流；$I_{res.0}$ 为最小制动电流；k 为比率制动系数，内部固化为0.5。

保护逻辑框图如图5-39所示。

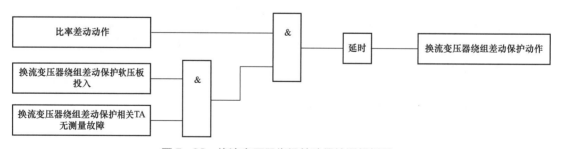

图5-39　换流变压器绕组差动保护逻辑框图

（十四）换流变压器零序差动保护

保护范围包括换流变压器引线和换流变压器网侧绕组区域，用于反映引线和换流变压器绕组接地故障。检测换流变压器绕组首末端电流，计算零序分量矢量和，保护只对基波电流敏感，并且考虑穿越电流的制动特性。具有电流互感器（TA）断线判别功能，并能通过控制字选择是否闭锁差动保护。保护动作执行跳交流断路器、换流器隔离。

换流变压器零序差动保护动作特性如图 5-40 所示。

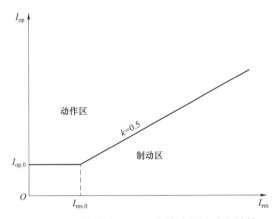

图 5-40 换流变压器零序差动保护动作特性

换流变压器零序差动保护动作判据为

$$\left\{\begin{array}{ll} I_{op} > I_{op.0} & I_{res} < I_{res.0} \\ I_{op} > I_{op.0} + k(I_{res} - I_{res.0}) & I_{res} > I_{res.0} \end{array}\right\} \tag{5-34}$$

式中：I_{op} 为差动电流；$I_{op.0}$ 为差动最小动作电流整定值；I_{res} 为制动电流；$I_{res.0}$ 为最小制动电流；k 为比率制动系数，内部固化为 0.5。

保护逻辑框图如图 5-41 所示。

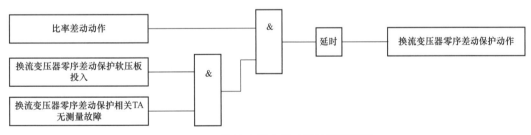

图 5-41 换流变零序差动保护逻辑框图

（十五）换流变压器断路器过电流保护

反映引线及换流变压器的接地或相间故障，保护只对基波电流敏感，分相检测与换流变压器相连交流断路器 TA 电流。保护动作执行跳交流断路器、换流器隔离。

换流变压器断路器过电流保护动作判据为

$$I_{op} > I_{set} \tag{5-35}$$

式中：I_{op} 为动作电流；I_{set} 为定值。

保护逻辑框图如图 5-42 所示。

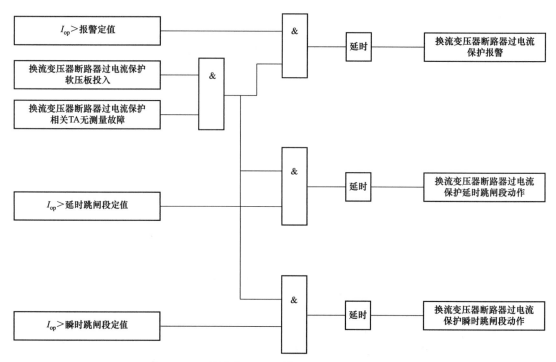

图 5-42　换流变压器断路器过电流保护逻辑框图

（十六）换流变压器网侧过电流保护

用于反映换流变压器的接地或相间故障，保护只对基波电流敏感。分相检测与换流变压器网侧套管 TA 电流与设定值比较。保护动作执行跳交流断路器、换流器隔离。

换流变压器网侧过电流保护动作判据为

$$I_{op} > I_{set} \tag{5-36}$$

式中：I_{op} 为动作电流；I_{set} 为定值。

保护逻辑框图如图 5-43 所示。

（十七）换流变压器零序过电流保护

用于反映换流变压器的接地或相间故障，是换流变压器绕组、引线、相邻元件接地故障的后备保护。保护只对基波电流敏感，通过采集换流变压器网侧中性点 TA 电流与设定值比较。保护动作执行跳交流断路器、换流器隔离。

换流变压器零序过电流保护动作判据为

$$I_{op.0} > I_{set} \tag{5-37}$$

式中：$I_{op.0}$ 为零序电流；I_{set} 为定值。

保护逻辑框图如图 5-44 所示。

（十八）换流变压器过电压保护

用于反映换流变压器元件过电压，使换流变压器免受过应力的影响。保护分相检测换流变压器引线电压，计算工频电压及 7 次以下谐波电压。保护动作执行跳交流断路器、换流器隔离。

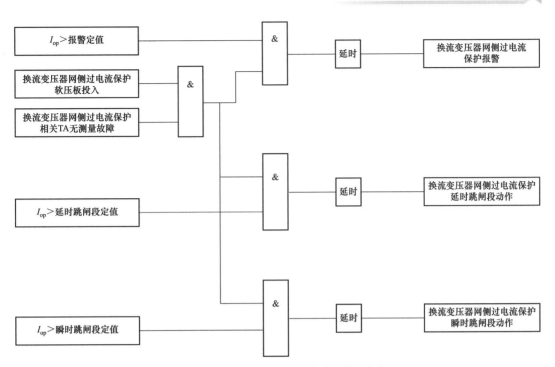

图 5-43　换流变压器网侧过电流保护逻辑框图

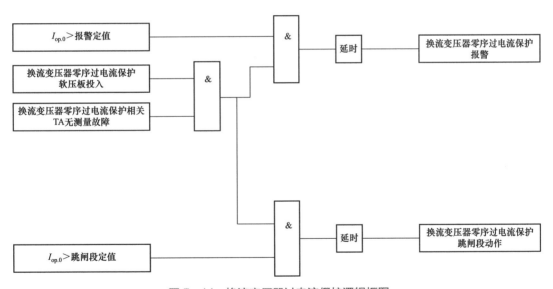

图 5-44　换流变压器过电流保护逻辑框图

换流变压器过电压保护动作判据为

$$U_{op} > K_{set}U_N \tag{5-38}$$

式中：U_{op} 为换流变压器引线电压；K_{set} 为定值；U_N 为额定电压。

保护逻辑框图如图 5-45 所示。

特高压交直流保护系统配置与应用

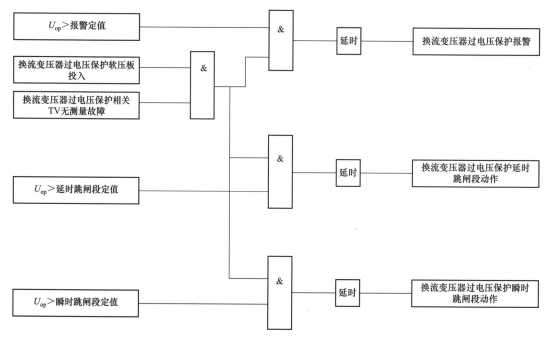

图 5-45　换流变压器过电压保护逻辑框图

（十九）换流变压器过励磁保护

防止换流变压器因过励磁损坏而配置换流变压器过励磁保护。电压和频率的比值增加，会导致励磁电流增加，根据实时电压和实时频率与额定电压和额定频率的比值，即过励磁倍数来反映换流变压器的过励磁。过励磁保护配置定时限报警和反时限动作。反时限换流变压器过励磁保护的保护特性应与换流变压器的允许过励磁能力相配合。保护动作执行跳交流断路器、换流器隔离。

换流变压器过励磁保护动作判据为

$$n=\frac{U}{f}\bigg/\frac{U_N}{f_N} \tag{5-39}$$

式中：n 为过励磁倍数；U 为系统实时电压；f 为系统实时频率；U_N 为系统额定电压；f_N 为系统额定频率。

保护逻辑框图如图 5-46 所示。

（二十）换流变压器饱和保护

直流系统不平衡运行或换流器触发角不平衡等原因导致换流变压器中性点流入直流电流，引起换流变压器铁芯饱和，导致励磁电流畸变。检测换流变压器网侧中性点电流计算其磁化峰值，间接计算出中性点直流电流的大小。饱和保护配置定时限报警段、反时限切换控制系统段和反时限动作段。反时限饱和保护的保护特性与换流变压器的饱和能力相配合。双绕组 Yy 换流变压器配置饱和保护，双绕组 Yd 换流变压器不配置饱和保护，三绕组换流变压器不配置饱和保护。保护动作执行跳交流断路器、换流器隔离。

保护逻辑框图如图 5-47 所示。

170

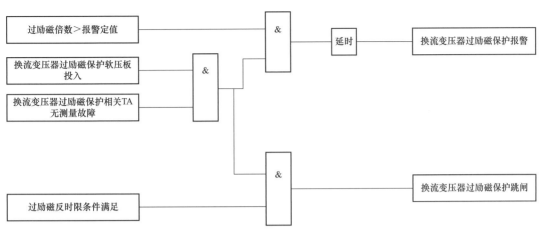

图 5-46　换流变压器过励磁保护逻辑框图

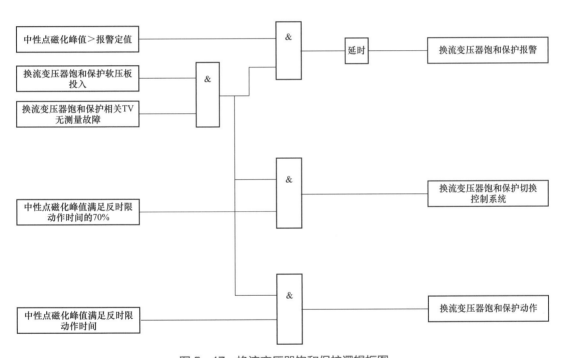

图 5-47　换流变压器饱和保护逻辑框图

（二十一）极保护保护配置

极保护区的保护范围覆盖了极母线区、中性母线区、直流线路区、换流器连线区、直流滤波器区等。极保护配置包括：极母线差动保护；中性母线差动保护；极差动保护；直流谐波保护；接地极线开路保护；行波保护；电压突变量保护；直流线路低电压保护；线路纵差保护；交直流碰线监视；中性母线断路器保护；直流低电压保护；直流过电压保护；阀组连接线差动保护；中性母线冲击电容器过电流保护，直流极保护功能配置如图 5-48 所示。

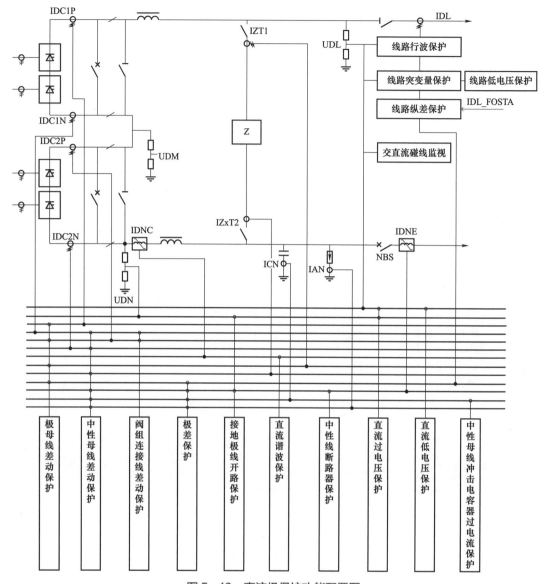

图 5-48 直流极保护功能配置图

直流滤波器保护一般集成至极保护中，直流滤波器保护配置有差动保护、高压电容器接地保护、电阻过负荷保护、电抗过负荷保护、高压电容器不平衡保护和失谐监视。直流滤波器保护功能配置如图 5-49 所示。

（二十二）直流极母线差动保护

用于反映直流线路电流互感器与换流器高压端电流互感器间的接地故障。特高压直流双换流器运行或单换流器运行时需选择不同的直流 TA 进行差流计算。以极母线区域直流线路电流、换流器出口电流和直流滤波器电流构成动作判据。保护动作执行报警、Z 闭锁、跳交流断路器、极隔离。

172

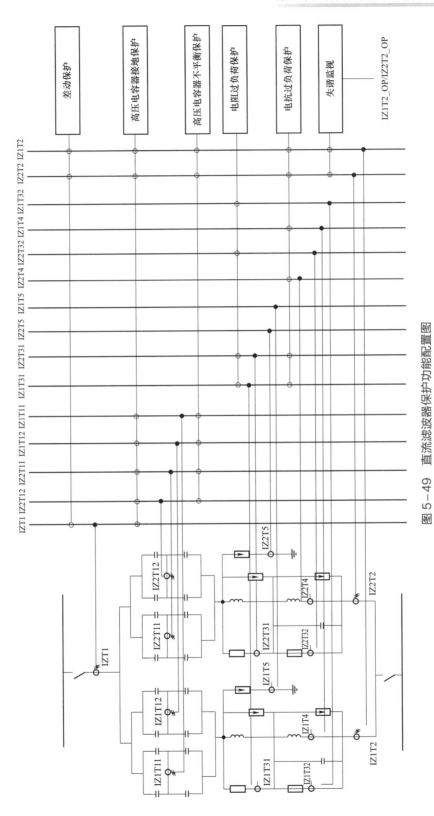

图 5-49 直流滤波器保护功能配置图

直流极母线差动保护判据为

$$I_{\text{dif}} \geqslant \max(I_{\text{set}}, K_{\text{set}} I_{\text{res}}) \qquad (5-40)$$

式中：I_{dif} 为极母线差流；I_{res} 为极母线制动电流；I_{set} 为启动电流；K_{set} 为比例系数。

差动电流可根据情况是否计入直流滤波器流，高端换流器在运行时，保护判据为

$$I_{\text{dif}} = \left| I_{\text{DC1P}} - I_{\text{DL}} - \sum I_{\text{ZT1}} \right| \text{或} I_{\text{dif}} = \left| I_{\text{DC1P}} - I_{\text{DL}} \right| \qquad (5-41)$$

仅低端换流器在运行时，保护判据为

$$I_{\text{dif}} = \left| I_{\text{DC2P}} - I_{\text{DL}} - \sum I_{\text{ZT1}} \right| \text{或} I_{\text{dif}} = \left| I_{\text{DC2P}} - I_{\text{DL}} \right| \qquad (5-42)$$

式中：I_{DC1P} 为高端换流器高压侧直流电流；I_{DC2P} 为低端换流器高压侧直流电流；I_{DL} 为直流线路电流；$\sum I_{\text{ZT1}}$ 为直流滤波器首端电流之和。

保护逻辑框图如图 5-50 所示。

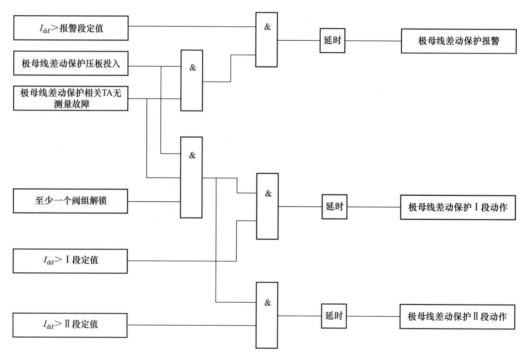

图 5-50　极母线差动保护逻辑框图

（二十三）直流中性母线差动保护

用于反映中性母线电流互感器与换流器低压端电流互感器间的接地故障。特高压直流工程差流计算与直流 TA 配置相关，双换流器运行或单换流器运行时需选择不同的直流 TA 进行差流计算。以中性母线区域的换流器低压端电流、中性母线电流、中性母线电容器电流、中性母线避雷器电流和直流滤波器电流构成动作判据。保护动作执行报警、Z 闭锁、跳交流断路器、极隔离。

直流中性母线差动保护判据为

$$I_{\mathrm{dif}} \geqslant \max(I_{\mathrm{set}}, K_{\mathrm{set}} I_{\mathrm{res}}) \tag{5-43}$$

式中：I_{dif} 为中性母线差流；I_{res} 为中性母线制动电流；I_{set} 为启动电流；K_{set} 为比例系数。

差动电流可根据情况是否计入直流滤波器电流，仅高端换流器在运行时，保护判据为

$$I_{\mathrm{dif}} = \left| I_{\mathrm{DC1N}} - I_{\mathrm{DNE}} - \sum I_{\mathrm{ZT2}} \right| \text{ 或 } I_{\mathrm{dif}} = \left| I_{\mathrm{DC1N}} - I_{\mathrm{DNE}} \right| \tag{5-44}$$

低端换流器在运行时，保护判据为

$$I_{\mathrm{dif}} = \left| I_{\mathrm{DC2N}} - I_{\mathrm{DNE}} - \sum I_{\mathrm{ZT2}} \right| \text{ 或 } I_{\mathrm{dif}} = \left| I_{\mathrm{DC2N}} - I_{\mathrm{DNE}} \right| \tag{5-45}$$

式中：I_{DC1N} 为高端换流器低压侧直流电流；I_{DC2N} 为低端换流器低压侧直流电流；I_{DNE} 为中性母线电流；$\sum I_{\mathrm{ZT2}}$ 为直流滤波器尾端电流之和。

保护逻辑框图如图 5-51 所示。

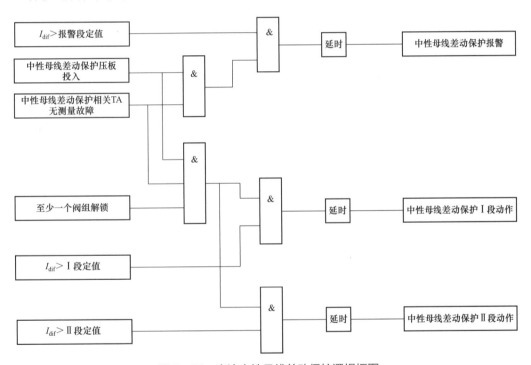

图 5-51 直流中性母线差动保护逻辑框图

（二十四）直流阀组连接线差动保护

用于反映高端换流器低压侧与低端换流器高压侧的连接线之间的接地故障。仅特高压直流工程配置，并且仅当双换流器均在运行时保护投入。以高压换流器的低压测点电流、低压换流器的高压测点电流的差值构成动作判据。保护动作执行报警、Z 闭锁、跳交流断路器、极隔离。

直流阀组连接线差动保护判据为

$$\left| I_{\mathrm{DC2P}} - I_{\mathrm{DC1N}} \right| \geqslant \max(I_{\mathrm{set}}, K_{\mathrm{set}} I_{\mathrm{res}}) \tag{5-46}$$

式中：I_{DC1N} 为高端换流器低压侧直流电流；I_{DC2P} 为低端换流器高压侧直流电流；I_{res} 为制动电流；I_{set} 为保护启动电流定值；K_{set} 为比例系数。

保护逻辑框图如图 5-52 所示。

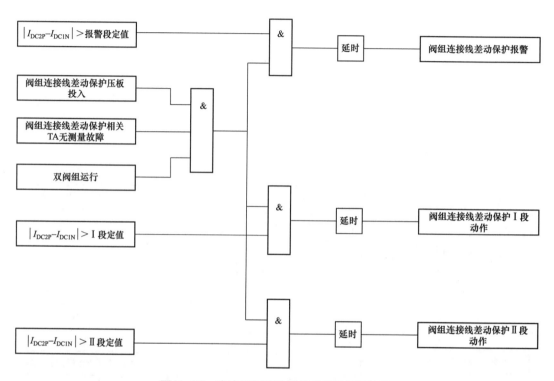

图 5-52　直流阀组连接线差动保护逻辑框图

（二十五）直流极差动保护

用于反映直流线路电流互感器与中性母线电流互感器间的接地故障。直流极差动保护是极区接地故障的后备保护，是极母线差动、中性母线差动保护、阀组连接线差动保护和换流器差动保护的后备。以直流线路电流、极中性线电流、极中性线电容器电流和极中性线避雷器电流、直流滤波器避雷器电流构成动作判据。保护动作执行报警、S 闭锁、跳交流断路器、极隔离。

直流极差动保护判据为

$$|I_{DL} - I_{DNE} \pm I_{CN} \pm I_{AN} \pm I_{ZxT5}| \geqslant \max(I_{set}, K_{set}I_{res}) \tag{5-47}$$

式中：I_{DL} 为直流线路电流；I_{DNE} 为中性母线电流；I_{CN} 为极中性母线电容器电流；I_{AN} 为极中性线避雷器电流；I_{ZxT5} 为直流滤波器避雷器电流；I_{res} 为直流制动电流；I_{set} 为启动电流；K_{set} 为比例系数。

保护逻辑框图如图 5-53 所示。

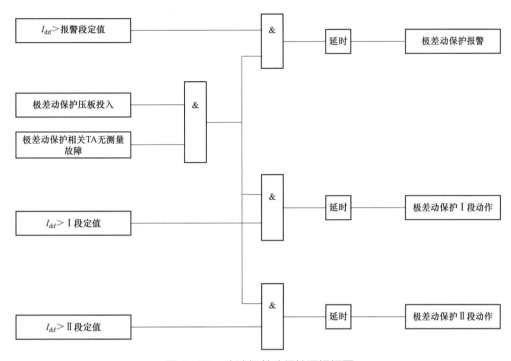

图 5-53 直流极差动保护逻辑框图

（二十六）直流谐波保护

检测直流电流中的 50Hz、100Hz 分量，作为阀触发异常和交流系统故障时的后备保护。此保护一般配置极保护中，在分层接入方式下也可在换流器保护中选配。计算直流电流中的工频和二次谐波分量，50Hz 谐波电流采集带宽一般为 40～60Hz，100Hz 谐波电流采集带宽一般为 80～120Hz。对于低水平的谐波成分，保护仅发出报警；对于高水平谐波分量，保护发出闭锁指令。保护动作执行切换控制系统、Y 闭锁、跳交流断路器、极隔离。

50Hz 谐波保护判据为

$$I_{50Hz} \geqslant I_{set} \qquad (5-48)$$

式中：I_{50Hz} 为直流电流中 50Hz 谐波电流；I_{set} 为 50Hz 谐波电流定值。

100Hz 谐波保护判据为

$$I_{100Hz} \geqslant I_{set} \qquad (5-49)$$

式中：I_{100Hz} 为直流电流中 100Hz 谐波电流；I_{set} 为 100Hz 谐波电流定值。

保护逻辑框图如图 5-54、图 5-55 所示。

（二十七）中性母线冲击电容器过电流保护

用于反映中性母线冲击电容器击穿导致的中性母线接地故障。以流过中性母线冲击电容器的电流构成动作判据。保护动作执行报警、Y 闭锁。

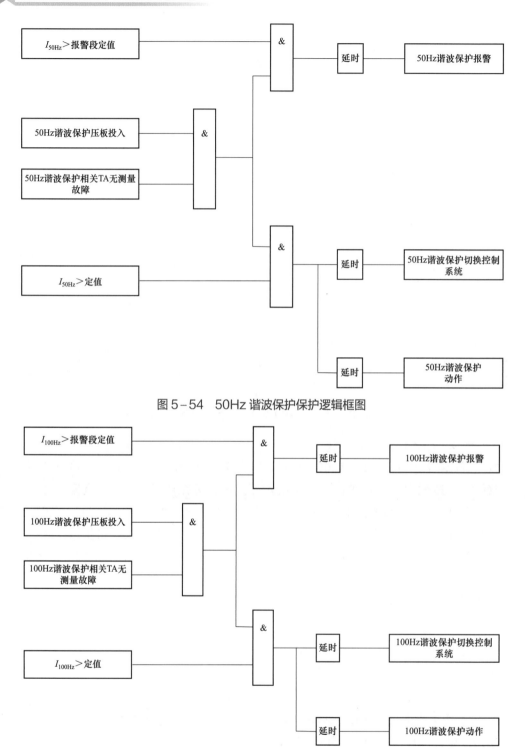

图5-54 50Hz谐波保护保护逻辑框图

图5-55 100Hz谐波保护保护逻辑框图

中性母线冲击电容器过电流保护判据为

$$|I_{cn}| \geqslant I_{set} \tag{5-50}$$

式中：I_{cn} 为冲击电容器穿越电流；I_{set} 为电流定值。

保护逻辑框图如图 5-56 所示。

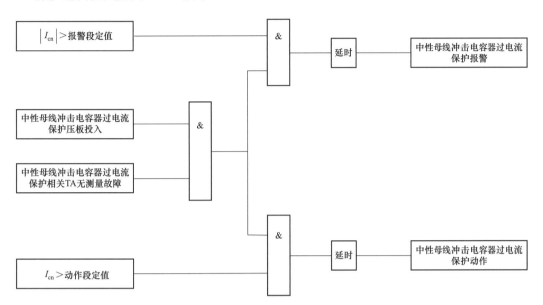

图 5-56　中性母线冲击电容器过电流保护逻辑框图

（二十八）直流过电压保护

用于反映异常的直流过电压以及开路过电压故障，保护直流设备免受直流过电压的损坏。以极母线对地的过电压以及母线间过电压构成动作判据，当电压值超过设备耐受能力时保护动作。保护动作执行切换控制系统、Z 闭锁、X 闭锁、跳交流断路器、极隔离。

直流过电压保护判据为

$$|U_{DL}| \geqslant U_{d.set} \text{ 或 } |U_{DL} - U_{DN}| \geqslant U_{d.set}, \ |I_{DL}| < I_{d.set} \tag{5-51}$$

式中：U_{DL} 为直流线路电压；U_{DN} 为中性母线电压；$U_{d.set}$ 为电压定值；I_{DL} 为直流线路电流；$I_{d.set}$ 为电流定值。

保护逻辑框图如图 5-57 所示。

（二十九）直流低电压保护

用于反映换流器高压侧的接地故障以及其他异常情况导致的直流低电压，在异常运行工况下保护直流设备，此保护仅在整流侧投入。以直流极母线上的直流电压构成动作判据，小于定值保护动作。保护动作执行切换控制系统、Y 闭锁、跳交流断路器、极隔离。

直流低电压保护判据为

$$|U_{DL}| \leqslant U_{d.set} \tag{5-52}$$

式中：U_{DL} 为直流线路电压；$U_{d.set}$ 为电压定值。

保护逻辑框图如图 5-58 所示。

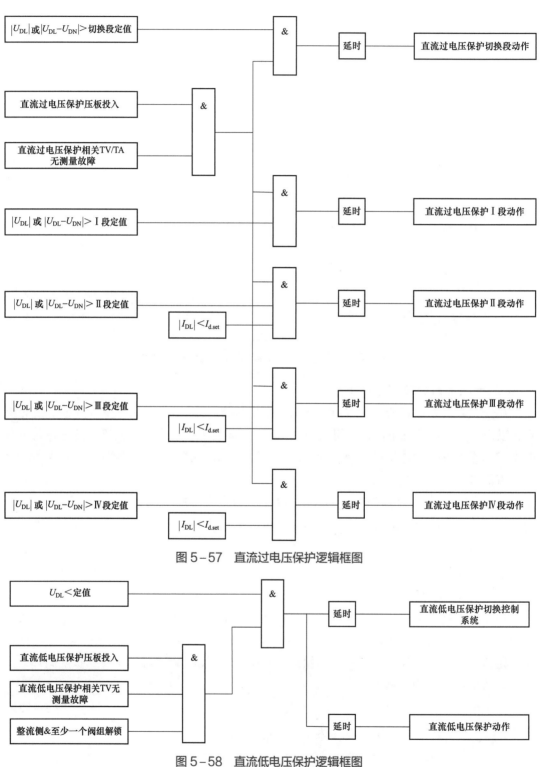

图 5-57　直流过电压保护逻辑框图

图 5-58　直流低电压保护逻辑框图

（三十）接地极线开路保护

接地极线断开或其他异常工况导致的中性母线直流电压升高，使中性母线设备免受接地极开路造成的过电压的影响。以中性母线电压构成保护判据。保护动作执行合 NBGS、Y 闭锁、极隔离。

接地极线开路保护判据为

$$|U_{\mathrm{DN}}|\geqslant U_{\mathrm{dn.set1}}\ 或者\ |U_{\mathrm{DN}}|\geqslant U_{\mathrm{dn.set2}},|I_{\mathrm{DNE}}|\leqslant I_{\mathrm{set}} \tag{5-53}$$

式中：U_{DN} 为中性母线电压；$U_{\mathrm{dn.set1}}$、$U_{\mathrm{dn.set2}}$ 为电压动作定值；I_{DNE} 为中性母线接地极侧直流电流；I_{set} 为电流定值。电压定值与设备耐受水平配合，低于避雷器动作电压，配合金属回线时非接地侧的最大电压。

保护逻辑框图如图 5-59 所示。

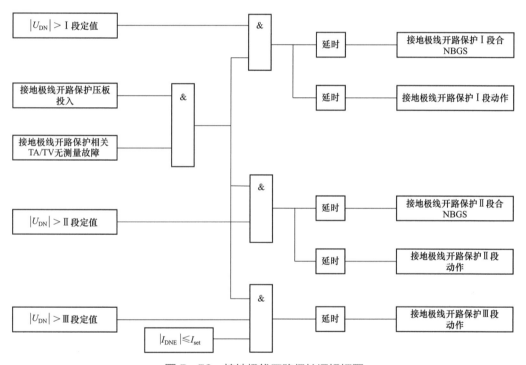

图 5-59　接地极线开路保护逻辑框图

（三十一）中性母线断路器保护

中性母线转换开关提供直流电流与接地极线路间的通路，为中性母线断路器分闸异常时提供保护，防止断路器拉弧损坏。保护检测流过中性母线断路器电流，当保护收到断路器分位置状态且断路器仍有电流时保护动作重合断路器。保护动作执行重合中性母线断路器、降电流。

中性母线断路器一般分为单断口和双断口两种类型，单断口断路器保护逻辑和双断口断路器中断口 1 保护逻辑一致。

断口 1 保护判据为

$$|I_{\mathrm{NBS}}| \geqslant I_{\mathrm{set1}} \text{ 或} |I_{\mathrm{DNE}}| \geqslant I_{\mathrm{set2}} \tag{5-54}$$

断口 2 保护判据为

$$|I_{\mathrm{DNE}} - I_{\mathrm{NBS}}| \geqslant I_{\mathrm{set3}} \tag{5-55}$$

式中：I_{NBS} 为中性母线转换开关电流；I_{DNE} 为中性母线电流；I_{set1}、I_{set2}、I_{set3} 为电流定值。

保护逻辑框图如图 5-60 所示。

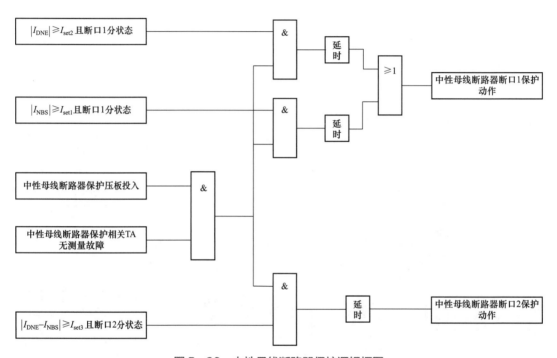

图 5-60　中性母线断路器保护逻辑框图

（三十二）直流线路行波保护

用于反映两站平抗之间的直流线路的接地故障，通过控制系统清除故障电流后，如果条件允许，在故障清除后恢复功率输送。电压和电流可以看作以一定幅值和速度传播的前行波与反射波，当线路发生故障时，线路行波前行波和反行波会在输电线路上传播，根据波阻抗以及采样的电压与电流值判断是否发生直流线路故障。保护动作发出启动线路重启逻辑指令。

直流线路行波保护判据为

$$a(t) = Zi(t) + u(t) \tag{5-56}$$

式中：Z 为波阻抗，可分解出共模波阻抗和差模波阻抗；$i(t)$ 为直流电流瞬时值；$u(t)$ 为直流电压瞬时值。

保护逻辑框图如图 5-61 所示。

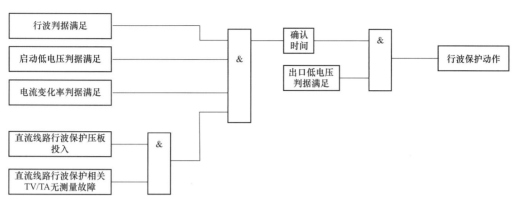

图 5-61　直流线路行波保护逻辑框图

（三十三）直流线路电压突变量保护

用于反映两站平抗之间的直流线路的故障，通过控制系统清除故障电流后，如果条件允许，在故障清除后恢复功率输送。检测直流电压的变化率，当发生线路故障，直流电压迅速下降，直流电压变化率为负值且小于定值时保护动作，发出启动线路重启逻辑指令。

直流线路电压突变量保护判据为

$$\mathrm{d}U_{\mathrm{DL}}/\mathrm{d}t < \mathrm{d}U_{\mathrm{DL.set}}, U_{\mathrm{DL}} < U_{\mathrm{DL.set}}$$

式中：$\mathrm{d}U_{\mathrm{DL}}/\mathrm{d}t$ 为直流电压下降斜率；U_{DL} 为直流电压。

保护逻辑框图如图 5-62 所示。

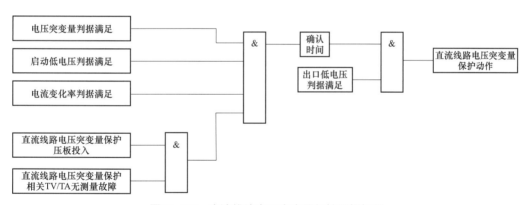

图 5-62　直流线路电压突变量保护逻辑框图

（三十四）直流线路低电压保护

用于反映直流线路接地故障，是直流线路发生接地故障时的后备保护。检测直流线路电压值，小于定值保护动作，发出启动线路重启逻辑指令。

直流线路低电压保护判据为

$$|U_{\mathrm{DL}}| \leqslant U_{\mathrm{DL.set}} \tag{5-57}$$

式中：U_{DL} 为直流电压；$U_{\mathrm{DL.set}}$ 为电压定值。

保护逻辑框图如图 5-63 所示。

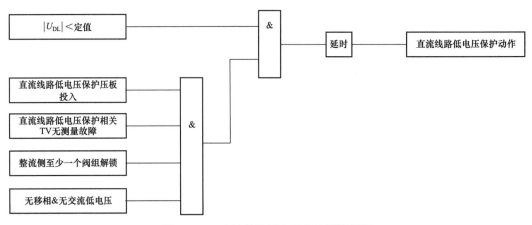

图 5-63 直流线路低电压保护逻辑框图

（三十五）直流线路纵差保护

用于反映直流线路接地故障，尤其线路高阻抗接地故障，仅在站间通信正常时有效。以本站及对侧站的直流电流的差流构成动作判据，保护动作发出启动线路重启逻辑指令。

直流线路纵差保护判据为

$$|I_{DL} - I_{DL\_OS}| \geqslant \max(I_{set}, K_{set}I_{res}) \tag{5-58}$$

式中：I_{DL} 为本站直流电流；I_{DL_OS} 为对站直流电流；I_{res} 为直流线路差动保护制动电流；I_{set} 为启动电流；K_{set} 为比例系数。

保护逻辑框图如图 5-64 所示。

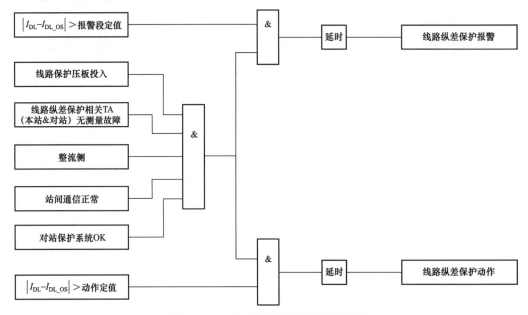

图 5-64 直流线路纵差保护逻辑框图

（三十六）交直流碰线保护

用于反映直流系统中的交直流碰线故障，检测直流电压的基波含量，如果该值超过定值，经过设定时间延时后保护动作。保护动作执行报警、闭锁线路重启逻辑。

交直流碰线保护判据为

$$U_{\text{DL.50Hz}} \geq U_{\text{DL.50Hz.set}} \qquad (5-59)$$

式中：$U_{\text{DL.50Hz}}$ 为直流电压中 50Hz 分量；$U_{\text{DL.50Hz.set}}$ 为电压定值。

保护逻辑框图如图 5－65 所示。

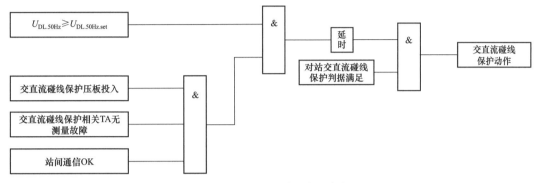

图 5－65 交直流碰线保护逻辑框图

（三十七）直流滤波器差动保护

用于反映直流滤波器高压端电流互感器和低压端电流互感器之间的接地故障。以直流滤波器高压侧和低压侧电流差值作为保护动作判据。一般采用低压端电流作为制动电流，接地故障发生后低压端电流会减小，有助于提高差动保护灵敏度。保护动作执行报警、分直流滤波器高压侧隔离开关、极闭锁。

直流滤波器差动保护判据为

$$|I_{\text{diff}}| > \max(I_{\text{cdqd}}, KI_{\text{res}}) \qquad (5-60)$$

式中：K 为差动比率系数；I_{diff} 为差动电流；I_{cdqd} 为差动启动定值；I_{res} 为差动制动电流。

保护逻辑框图如图 5－66 所示。

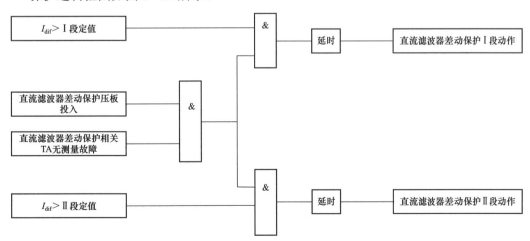

图 5－66 直流滤波器差动保护逻辑框图

（三十八）直流滤波器电容不平衡保护

用于反映直流滤波器高压电容器组的故障。以直流滤波器的高压电容器两桥臂的不平衡电流与和低电压电流的比值构成动作判据，保护动作执行报警。

直流滤波器电容不平衡保护判据为

$$\frac{I_{ub}}{I_{tro}} > K_{ubzd} \tag{5-61}$$

式中：I_{ub} 为直流滤波器的不平衡电流；I_{tro} 为直流滤波器的穿越电流；K_{ubzd} 为不平衡比率系数。

保护逻辑框图如图 5-67 所示。

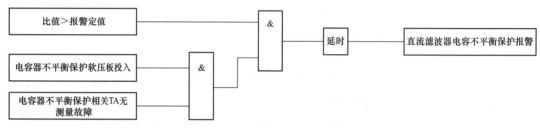

图 5-67　直流滤波器电容不平衡保护逻辑框图

（三十九）直流滤波器高压电容器接地保护

用于反映直流滤波器高压电容器组内部接地故障。检测直流滤波器高压电容器内部不同位置的接地故障，以直流滤波器差动电流、直流滤波器不平衡电流、直流滤波器不平衡电流与低压侧电流比例来反映故障特征。保护动作执行报警、分直流滤波器高压侧隔离开关、极闭锁。

直流滤波器高压电容器接地保护判据为

$$\begin{cases} I_{diff} > I_{qd\_set} \\ I_{ub} > I_{ubqd} \\ I_{ub}/I_{tro} > K_{ubzd} \end{cases} \tag{5-62}$$

式中：I_{diff} 为差动电流；I_{qd_set} 为差动有流定值；I_{ub} 为直流滤波器的不平衡电流；I_{tro} 为直流滤波器的穿越电流；I_{ubqd} 为不平衡启动值；K_{ubzd} 为不平衡比率系数。

保护逻辑框图如图 5-68 所示。

（四十）直流滤波器电阻过负荷保护

用于反映直流滤波器电阻元件过电流，使直流滤波器电阻免受过应力影响。以直流滤波器中电阻的总谐波电流构成动作判据，分为定时限过负荷和反时限过负荷，根据电阻器工频流过电流时的过负荷曲线得出反时限过电流保护曲线。保护动作执行报警、分直流滤波器高压侧隔离开关、极闭锁。

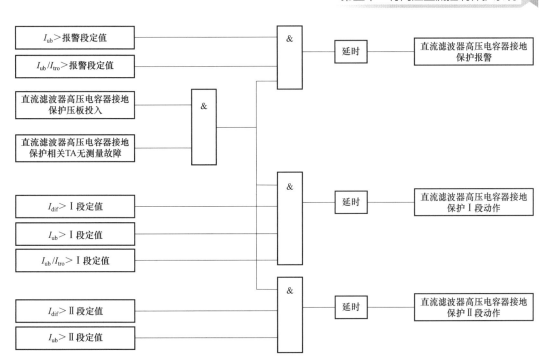

图 5-68 直流滤波器高压电容器接地保护逻辑框图

电阻热过负荷保护采用 GB/T 14598.149 规定的反时限动作特性，可计算为

$$T = \tau \ln \frac{I^2}{I^2 - (kI_{\mathrm{B}})^2} \qquad (5-63)$$

式中：T 为动作时间；τ 为热过负荷时间常数；I_{B} 为热过负荷基准电流；k 为热过负荷动作定值；I 为实时测量全电流有效值，$I = \sqrt{\sum_{i=1}^{} m_i I_i^2}$，$m_i$ 为第 i 次谐波集肤效应系数。

保护逻辑框图如图 5-69 所示。

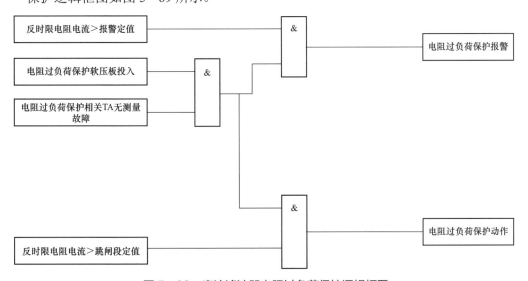

图 5-69 直流滤波器电阻过负荷保护逻辑框图

（四十一）直流滤波器电抗过负荷保护

用于反映直流滤波器电抗元件过负荷，使直流滤波器电抗免受过应力影响。分为定时限过负荷和反时限过负荷，将流过电抗器的电流根据各次谐波电流等效工频系数转换为等效的工频热效应电流。保护动作执行报警、分直流滤波器高压侧隔离开关、极闭锁。

电抗热过负荷保护采用 GB/T 14598.149 规定的反时限动作特性，可计算为

$$T = \tau \ln \frac{I^2}{I^2 - (kI_B)^2} \tag{5-64}$$

式中：T 为动作时间；τ 为热过负荷时间常数；I_B 为热过负荷基准电流；k 为热过负荷动作定值；I 为实时测量全电流有效值，$I = \sqrt{\sum_{i=1}^{} m_i I_i^2}$，$m_i$ 为第 i 次谐波集肤效应系数。

保护逻辑框图如图 5-70 所示。

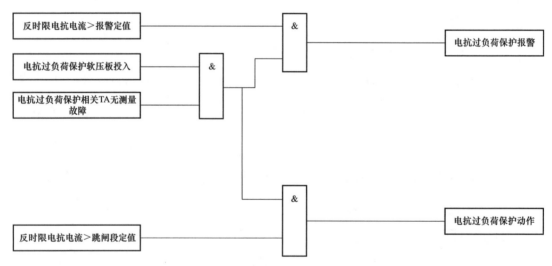

图 5-70　直流滤波器电抗过负荷保护逻辑框图

（四十二）直流滤波器失谐监视

失谐监视保护可根据滤波器情况选配，用于反映直流滤波器内部元件参数发生变化时的状态，通过比较两组直流滤波器中的谐波电流，检测直流滤波器的调谐状态。以双极直流滤波器低压侧电流的 12 次谐波电流差构成动作判据，保护动作执行报警。

直流滤波器失谐监视判据为

$$|I_{P1\_X\_12} - I_{P2\_X\_12}| \geqslant I_{set} \tag{5-65}$$

式中：$I_{P1\_X\_12}$ 为极 1 第 X 组直流滤波器穿越电流中的 12 次谐波分量幅值；$I_{P2\_X\_12}$ 为极 2 第 X 组直流滤波器穿越电流中的 12 次谐波分量幅值；I_{set} 为启动电流。

失谐监视逻辑框图如图 5-71 所示。

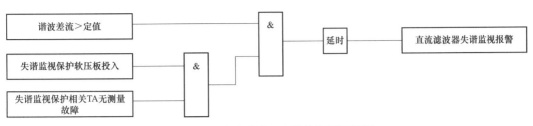

图5-71　直流滤波器失谐监视逻辑框图

（四十三）双极保护配置

双极保护区的保护范围包括了双极公用连接区（包括其中的开关设备）、接地极线区以及金属返回线区等。

双极保护区的保护功能有：双极中性母线差动保护；站接地过电流保护；后备站接地过电流保护；中性母线接地开关保护；大地回线转换开关保护；金属回线转换开关保护；金属回线接地保护；金属回线横差保护；金属回线纵差保护；接地极线过负荷保护；接地极线不平衡保护；接地极线差动保护，直流双极保护功能配置如图5-72所示。

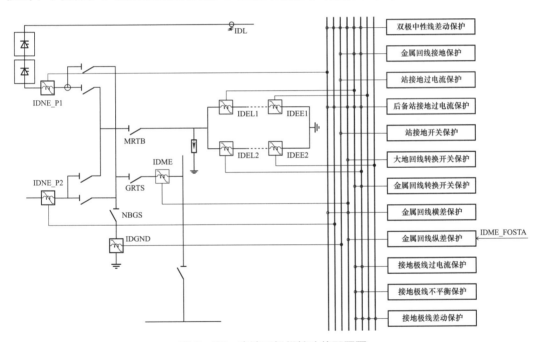

图5-72　直流双极保护功能配置图

（四十四）双极中性母线差动保护

用于反映中性母线到接地极线引线之间的故障，检测双极中性母线上的直流电流互感器之间的接地故障。以双极的中性母线电流、接地极线路1/2电流、金属回线电流、站内接地开关电流构成动作判据。保护动作在单极运行时执行移相重启和Y闭锁，双极运行时执行极平衡和Y闭锁。

双极中性母线差动保护判据为

$$I_{\text{dif}} \geqslant \max(I_{\text{set}}, K_{\text{set}} I_{\text{res}}) \qquad (5-66)$$

式中：I_{dif} 为双极中性线差流，包括双极连接区域全部支路 TA 之和，根据不同方式选择；I_{set} 为启动电流；K_{set} 为比例系数；I_{res} 为差动保护制动电流。

差动电流 I_{dif} 可计算为

$$I_{\text{dif}} = |\pm(I_{\text{DNE}} - I_{\text{DNE\_OP}}) - (I_{\text{DEL1}} + I_{\text{DEL2}} + I_{\text{DGND}} + I_{\text{DME}})| \qquad (5-67)$$

式中：I_{DNE} 为本极中性母线电流；$I_{\text{DNE\_OP}}$ 为对极中性母线电流；I_{DEL1} 为接地极引线 1 电流；I_{DEL2} 为接地极引线 2 电流；I_{DGND} 为站内接地开关电流；I_{DME} 为金属回线电流。

保护逻辑框图如图 5-73 所示。

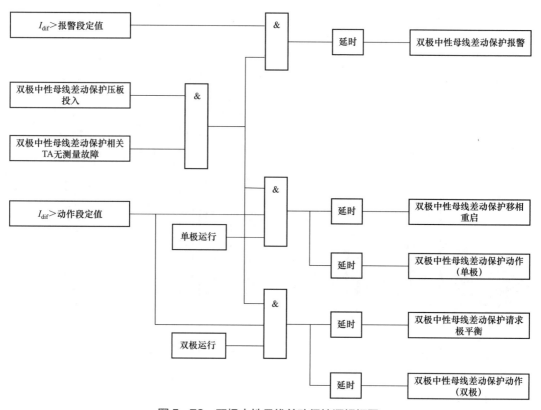

图 5-73 双极中性母线差动保护逻辑框图

（四十五）站接地过电流保护

站接地过电流用于保护站内接地网，检测流入站内接地网的电流，避免站内接地网因流过大电流影响设备的正常运行。检测流过中性母线接地开关的电流，以站内接地开关电流构成动作判据。保护动作在单极运行时执行 Y 闭锁，双极运行时执行极平衡和 Y 闭锁。

站接地过电流保护判据为

$$|I_{\text{DGND}}| > I_{\text{DG.set}} \qquad (5-68)$$

式中：I_{DGND} 为站内接地开关电流；$I_{\text{DG.set}}$ 为站接地过电流定值。

保护逻辑框图如图 5-74 所示。

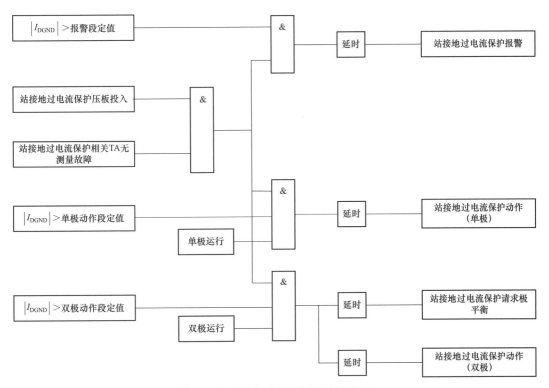

图 5-74　站接地过电流保护逻辑框图

（四十六）后备站接地过电流保护

后备站接地过电流保护作为站接地过电流保护的后备，用于保护站内接地网，避免站内接地网因流过大电流影响设备的正常运行。检测流入双极中性线区域除了中性母线接地开关电流外其他电流，以极 1/2 的中性母线电流、接地极线路 1/2 电流、金属回线电流构成动作判据。保护动作在单极运行时执行 Y 闭锁，双极运行时执行极平衡和 Y 闭锁。

后备站接地过电流保护判据为

$$I_{\text{dif}} > I_{\text{set}} \tag{5-69}$$

式中：I_{dif} 为后备站接地过电流保护差流；I_{set} 为电流定值。

差流可计算为

$$I_{\text{dif}} = |\pm(I_{\text{DNE}} - I_{\text{DNE\_OP}}) - I_{\text{DME}} - I_{\text{DEL1}} - I_{\text{DEL2}}| \tag{5-70}$$

式中：I_{DNE} 为本极中性母线电流；$I_{\text{DNE\_OP}}$ 为对极中性母线电流；I_{DEL1} 为接地极引线 1 电流；I_{DEL2} 为接地极引线 2 电流；I_{DME} 为金属回线电流，判据中±号需根据站 1、站 2 的不同电流流向进行选择。

保护逻辑框图如图 5-75 所示。

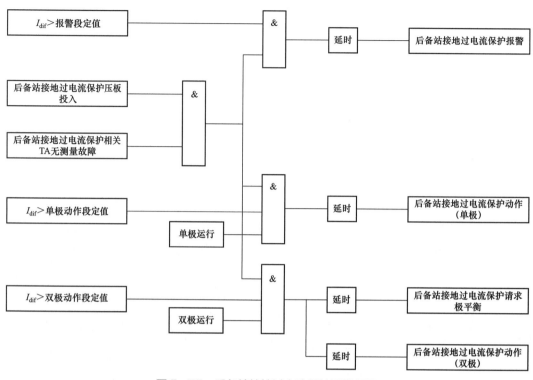

图 5-75　后备站接地过电流保护逻辑框图

（四十七）金属回线接地保护

单极金属回线方式运行时金属回线上发生接地故障时的保护，保护仅在金属回线运行时接地的换流站投入，以站接地电流和接地极线路电流构成动作判据，判断金属回线的接地故障。保护动作执行移相重启、Y 闭锁。

金属回线接地保护判据为

$$|I_{\mathrm{DGND}} + I_{\mathrm{DEL1}} + I_{\mathrm{DEL2}}| > \max(I_{\mathrm{set}}, K_{\mathrm{set}} I_{\mathrm{res}}) \tag{5-71}$$

式中：I_{DGND} 为站内接地开关电流；I_{DEL1} 为接地极引线 1 电流；I_{DEL2} 为接地极引线 2 电流；I_{set} 为启动电流；K_{set} 为比例系数；I_{res} 为差动保护制动电流。

保护逻辑框图如图 5-76 所示。

（四十八）金属回线横差保护

单极金属回线方式运行时直流线路以及金属回线发生接地故障时的保护，以极中性线电流以及金属回线电流的差流构成动作判据。保护动作执行报警、Y 闭锁。

金属回线横差保护判据为

$$|I_{\mathrm{DNE}} \pm I_{\mathrm{DME}}| \geqslant \max(I_{\mathrm{set}}, K_{\mathrm{set}} I_{\mathrm{res}}) \tag{5-72}$$

式中：I_{DNE} 为中性母线电流；I_{DME} 为金属回线电流；I_{set} 为启动电流；K_{set} 为比例系数；I_{res} 为差动保护制动电流。判据中 ± 号需根据站 1、站 2 的不同电流流向进行选择。

保护逻辑框图如图 5-77 所示。

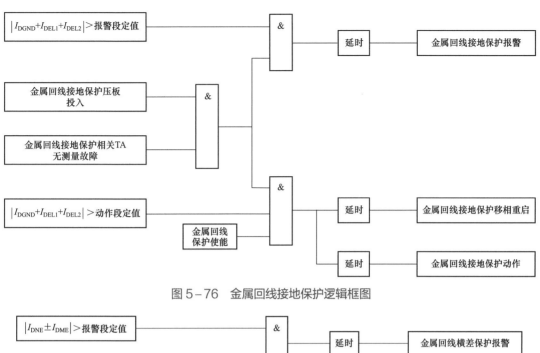

图 5-76 金属回线接地保护逻辑框图

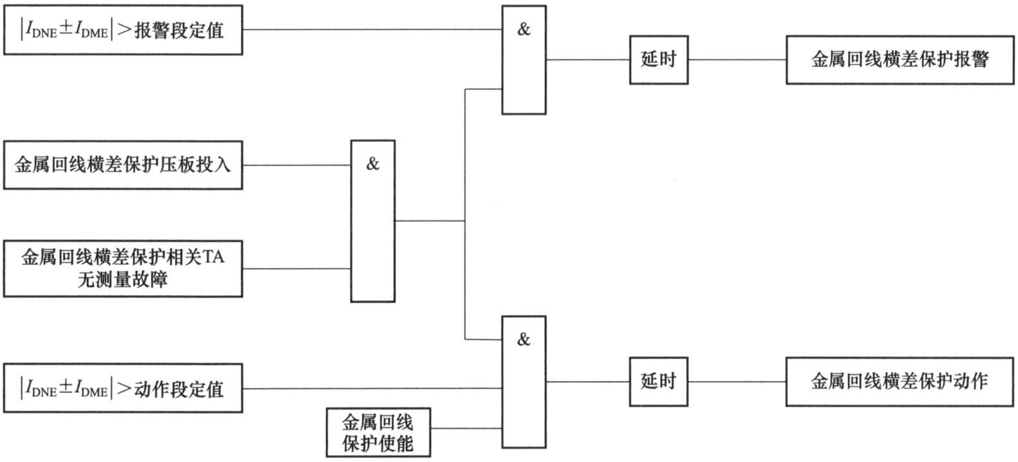

图 5-77 金属回线横差保护逻辑框图

（四十九）金属回线纵差保护

单极金属回线方式运行时金属回线发生接地故障时的保护，检测金属回线的接地故障。仅在金属回线运行方式下有效，当一站极保护不可用或站间通信故障时，另一站自动退出金属回线纵差保护。以两站金属回线电流的差流构成动作判据。保护动作执行移相重启、Y 闭锁。

金属回线纵差保护判据为

$$|I_{DME} - I_{DME\_OS}| \geqslant \max(I_{set}, K_{set}I_{res}) \tag{5-73}$$

式中：I_{DME} 为本站金属回线电流；I_{DME_OS} 为对站金属回线电流；I_{set} 为启动电流；K_{set} 为比例系数；I_{res} 为差动保护制动电流。

保护逻辑框图如图 5-78 所示。

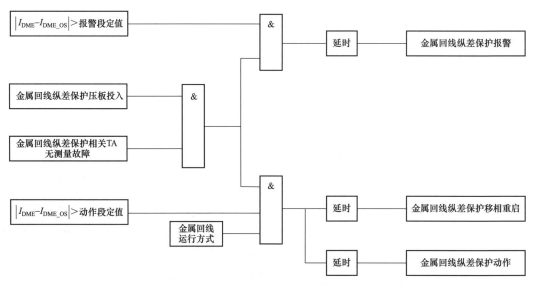

图 5-78　金属回线纵差保护逻辑框图

（五十）接地极线不平衡保护

检测接地极线路上电流分配是否平衡，防止接地极线路两个支路由于故障导致电流不一致。当一根接地极线路发生接地或开路时会有比较大的差流，以两条接地极线路电流的差流构成动作判据。保护动作在单极运行时执行移相重启和 Y 闭锁，双极运行时执行极平衡。

接地极线不平衡保护判据为

$$|I_{DEL1} - I_{DEL2}| \geqslant I_{set} \tag{5-74}$$

式中：I_{DEL1} 为接地极线路 1 电流（换流站侧）；I_{DEL2} 为接地极线路 2 电流（换流站侧）；I_{set} 为电流定值。

保护逻辑框图如图 5-79 所示。

（五十一）接地极线差动保护

检测接地极线上的接地故障，以接地极引线上站内和接地极址两端电流的差流构成动作判据。保护动作在单极运行时执行移相重启和 Y 闭锁，双极运行时执行极平衡。

接地极线差动保护判据为

$$|I_{DEL1} - I_{DEE1}| \geqslant \max(I_{set}, K_{set}I_{res}) \tag{5-75}$$

$$|I_{DEL2} - I_{DEE2}| \geqslant \max(I_{set}, K_{set}I_{res}) \tag{5-76}$$

式中：I_{DEL1} 为接地极线路 1 电流（换流站侧）；I_{DEL2} 为接地极线路 2 电流（换流站侧）；I_{DEE1} 为接地极线路 1 电流（接地极侧）；I_{DEE2} 为接地极线路 2 电流（接地极侧）；I_{set} 为启动电流；K_{set} 为比例系数；I_{res} 为差动保护制动电流。

保护逻辑框图如图 5-80 所示。

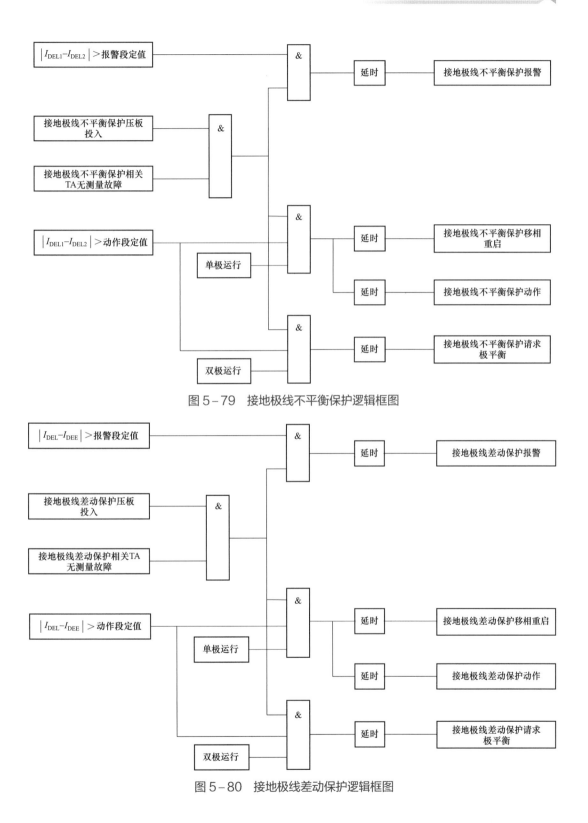

图 5-79　接地极线不平衡保护逻辑框图

图 5-80　接地极线差动保护逻辑框图

（五十二）接地极线过负荷保护

检测接地极线路是否发生过负荷，避免接地极线路因为过应力发生损坏。保护具有定时限特性，与接地极线路过负荷能力相配合。以接地极线路电流构成动作判据，保护动作在单极运行时执行功率回降，双极运行时执行极平衡。

接地极线过负荷保护判据为

$$|I_{DEL1}| > I_{set} \text{ 或 } |I_{DEL2}| > I_{set} \tag{5-77}$$

式中：I_{DEL1} 为接地极线路 1 靠近换流站侧电流；I_{DEL2} 为接地极线路 2 靠近换流站侧电流；I_{set} 为接地极线过电流保护动作电流定值。

保护逻辑框图如图 5-81 所示。

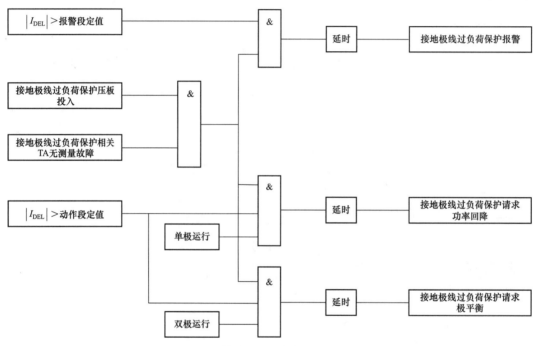

图 5-81　接地极线过负荷保护逻辑框图

（五十三）中性母线接地开关保护

中性母线接地开关失灵的保护，反映站内接地开关无法断弧的故障。检测流过中性母线接地开关电流（IDGND）以及断口电流，如果中性母线接地开关未能转移电流时，保护重合中性母线接地开关。

中性母线接地开关保护判据为

$$|I_{NBGS}| > I_{set1} \text{ 或 } |I_{DGND}| > I_{set2} \tag{5-78}$$

式中：I_{NBGS} 为站内接地开关内部电流；I_{DGND} 为站内接地开关电流；I_{set1}、I_{set2} 为站地接地开关保护动作电流值。

保护逻辑框图如图 5-82 所示。

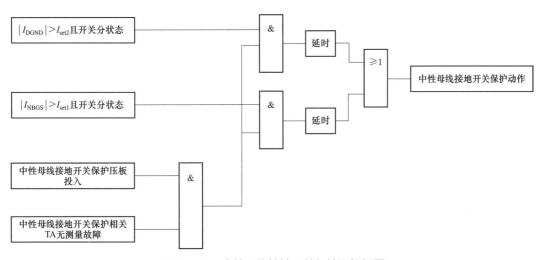

图 5-82 中性母线接地开关保护逻辑框图

（五十四）大地回线转换开关保护

大地回线转换开关失灵的保护，反映大地回线转换开关无法断弧的故障。检测流过大地回线转换开关电流，如果未能转移电流时，保护重合大地回线转换开关。

大地回线转换开关一般分为单断口和双断口两种类型，单断口开关保护逻辑和双断口开关中断口 1 保护逻辑一致。大地回线转换开关保护判据：

断口 1 保护判据可计算为

$$|I_{\mathrm{GRTS}}| > I_{\mathrm{set1}} \text{ 或 } |I_{\mathrm{DME}}| > I_{\mathrm{set2}} \tag{5-79}$$

断口 2 保护判据可计算为

$$|I_{\mathrm{DME}} - I_{\mathrm{GRTS}}| \geqslant I_{\mathrm{set3}} \tag{5-80}$$

式中：I_{DME} 为金属回线电流；I_{GRTS} 为 GRTS 开关内部电流；I_{set1}、I_{set2}、I_{set3} 为电流定值。

保护逻辑框图如图 5-83 所示。

（五十五）金属回线转换开关保护

金属回线转换开关失灵的保护，反映金属回线转换开关无法断弧的故障。检测流过金属回线转换开关电流，如果未能转移电流时，保护重合金属回线转换开关。

金属回线转换开关一般分为单断口和双断口两种类型，单断口转换开关保护逻辑和双断口转换开关中断口 1 保护逻辑一致。金属回线转换开关保护判据：

断口 1 保护判据为

$$|I_{\mathrm{MRTB}}| > I_{\mathrm{set1}} \text{ 或 } |I_{\mathrm{DEL}}| > I_{\mathrm{set2}} \tag{5-81}$$

断口 2 保护判据为

$$|I_{\mathrm{DEL}} - I_{\mathrm{MRTB}}| \geqslant I_{\mathrm{set3}} \tag{5-82}$$

式中：I_{DEL} 为接地极电流；I_{MRTB} 为 MRTB 开关内部电流；I_{set1}、I_{set2}、I_{set3} 为电流定值。

保护逻辑框图如图 5−84 所示。

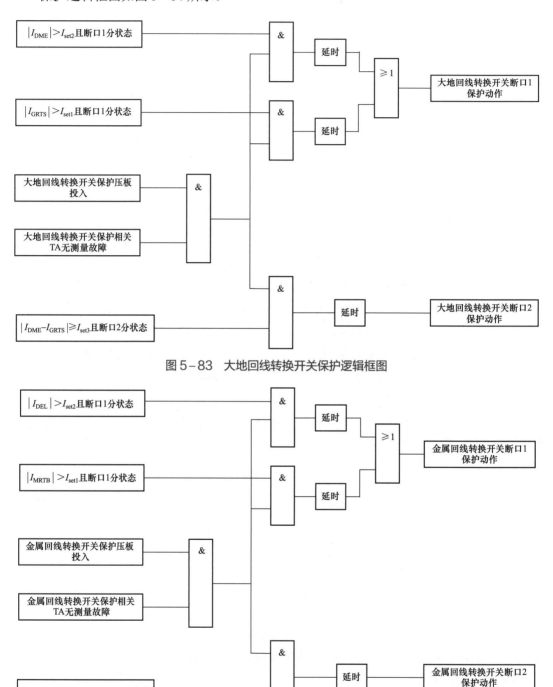

图 5−83　大地回线转换开关保护逻辑框图

图 5−84　金属回线转换开关保护逻辑框图

（五十六）交流滤波器及其母线保护配置

交流滤波器及其母线保护的范围包括了交流滤波器母线及交流滤波器小组区域。交流滤波器及其母线保护配置有：交流滤波器母线差动保护、交流滤波器母线过电压保护、交流滤波器断路器失灵保护、交流滤波器差动保护、交流滤波器过电流保护、交流滤波器零序过电流保护、交流滤波器电阻过负荷保护、交流滤波器电抗过负荷保护、交流滤波器电容器不平衡保护和交流滤波器失谐监视保护。

交流滤波器小组有双调谐滤波器、高通滤波器和并联电容器等几类，小组的结构类型较多，所以不同的小组要根据结构和测点配置不同的保护，虽然小组结构变化多样，但保护的原理一致。以典型配置的双调谐滤波器为例，交流滤波器保护功能配置如图 5-85、图 5-86 所示。

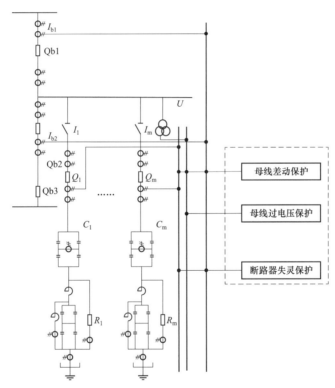

图 5-85 交流滤波器母线保护功能配置图

（五十七）滤波器母线差动保护

滤波器母线差动保护的范围为滤波器母线进线开关 TA 与交流滤波器高压侧开关 TA 之间的区域。保护只对基波电流敏感，分相检测流入保护区域内电流的矢量和，采用比率差动方式实现，具有电流互感器（TA）断线判别功能，并能通过控制字选择是否闭锁差动保护。保护动作执行跳本组滤波器大组及各个小组断路器、锁定断路器、启动失灵保护。

比率差动保护动作特性如图 5-87 所示。

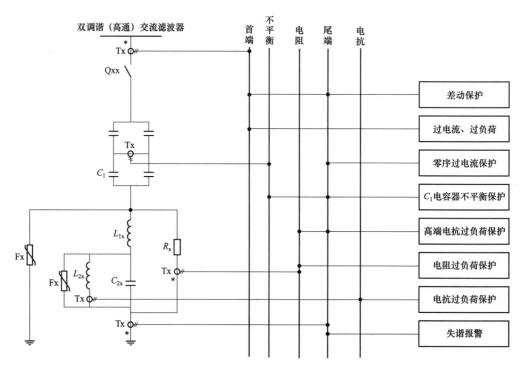

图 5-86 双调谐滤波器保护功能配置图

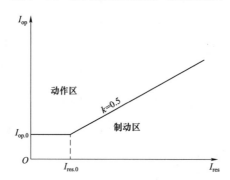

图 5-87 滤波器母线差动保护动作特性

比率差动保护动作判据为

$$\begin{cases} I_{op} > I_{op.0} & I_{res} < I_{res.0} \\ I_{op} > I_{op.0} + k(I_{res} - I_{res.0}) & I_{res} > I_{res.0} \end{cases} \qquad (5-83)$$

式中：I_{op} 为差动电流；$I_{op.0}$ 为差动最小动作电流整定值；I_{res} 为制动电流；$I_{res.0}$ 为最小制动电流；k 为比率制动系数，内部固化为 0.5。

保护逻辑框图如图 5-88 所示。

（五十八）滤波器母线过电压保护

滤波器母线过电压保护通过采集滤波器母线 TV，检测滤波器元件过压，使滤波器免受过应力的影响。分相检测滤波器母线电压，计算工频电压及 11 次以下谐波电压。保护动作执行跳本组滤波器大组及各个小组断路器、锁定断路器、启动失灵保护。

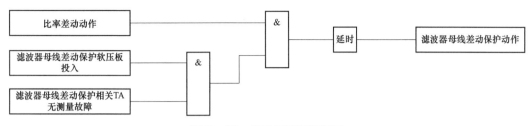

图 5-88　差动保护逻辑框图

过电压保护动作判据为

$$U_{op} > K_{set} U_N \qquad (5-84)$$

式中：U_{op} 为母线电压；K_{set} 为定值；U_N 为额定电压。

保护逻辑框图如图 5-89 所示。

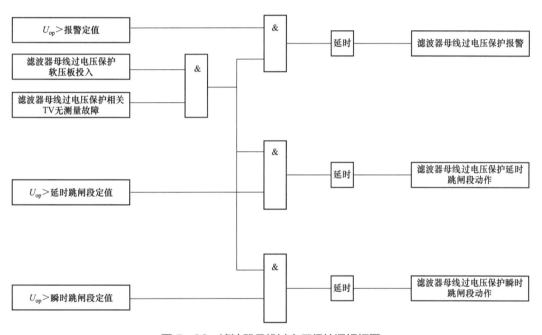

图 5-89　滤波器母线过电压保护逻辑框图

（五十九）断路器失灵保护

由滤波器小组保护动作后触发，分相采集小组高压侧电流，检测滤波器小组断路器开关失灵。如果在滤波器小组保护发出动作指令后，检测到滤波器小组高压侧电流大于定值，则跳开相邻断路器。保护只对基波敏感。保护动作执行重跳小组断路器、跳大组断路器、锁定断路器、启动失灵保护。

断路器失灵保护动作判据为

$$I_{ph} > I_{set} \qquad (5-85)$$

式中：I_{ph} 为滤波器小组高压侧电流；I_{set} 为定值。

保护逻辑框图如图 5-90 所示。

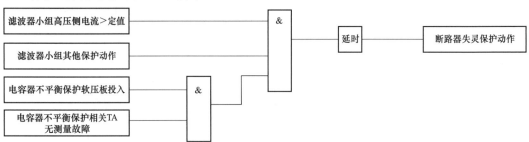

图 5-90　断路器失灵保护逻辑框图

（六十）滤波器差动保护

保护的范围为滤波器小组进线开关 TA 与滤波器小组入地 TA 之间的区域，采用比率差动保护实现。分相检测流入保护区域内的电流，保护只对基波电流敏感。由于 TA 特性不一致，保护采用比率制动式差动保护，制动电流取接地侧电流。保护动作执行跳小组断路器、锁定断路器、启动失灵保护。

比率差动保护动作特性如图 5-91 所示。

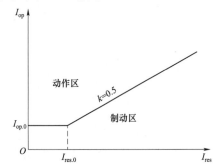

图 5-91　滤波器母线差动保护动作特性

比率差动保护动作判据为

$$\left\{\begin{array}{ll} I_{op} > I_{op.0} & I_{res} < I_{res.0} \\ I_{op} > I_{op.0} + k(I_{res} - I_{res.0}) & I_{res} > I_{res.0} \end{array}\right\} \tag{5-86}$$

式中：I_{op} 为差动电流；$I_{op.0}$ 为差动最小动作电流整定值；I_{res} 为制动电流；$I_{res.0}$ 为最小制动电流；k 为比率制动系数，内部固化为 0.5。

保护逻辑框图如图 5-92 所示。

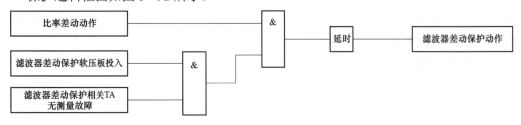

图 5-92　滤波器差动保护逻辑框图

（六十一）电容器不平衡保护

保护范围包括滤波器小组高压和低压电容器，避免电容器内部元件损坏，导致剩余电容元件的过电压超过设备承受能力。保护只对基波电流敏感，分相检测交流滤波器的电容器两桥臂的不平衡电流与穿越电流的比值构成动作判据。保护动作执行跳小组断路器、锁定断路器、启动失灵保护。

电容器不平衡保护动作判据为

$$\frac{I_{\text{unb}}}{I_{\text{tro}}} > K_{\text{set}} \tag{5-87}$$

保护逻辑框图如图 5-93 所示。

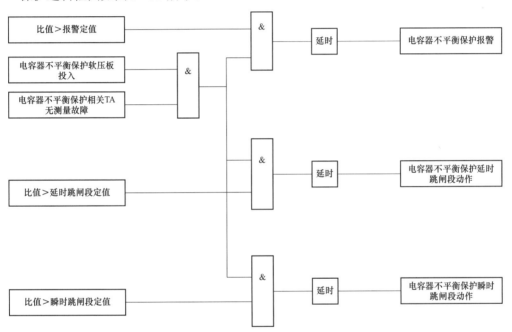

图 5-93　电容器不平衡保护逻辑框图

（六十二）滤波器过电流保护

用于反映滤波器小组内的接地故障或短路故障，防止流过滤波器小组的电流超出设备承受能力。保护分相检测滤波器小组高压侧电流，以流入小组高压侧的电流构成动作判据，保护动作执行跳小组断路器、锁定断路器、启动失灵保护。

过电流保护动作判据为

$$I_{\text{op}} > I_{\text{set}} \tag{5-88}$$

式中：I_{op} 为动作电流；I_{set} 为电流设定值。

保护逻辑框图如图 5-94 所示。

（六十三）滤波器零序过电流保护

用于反映滤波器小组内的不对称接地故障。保护只对基波电流敏感，以滤波器小组入地 TA 的零序电流构成动作判据。保护动作执行跳小组断路器、锁定断路器、启动失灵保护。

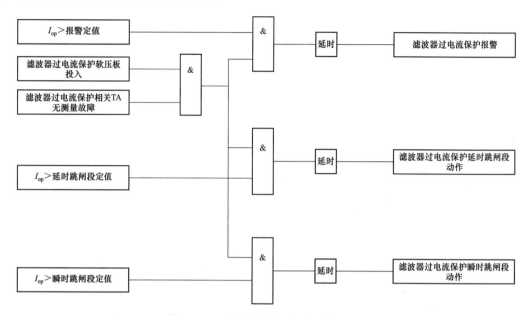

图 5-94　滤波器过电流保护逻辑框图

过电流保护动作判据为

$$I_{op} > I_{set} \tag{5-89}$$

式中：I_{op} 为零序电流；I_{set} 为电流设定值。

保护逻辑框图如图 5-95 所示。

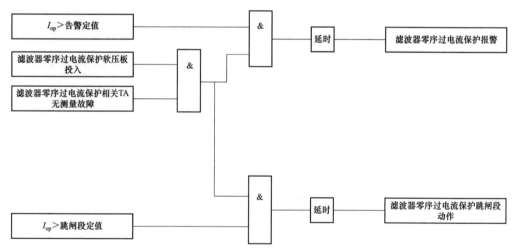

图 5-95　滤波器零序过电流保护逻辑框图

（六十四）电阻/电抗谐波过负荷保护

保护滤波器小组内的电阻/电抗，检测交流滤波器电抗器的过负荷情况，使其免受过负荷影响。通过对电阻/电抗器上功率消耗与其热时间常数的积分（此积分值代表了被保护对象的热特性），模拟设备的温升。电阻器的阻值为常数，电抗器的绕组损耗特性与频率有关。根据热时间常数 τ，采用定时限和反时限特性曲线实现热过负荷保护功能，通常配置定时限报警段和反时限跳闸段。保护动作执行报警、跳小组断路器、锁定断路器、启动失灵保护。

电阻/电抗谐波过负荷保护反时限动作判据为

$$T = \tau \ln \frac{I^2}{I^2 - (kI_B^2)} \tag{5-90}$$

式中：T 为动作时间；τ 为热过负荷时间常数；I_B 为热过负荷基准电流；k 为热过负荷动作定值。

保护逻辑框图如图 5-96 所示。

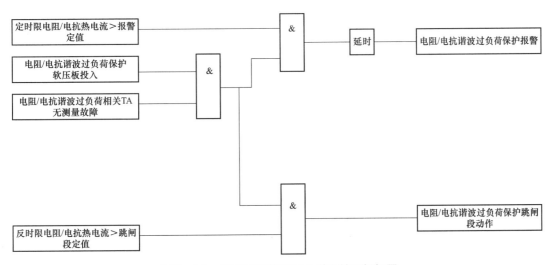

图 5-96　电阻/电抗谐波过负荷保护逻辑框图

（六十五）滤波器失谐监视

检测滤波器元件异常的细微变化，发出失谐监视报警信号。计算入地 TA 零序电流的高次谐波总有效值，与其基波有效值进行比较，保护动作仅发出报警。

失谐监视保护动作判据为

$$\frac{I_{\text{harm}}}{I_{\text{fund}}} > K_{\text{set}} \tag{5-91}$$

式中：I_{harm} 为滤波器小组尾端自产零序电流 2~39 次谐波的总有效值；I_{fund} 为滤波器小组尾端自产零序电流的基波分量；K_{set} 为定值。

保护逻辑框图如图 5-97 所示。

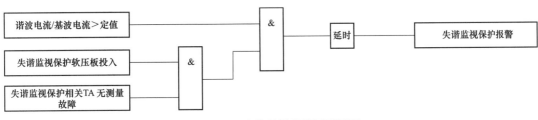

图 5-97　失谐监视保护逻辑框图

三、典型直流系统故障波形分析

（一）换流器保护区换相失败故障波形

换流阀正常关断需要承受一定幅值、一定时间的换相电压作用，换相失败的根本原因是晶闸管关断角过小，不足以恢复正向阻断能力，换相电压因发生不对称故障产生畸变时，造成叠弧角 μ 增大，关断角 γ 裕度减小，引发换相失败。当受端交流系统发生故障时，会引起交流电压幅值下降和波形畸变，引起逆变侧的连续换相失败，尤其在受端系统电压支撑能力不足时，更容易发生换相失败。换流器发生换相失败时，造成直流电流增加，直流电压减小。某受端换流站因交流系统故障导致换相失败的波形，如图 5-98 所示。

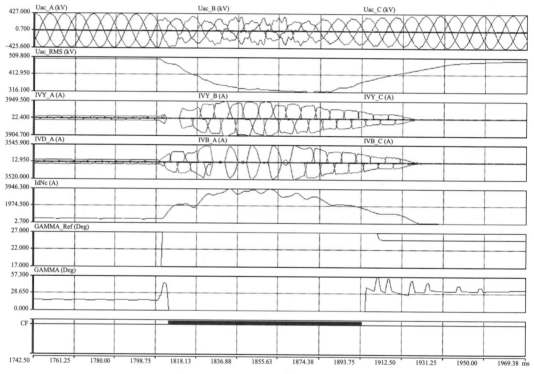

图 5-98　内置换相失败故障波形

在发生换相失败前，换流变压器网侧三相交流电压有明显畸变，随着交流电压下降，换流器发生换相失败，受端直流电压下降，直流电流先急剧上升，后受 VDCOL 控制影响，直流电流随之下降。以 Y 桥为例描述换流器换相失败过程，如图 5-99 所示。换流阀 V_{T6} 在向 V_{T2} 换相时，因交流电压畸变，换流阀 V_{T2} 未能成功换相导通，V_{T6} 未正常关断。换流阀 V_{T3} 正常触发导通后，V_{T3} 及 V_{T6} 形成旁通回路，换流阀 V_{T4} 承受反压未能导通，发生换相失败。之后 V_{T5} 正常触发导通，与 V_{T6} 形成导通回路，继续正常触发换相。

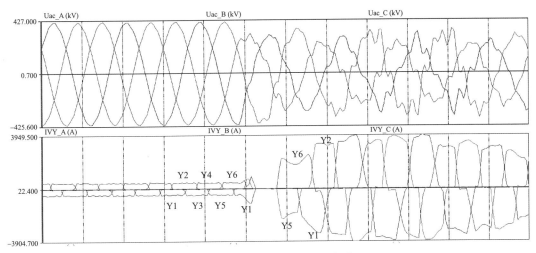

图5-99　Y桥换流器换相失败过程

（二）极保护区直流线路故障波形

直流线路故障一般是因为直流架空线路遭受雷击、污秽、树木或雨雪等环境因素，造成绝缘水平降低而产生对地闪络。直流线路对地短路瞬间，线路电容通过线路阻抗放电，沿线路的电场和磁场所储存的能量互相转化：从整流侧检测到直流线路电压下降、直流线路电流上升；从逆变侧检测到的直流线路电压和直流线路电流均下降，如图5-100所示。

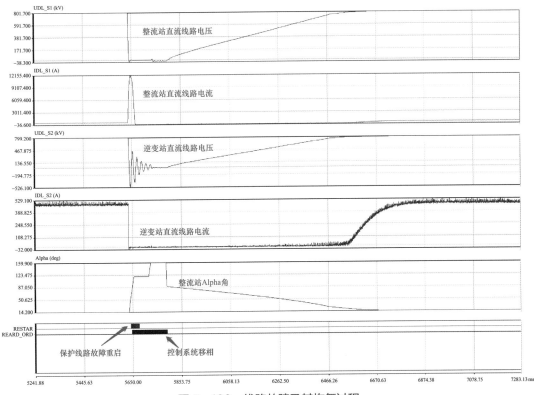

图5-100　线路故障及其恢复过程

保护通过线路行波、电压电流变化特征检测线路故障后，向控制系统发线路故障重启信号。控制系统收到线路重启信号后通过将 Alpha 角移相至 120°抑制故障电流；移相结束后一段时间直流系统处于去游离阶段，直流线路放电；线路放电结束，线路电压与线路电流均接近于零，之后整流侧开始执行重启，直流系统恢复正常运行。

（三）直流滤波器保护区接地故障波形

直流滤波器一般在直流极母线和中性母线之间，由电容、电感和电阻等原件组成，当发生接地故障后，故障点通过接地极形成分流，导致直流滤波器高低压侧电流会出现差流，直流极母线或直流中性母线两端也可能出现差流，如图 5－101 所示。

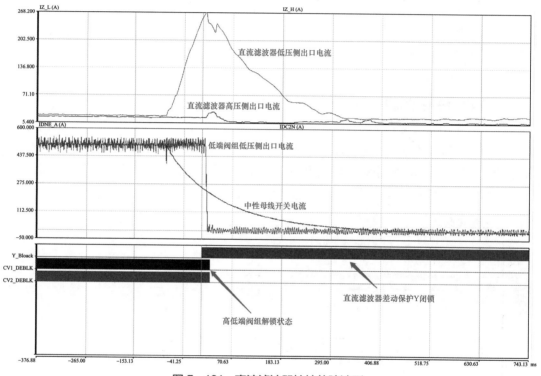

图 5－101 直流滤波器接地故障波形

电容元件由多台容量相等的电容器串联、并联组成，其内部大部分区域发生接地故障时，故障分流可能会很小或产生分流时间较短，无法通过检测直流滤波器高低压侧电流的差流识别故障。当电容器内不发生接地或短路等故障时，电容元件的对称结构被打破从而产生不平衡电流，因此通过检测电容桥不平衡电流确认电容器内部对称性故障，如图 5－102 所示。

（四）双极保护区接地极接地故障波形

双极中性母线区域配置接地极，通常在离换流站几十公里外的地方，因此换流站和接地极之间需要通过接地极引线进行连接。

接地极引线为两条平行导线，正常情况下，两条接地极引线的分流基本相同。当某一接地极引线发生接地故障时，其电流回路的阻值发生变化，两条接地极引线回路的电流根据阻值重新分配，通过比较两接地极引线的电流可以确认故障，如图 5－103 所示。

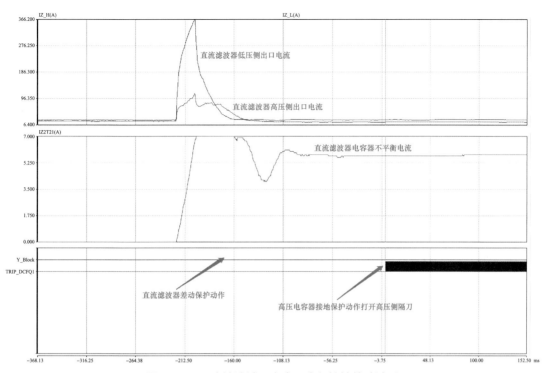

图 5-102 直流滤波器电容器内部接地故障波形

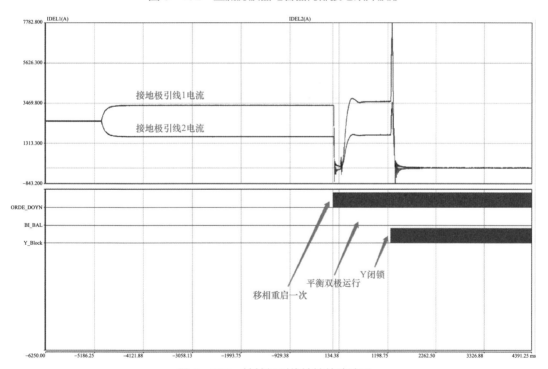

图 5-103 接地极引线接地故障波形

对双极保护区的接地故障，单极运行时保护动作后发移相重启一次指令，双极运行时保护动作后发平衡双极运行指令，通过减小接地极电流使接地故障的故障点断弧，若移相重启一次或平衡双极运行后故障未消除，则保护发闭锁指令将系统停运。

（五）换流变压器保护区换流变压器匝间短路故障波形

换流变压器内部故障占所有换流变压器保护区故障的 70%，换流变压器匝间短路故障是典型的内部故障，换流变压器匝间短路有可能从小匝间逐渐发展为多匝短路，使换流变压器承受较大的短路电流，造成设备损坏，因此需要保护可靠动作，第一时间清除故障。换流变压器发生匝间短路故障时，绕组内部短路环存在非常大的短路电流，虽然外部互感器无法感受到一样大小的短路电流，但流经互感器的电流也存在明显的故障形态，电流增加，电压减小。因换流变压器网侧匝间短路故障导致换流变压器差动保护动作的波形，如图 5-104 所示。

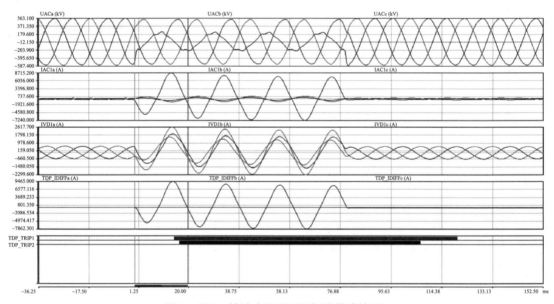

图 5-104　换流变压器匝间短路故障波形

在发生匝间短路故障前，换流变压器网侧和阀侧三相电流为负荷电流，换流变压器差动电流为零，随着网侧匝间短路故障发生，故障相的网侧电流明显增大，阀侧电流因其接线形式呈现零序电流形态，故障相差动电流呈现典型的故障特征，当差流满足条件后保护动作。

（六）交流滤波器保护区电容器故障波形

交流滤波器电容器塔由多个电容器按一定的串并结构搭建，为防止电容器熔断或者击穿，通常在塔内配置电流互感器，电容器不平衡保护采集该电流监测电容器塔运行情况并对电容器塔进行保护。交流滤波器电容器塔在户外安装，容易出现飞鸟、树枝等物体搭接引起部分电容器短路，同样会导致电容器塔不再平衡，其内部电流互感器会产生一定的不平衡电流，造成交流滤波器小组电容器不平衡保护动作。某换流站因飞鸟飞入塔内造成电容器短路导致电容器不平衡保护动作的波形，如图 5-105 所示。

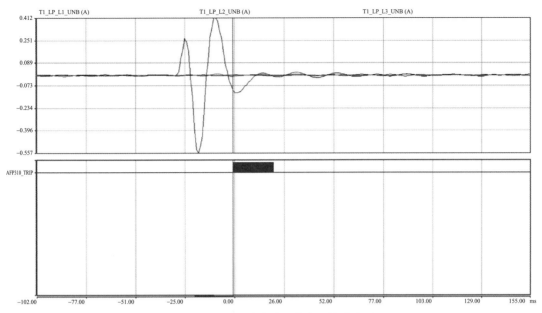

图 5-105 交流滤波器电容器故障波形

由于各塔之间电容器的串并结构相同，在正常运行时其内部电流互感器电流接近于零，出现故障时会打破该平衡，导致不平衡电流流过互感器，当不平衡电流大于设计值后保护动作。

第六章　直流输电中调相机的应用

第一节　调相机简介

一、调相机发展历程

同步调相机最早发明于 20 世纪初期，距今已有 100 多年的历史，其容量可以从最早的 13Mvar 到近年来的 350Mvar，在这 100 多年间，同步调相机与其他电容器和电感器一起发展。

世界同步调相机研制发展于 20 世纪初叶。同步调相机于 1913 年在美国南加利福尼亚爱迪生公司（Southern California Edison Co.）电网率先使用。1913 年～1931 年，美国先后研制和投运了 15（1913 年）、30（1919 年）、40（1923 年）、50（1926 年）和 75Mvar（1931年）空冷调相机。1926 年，美国 GE 公司研制成功世界首台氢外冷发电机（50MW，25Hz，1500r/min），并作调相机运行。1928 年，西屋公司研制成首台工业用氢外冷调相机（15Mvar，900r/min）。19 世纪 30 年代，美国研制成功多台氢冷调相机，其最大容量为 40Mvar（1937年）。第二次世界大战期间，调相机发展停滞。第二次世界战结束后，世界电力工业恢复发展，同步调相机发展重新起步。19 世纪 40 年代后期至 19 世纪 50 年代，美国、英国、法国、苏联、瑞士、瑞典、日本等研制成功一批 37.5～80Mvar 的同步调相机。19 世纪 60年代，研制成功 60Mvar 级至 150Mvar 级同步调相机。19 世纪 70 年代至 19 世纪 80 年代上半叶是同步调相机技术迅速发展的时期，先后研制成功 345Mvar 全水冷同步调相机（ASEA，1971）以及 160、250、320Mvar 氢冷同步调相机。

我国调相机起步较国外晚，20 世纪 50 年代末开始制造少量空冷调相机。20 世纪 70年代末，氢冷、双水内冷、空冷调相机开始逐步得到广泛应用。例如，1982 年在长沙变电站 60Mvar 氢冷调相机投入运行。20 世纪 80 年代末期，在天津北郊 500kV 变电站安装从苏联进口的 160Mvar 氢冷调相机；1988 年，上海发电机厂研制的 125Mvar 双水内冷调相机在上海黄渡变电站投运。

19 世纪 80 年代以后，国内变电站中大量采用了安装简单、运行方便的静止无功补偿装置（SVC、SVG）。与此同时，整体上安装调试运维相对复杂的同步调相机被逐步替代。2015 年，为积极服务"双碳"目标，大规模利用新能源，破解我国西部、北部高比例新能源接入难题和中东部负荷中心的常规电源空心化难题，同步调相机作为较理想的技术方案，又被重新引起重视。2017 年，首台全空冷 300Mvar 大容量的新型调相机在扎鲁特换流站投运。2018 年，首台双水内冷 300Mvar 大容量的新型调相机在韶山换流站投运。此外，国内已经开展了 10Mvar 高温超导同步调相机的研制工作。

电力系统是一个非常庞大的过程，需要方方面面的配合才能形成完整的一套电力系统。在高压电的长途运输过程中，会存在电能消耗，发电机动力不足等一系列的问题，所以解决能源损耗，降低成本，保持电力输送系统的稳定便成为了电力行业需要共同攻克的一个难题。

二、调相机建设情况

瑞典在 20 世纪 50 年代初，大规模水电从北部往南部长距离输送（约 1000km），受端变电站装有调相机。巴西伊泰普水电站（装机 14 292MW）采用交直流混合输电，受端里约和圣保罗变电站装有调相机（4×200Mvar）；美丽山水电站（装机 11 000MW）经 2000 多 km±800kV 特高压直流输电线路送往东南部的负荷中心，里约换流站装有调相机（2×150Mvar）。阿根廷埃尔乔孔水电站（装机 1200MW）、班代里塔水电站（装机 450MW）经 1000km 500kV 双回线送至负荷中心首都，受端变电站装有调相机（750Mvar）。埃及阿斯旺水电站（装机 2100MW）经 700 多 km 双回 500kV 线路送往开罗，受端变电站装有调相机。加拿大皮斯河叔姆水电站（装机 2416MW）送出线经 930km 500kV 双回线送至负荷中心，中间变电站装有调相机（2×160Mvar）；拉格朗德水电站（装机 10 260MW）经 5 回 1000km 735kV 输电线路向蒙特利尔和魁北克市送电，受端变电站装有调相机（250Mvar）。

在我国，早期工程中少量应用的调相机已基本退役。随着大量特高压直流输电工程建设的快速发展和风光等新型能源电站接入的持续推进，高压电网系统中直流送端和受端的动态无功储备、电压支撑不足问题日益突出。2015 年后，新一代大容量调相机本体设备的研制论证和工程化项目建设工作全面铺开，以适应大电网直流输电与强无功支撑相匹配的运行要求。

目前，我国国网系统内在运调相机组共计有 18 站、40 台，总容量 11 800Mvar；在建调相机组共计 4 站、7 台，总容量 1900Mvar。其中 300Mvar 调相机组共计 45 台，在运 39 台，在建 6 台；100Mvar 调相机组共计 2 台，在运 1 台，在建 1 台。

调相机投运可有效减少因直流系统换相失败、直流闭锁等故障产生的暂态过电压影响，有效促进新能源消纳，提高直流输电能力，单台调相机投入可提升近区新能源出力约 15 万～20 万 kW。

三、调相机功能效用

调相机本质上是一种特殊运行状态的无功补偿同步电机，其不带机械负载也不带原动机，作为一种可提供无功功率的旋转型专用电源设备与系统保持同步态运行，仅从电网吸收少量的有功功率克服机械损耗用以维持调相机系统的正常运转状态。同步调相机可以快速、平滑调节电力网的无功功率，其工作原理与常规的同步发电机基本相同。

在电网电压上升时，调相机吸收无功功率，以维持电压，提高电力系统的稳定性，改善系统供电质量。同步电机运行于电动机状态，不带机械负载也不带原动机，只向电力系统提供或吸收无功功率的同步电机，又称同步补偿机。用于改善电网功率因数，维持电网电压水平。

根据同步电机和励磁系统的控制关系，调相机正常工作中的运行状态可分为空载运行、进相运行和迟相运行三种。空载运行时调相机的励磁系统工作于正常励磁状态，调相机在空载工况下既不吸收无功功率，也不发出无功功率，仅维持同步转速跟随系统电压运行。进相运行时调相机的励磁系统工作于欠励磁状态，为维持调相机工作系统的电压稳定，此时调相机将从电网中吸收感性无功功率（发出容性无功功率）。迟相运行时调相机的励磁系统工作于过励磁状态，为维持调相机工作系统的电压稳定，此时调相机将向电网处发出感性无功功率（吸收容性无功功率）。

在我国电网建设序列中，特高压电网建设正蓬勃发展，它输电距离远、输送容量大、损耗低，可将宝贵的清洁能源高效运达。但与此同时，在远程直流输电和交流输电相融合的特高压交直流电网格局中，存在直流输电送端电网薄弱，受端电网无功功率不足的问题。传统的调相机用在高压交流输电线路上，用于线路无功补偿。然而，调相机是一种高速旋转设备，随着电力电子技术的发展，逐渐被静止无功补偿装置 SVC 和 SVG 所取代。随着长距离高压直流输电技术的发展，急需一种设备投用在"换流站"。当换流失败时，调相机可以短时间内提供大功率无功支撑。调相机与电网并列运行，位于交流变直流和直流变交流的交流侧。在电网系统故障时，调相机恰好不受电网系统影响，具备强大的瞬时无功功率支撑和短时的过负荷能力，在动态无功补偿方面具备独特的优势。应用在特高压换流站的新型调相机拥有以下特点：暂动态特性好、安全可靠性高、运行维护方便，在电网故障的瞬间，可以进行快速响应。在特高压电网中装设调相机后，一方面通过发挥其欠励磁运行时的进相能力，吸收系统富余的无功功率，可有效抑制系统暂态过电压，避免送端新能源场站的机组大面积脱网，提高直流系统中新能源占比和规模化外送的容量；另一方面通过利用调相机过励磁迟相运行的功率，及时发出系统急需的大容量无功功率，可快速提升受端电网的电压稳定水平，降低直流系统连续换相失败发生的概率。

同步调相机是现在大型电网系统补偿无功功率的首选设备。近年来，随着高压电输送中无功功率补偿的问题日益凸显，这就对同步调相机有着更为严格的要求。在此紧迫的氛围中，同步调相机一方面总结历史的经验，不断完善功能、提高设备技术；另一方面，根据市场的需求不断地进步，满足电力系统的输送和能源损耗问题。

四、调相机系统构成

调相机组的设备系统结构与常规的同步火力发电机组类似，主机根据长期调相运行的要求进行特殊设计，配备正常运行工况下所必需的辅机系统。与常规的火力发电机组相比，取消了热力和原动机系统，因此对应的辅机系统也大大地进行了简化。因为调相机为同步电机的一种，在无任何外力驱动情况下无法达到运行转速，所以需要加装专用的启动设备。大型调相机为了实现平滑启动，额外增加静止变频器来解决机组的启动问题。根据各分系统的功能不同，调相机系统主要包括：调相机本体、升压变压器、励磁系统、静止变频启动系统（SFC 系统）、冷却系统、油系统、监控系统、继电保护系统等系统组成。

1. 调相机本体

电机本体按结构可分为隐极和凸极两种。隐极机通常为卧式布置，凸极机多为立式布置。由于卧式电机具有结构较简单、土建和安装周期较短等优点，加之凸极机基建成本及体积随磁极对数成倍增加、转子结构复杂、制造难度大，因此国内新一代大容量调相机本体选择了三相卧式机组。调相机本体主要包括：定子、转子、空冷器、进出水支座、轴承、集电环及刷座、盘车装置等。

2. 升压变压器

升压变压器和调相机设备采用单元制接线，其作用是将调相机机端电压升高至系统侧的额定高电压等级，并与特高压电网同期后相连。升压变压器多采用三相式，绕组的短时过负荷能力需要与调相机定子绕组的过负荷能力协同配套。

3. 励磁系统

励磁系统是为同步电机提供磁场电流的装置。主要包括自动电压调节器（AVR）、可控硅整流装置、灭磁及过电压保护装置、启动励磁装置、励磁变压器及启动励磁变压器。励磁电源经励磁变压器连接到可控硅整流装置，整流为直流后经灭磁开关接入同步调相机集电环，进入励磁绕组。励磁调节器根据输入信号和给定的调节规律控制可控硅整流装置的输出；控制调相机的输出电压和无功功率。启动励磁系统在启动阶段工作，配合 SFC 完成对机组升速拖动，在高于额定转速后切换至主励磁，即自并励励磁系统。

4. 静止变频启动系统（SFC）

静止变频器（SFC）是一对在直流侧通过平波电抗器等元件直接连接在一起的三相全控晶闸管换流桥，其中一个桥工作在整流桥状态，另一个桥工作在逆变桥状态。电能的流向是从整流桥的一侧流向逆变桥的一侧，实现了连接于整流桥和逆变桥交流侧的不同频率的交流系统之间，或三相交流系统与有源（无源）负荷之间的电能交换。

静止变频启动系统需要满足调相机频繁启动的使用要求并具备快速再启动功能，合理限制 SFC 运行时向交流系统接入点、调相机及站用电系统馈送的谐波电流和电压正弦波畸变率；SFC 运行时产生的谐波电压和电流不影响调相机保护、励磁、中性点设备及其他设备的正常运行。

5. 冷却系统

调相机运行时要发生能量消耗，这些损耗的能量变成了热量，致使调相机的转子、定子、定子绕组等各部件的温度升高。这就需要采取适当的冷却方式和选用有效的冷却介质，将热量带走，以保证调相机的安全运行。

调相机的冷却是通过冷却介质将热量传导出去来实现的。调相机冷却系统包括内冷系统和外冷系统，内冷系统有空气内冷和水内冷两种方式，外冷系统主要为空气外冷、水外冷和空气－水外冷相结合的方式。

6. 油系统

调相电机转子作为高速旋转的大型部件，在系统工作时，必须对安装在转子端部的滑动轴承提供强制润滑油液，使转子与轴瓦间形成连续稳定的油膜以防止转子与轴瓦间发生直接摩擦而烧瓦，影响整个主机的运行。同时，由于转子的热传导、表面摩擦以及油涡流会产生相当大的热量，为了始终保持油温合适，必须用较低温度的润滑油液来进行换热，带走该部分热量。针对这种工况，调相机油系统需要配置低压润滑装置，为滑动轴承提供强制润滑冷却油液；配置高压顶轴装置，在系统启动和转子失速时，将转子强制顶起，保证转子与轴承间的必要间隙以容纳油膜，防止烧瓦。

7. 监控系统

300Mvar 调相机计算机监控系统全部采用分散控制系统（DCS）作为全站监测控制平台。控制系统通过网络接口及硬接线连接，将调相机本体、冷却系统、润滑系统、变频启动系统、励磁控制系统、调相机－变压器组保护等设备连接为一个整体，实现全部设备信息的共享和控制。

8. 继电保护系统

大型调相机－变压器组如果发生故障，不仅机组本身受到损伤，而且会对系统产生严重的影响。因此，调相机－变压器组的保护配置应该以能可靠地检测出调相机系统可能发生的故障及不正常运行状态为前提，同时，在继电保护装置部分退出运行时，应不影响机组的安全运行。在对故障进行处理时，应保证满足机组和系统两方面的要求。

调相机－变压器组保护配置应满足的基本原则为：主保护采用保护双重化配置（尽量采用不同厂家的产品），每套保护应包含完整的主保护和后备保护，能反映被保护设备的各种故障及异常状态。两套保护相互独立，当一套保护因异常需要退出或检修时，不应影响另一套保护正常运行。根据各类保护在装置中的划分，调相机系统采用的保护装置有调相机－变压器组保护装置、SFC 隔离变压器保护装置及 SFC 系统保护装置等。

第二节　调相机保护系统简介

一、调相机保护区域划分

调相机保护通常指调相机系统工作区域内的继电保护，其覆盖的一次设备包括调相机本体、升压变压器（主变压器）、励磁变压器（工作励磁变压器）、隔离变压器、静止变频器（SFC）系统，以及这些一次主设备之间连接包络的电气区域。

大型调相机系统采用"调相机－变压器组"单元接线，调相机机端通过三相式双绕组升压变压器后接入高压母线系统。升压变压器高压侧的系统接入点方式不同,包括接入直流换流站的交流滤波器大组母线、直挂于站内主母线和并入一个半断路器接线时的"完整串"等几种形式,典型接线示意如图6-1所示。

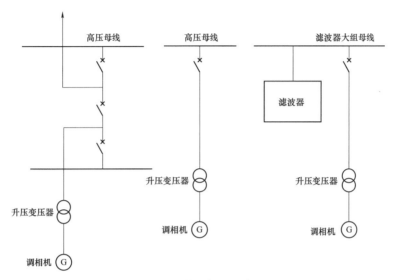

图6-1 典型接线示意图

调相机保护分为电气量保护和非电量保护;电气量保护包括调相机-变压器组保护、SFC系统保护、转子一点接地保护等,保护配置如图6-2所示。

二、调相机保护配置情况

根据保护配置原则,调相机、变压器均配置两套彼此独立的差动保护,确保快速切除故障,满足系统稳定要求。同时配置定子匝间短路保护,以弥补差动保护的不足,防护定子匝间短路的危害。强化后备保护的配置,使机组在各种短路时都有完善的后备保护,针对大型机组各种危险运行的异常工况,配置异常运行保护,定子接地、定子对称过负荷、失磁、低频、意外加电压、过电压和过励磁等保护。

为保证SFC系统及回路的安全运行,需配置相应保护,目前调相机工程中,SFC系统保护配置了差动保护、过电流保护、过电压保护、低压保护等保护。隔离变压器保护单独组柜,配置有电气量保护和非电量保护。

三、调相机跳闸方式

调相机在主辅设备发生某些可能引发严重后果的故障时,调相机能够及时跳闸加以保护,避免发生重大的设备损坏和人身伤亡事故,对提高机组主辅设备的可靠性和安全性具有十分重要的作用。

调相机的跳闸功能大多通过继电保护系统来出口,其中调相机、升压变压器和励磁变压器电量保护通过两套调相机-变压器组电量保护出口;励磁系统发主机停机命令以及转子一点接地保护跳机也通过两套调相机－变压器组电量保护实现；升压变压器非电量及调相机热工保护停机功能通过三套调相机－变压器组非电量保护出口，SFC 隔离变压器电量保护以及非电量保护通过 SFC 隔离变压器保护装置出口；SFC 系统停机命令通过自身的控制系统实现。由于调相机无原动机系统，跳闸出口方式主要以停机方式为主，即跳开主变压器高压侧断路器、灭磁、启动 SFC 跳闸。隔离变压器保护和静止变频器系统保护的跳闸方式主要为隔离变压器全停，即跳开隔离变压器高压侧输入断路器、停用 SFC。

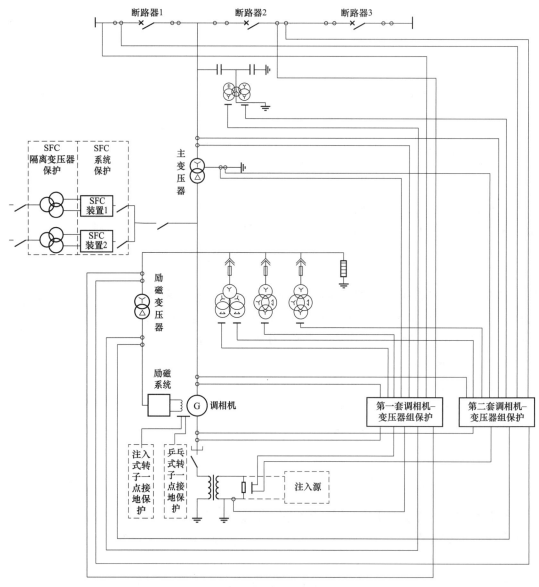

图 6-2　调相机电气量保护配置图

第三节　调相机保护原理

一、调相机本体保护

（一）调相机差动保护

调相机差动保护的范围为调相机机端 TA 至调相机中性点 TA，以保证主保护无死区。调相机差动保护包括差动速断保护和比率差动保护。

差动保护原理如下。

（1）电流参考方向，规定由调相机机端流向中性点为正方向。

（2）正常运行时：如图 6-3 所示，机端侧负荷电流 I_1 由调相机机端流向中性点为正值；中性点侧负荷电流 I_2 由调相机机端流向中性点为正值，流过调相机的电流为负荷电流。

（3）区内故障：如图 6-4 所示，机端侧短路电流 I_1 由调相机机端流向中性点为正值；中性点侧短路电流 I_2 由中性点流向机端为负值，流过调相机的电流为故障电流。

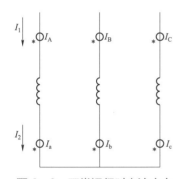

图 6-3　正常运行时电流方向

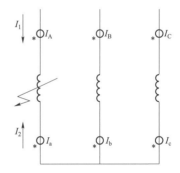

图 6-4　区内故障时电流方向

（4）区外故障：如图 6-5 所示，机端侧短路电流 I_1 由调相机机端流向中性点为正值；中性点侧短路电流 I_2 由调相机机端流向中性点为正值，流过调相机的电流为故障电流。

以上三个状态中，调相机差动保护能够可靠动作于区内故障，从而达到保护设备的目的，而在正常运行和发生区外故障时，可靠不动作。

1. 比率差动保护

比率差动保护采用两段式折线特性，动作特性如图 6-6 所示。

差动电流和制动电流的计算为

$$\begin{cases} I_{dz} = |\dot{I}_T - \dot{I}_N| \\ I_{zd} = \dfrac{1}{2}|\dot{I}_T + \dot{I}_N| \end{cases} \qquad (6-1)$$

式中：$\dot{I}_T$、$\dot{I}_N$ 分别为调相机机端和中性点的电流相量，均以指向系统为正极性端。

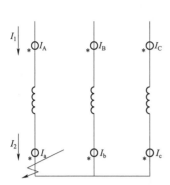

图6-5 区外故障时电流方向

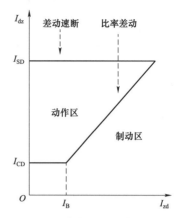

图6-6 调相机差动保护动作特性

比率差动保护动作判据为

$$\begin{cases} I_{dz} > I_{CD} & I_{zd} < I_B \\ I_{dz} > K_{ID}(I_{zd} - I_B) + I_{CD} & I_{zd} \geqslant I_B \end{cases} \quad (6-2)$$

式中：I_{dz}、I_{zd} 分别为差动电流和制动电流；I_{CD} 为差动电流启动值；K_{ID} 为比率制动斜率；I_B 为差动拐点电流值。

2. 差动速断保护

差动速断保护为快速切除区内严重故障而设。当任一相差动电流大于差动速断整定值时，差动速断保护瞬时动作出口，其动作判据为

$$I_d > I_{cd} \quad (6-3)$$

式中：I_{cd} 为差动电流；I_d 为差动速断电流定值。

3. 说明

具有电流互感器（TA）断线判别功能，并能通过控制字选择是否闭锁比率差动保护，当差动电流大于额定电流的 1.2 倍时可自动解除闭锁。

正常情况下（保护不启动）监视各相差流异常，延时发差流越限告警信号。

差动保护使用的 TA：机端和中性点侧应选用同型号、同变比的 TA，两侧电流互感器的二次负荷宜匹配一致，以最大减轻不平衡电流，降低定值，提高灵敏度。

4. 逻辑框图

调相机差动保护的逻辑框图如图6-7 所示。

（二）调相机匝间保护

调相机发生匝间短路时机端专用 TV（该 TV 一次侧中性点通过高压电缆与调相机中性点相连接）的开口三角绕组两端会产生零序电压，利用这一特点可构成纵向零序电压的内部短路保护。

1. 纵向零序电压判据

保护判据为

$$3U_0 > U_{ZJ} \quad (6-4)$$

式中：$3U_0$ 为机端专用 TV 的开口三角零序电压的基波分量；U_{ZJ} 为纵向零序电压定值。保护延时动作出口。

为防止外部故障和电压互感器二次回路异常时纵向零序电压元件误动，增设稳态量负序方向元件作为闭锁元件。内部匝间故障时，负序功率由调相机流向系统，稳态量负序方向元件动作判据为

$$(I_2 > I_{2Q}) \bigcap (U_2 > U_{2Q}) \bigcap (P_2 > 0) \tag{6-5}$$

式中：I_{2Q}、U_{2Q} 分别为负序电流、电压门槛值；P_2 为负序方向元件。

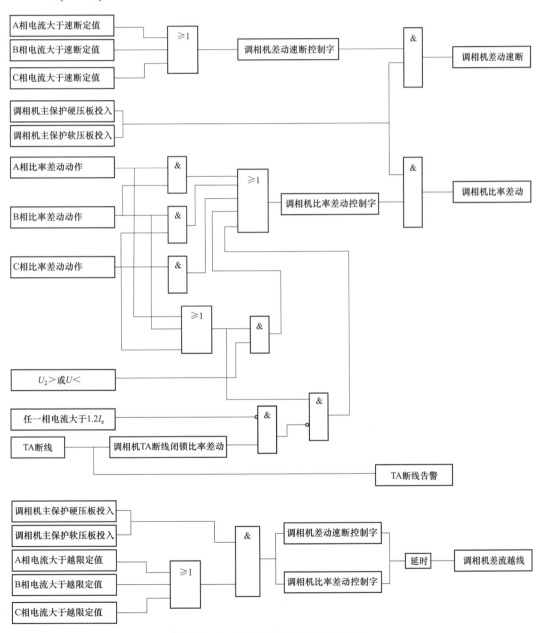

图 6-7 调相机差动保护逻辑框图

稳态量负序方向继电器的最大灵敏角，一般为 75°～85°。负序方向继电器的电压取自机端 TV，电流取自中性点 TA。当调相机未并网时，由于无负序电流，此时以负序电压作为闭锁元件。当调相机机端专用 TV 一次回路异常时，闭锁纵向零序电压判据。

2. 负序变化量判据

考虑机端专用 TV 一次断线时无法正确获得开口三角的零序电压，此时投入负序变化量判据实现定子绕组内部匝间故障的保护。保护采用负序电流的变化量 ΔI_2、负序电压的变化量 ΔU_2、负序功率的变化量 ΔP_2 作为启动元件，启动后切换为稳态量的负序方向作为延时判别元件，保护经延时出口。

变化量启动元件动作判据为

$$(\Delta I_2 > I_{2QT}) \bigcap (\Delta U_2 > U_{2QT}) \bigcap (\Delta P_2 > \Delta P_T) \tag{6-6}$$

式中：I_{2QT}、U_{2QT}、ΔP_T 分别为负序电流、负序电压、负序功率变化量的门槛值。

负序功率的变化量可计算为

$$\Delta P_2 = 3R_e \left(\Delta \dot{U}_2 \Delta \hat{I}_2 e^{-j\varnothing} \right) \tag{6-7}$$

式中：$\varnothing$ 为变化量负序方向继电器的最大灵敏角，一般为 75°～85°。

3. 说明

尽管在单纯 TA 或 TV 断线的情况下，由于负序方向元件不满足动作条件，保护不会误动。但装置还是考虑在发现 TA 或 TV 断线时发出告警信号并将负序方向元件闭锁，以防止在二次回路断线情况下又发生外部故障时造成保护误动。

保护设置了纵向零压回路异常监视功能，可通过控制字整定选用。当专用 TV 三个线电压均正常，开口三角零序电压的三次谐波分量小于一固定值，经延时 10s 判为专用 TV 开口三角零压回路异常，发告警信号及时通知运行人员进行处理，以避免保护拒动情况的发生。该功能是否投入需要根据现场的实测确定

4. 逻辑框图

调相机匝间保护的逻辑框图如图 6-8 所示。

（三）调相机定子接地保护

定子接地保护由基波零压定子接地保护和三次谐波零压定子接地保护构成，动作于调相机定子单相接地故障，经整定延时动作于信号或跳闸。其中，基波零序电压型主要保护调相机从机端算起的 85%～95%的定子绕组单相接地；三次谐波电压型主要保护调相机中性点附近定子绕组的单相接地。两者均可通过控制字投退，它们一起构成调相机定子 100%接地保护。

1. 基波零压定子接地保护

基波零序电压原理反应调相机中性点单相 TV（或消弧线圈或配电变压器）零序电压或机端 TV 开口三角的零序电压的大小，以保护调相机由机端至中性点约 90%左右范围的定子绕组单相接地故障。保护设置两段，当基波零序电压超过相应段的定值后保护

动作。基波零序电压定子接地高定值段固定投跳闸；低定值段可通过控制字设置为告警或跳闸。

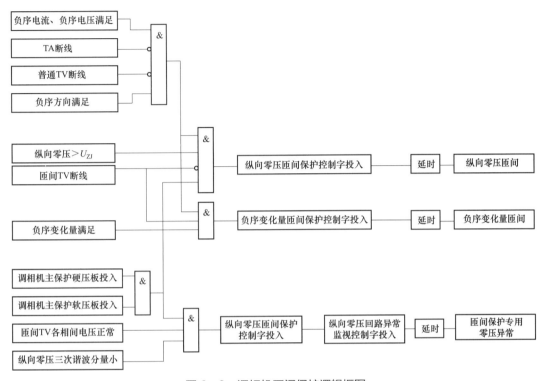

图6-8　调相机匝间保护逻辑框图

中性点零序电压变比补偿方法为

$$U'_{n0} = U_{n0} \frac{3n_{TV3}}{n_{TV1}} \tag{6-8}$$

式中：U_{n0} 为中性点零序电压基波分量；n_{TV3} 为中性点零序电压的 TV 变比；n_{TV1} 为机端开口三角零序电压的 TV 变比。

动作判据为

$$\begin{cases} U'_{n0} > U_S \\ U_{t0} > 0.9U_S \end{cases} \tag{6-9}$$

式中：U'_{n0} 为经变比补偿后的中性点零序电压基波分量；U_S 为定子接地零序电压定值；U_{t0} 为机端零序电压基波分量。

当低定值段设置为告警时，本段保护不再判别机端零压。基波零序电压采用零点滤波加傅氏算法，使得三次谐波滤过比高达 100 倍以上，即使在系统频率偏移的情况下，仍然能保证很高的三次谐波滤过比。当主变压器高压侧为不接地系统时，可采用主变压器零序电压闭锁。

2. 三次谐波零压定子接地保护

三次谐波电压式和基波零序电压式原理共同构成 100%定子接地保护。保护反应调相机机端和中性点的三次谐波零序电压比值，可通过控制字设置为告警或跳闸。

中性点零序电压变比补偿方法为

$$U_{n3}' = U_{n3} \cdot \frac{3n_{TV3}}{n_{TV1}} \qquad (6-10)$$

式中：U_{n3} 为中性点零序电压三次谐波分量；$3n_{TV3}$ 为中性点零序电压的 TV 变比；n_{TV1} 为机端开口三角零序电压的 TV 变比。

动作判据为

$$\left| \frac{\dot{U}_{t3}}{\dot{U}_{n3}'} \right| > K_3 \qquad (6-11)$$

式中：$\dot{U}_{n3}'$ 为经变比补偿后的中性点零序电压三次谐波电压相量；$\dot{U}_{t3}$ 为机端零序电压三次谐波电压相量；K_3 为三次谐波电压比定值。

三次谐波电压采用零点滤波加傅氏算法进行计算，使得基波滤过比高达 100 倍以上，即使在系统频率偏移的情况下，仍然能保证很高的基波滤过比。

3. 说明

保护装置设置了机端、中性点接地零序电压回路异常监视功能，可通过控制字整定选用。当机端普通 TV 的三个线电压均正常，并且机端开口三角零压或中性点零压的三次谐波分量小于一固定值，经延时 10s 判为机端或中性点零压回路异常，发告警信号及时通知运行人员进行处理，以避免保护拒动情况的发生。该功能是否投入需要根据现场的实测确定。

4. 逻辑框图

基波零压定子接地保护和三次谐波定子接地保护逻辑框图如图 6－9、图 6－10 所示。

（四）注入式定子接地保护

注入式定子接地保护又称外加 20Hz 低频交流电源型定子接地保护，可以保护调相机 100%定子绕组、主变压器低压侧范围内的单相接地故障，且不受调相机运行工况的影响。保护通过外加电源向调相机定子绕组中注入幅值很低的 20Hz 低频交流信号，20Hz 信号约占调相机额定电压的 1%～2%。保护采集注入的 20Hz 电压信号和反馈回来的 20Hz 电流信号，计算调相机定子绕组对地绝缘电阻。通过监视定子绕组的对地绝缘状况，可以灵敏而可靠地探测到定子回路的接地故障。注入式定子接地保护接线和原理如图 6－11 和图 6－12 所示。保护通过测量图中 20Hz 低频交流信号回路的电压和电流矢量 U_{G0} 和 I_{G0}，计算出复合阻抗，从而可以得出接地电阻的欧姆值。

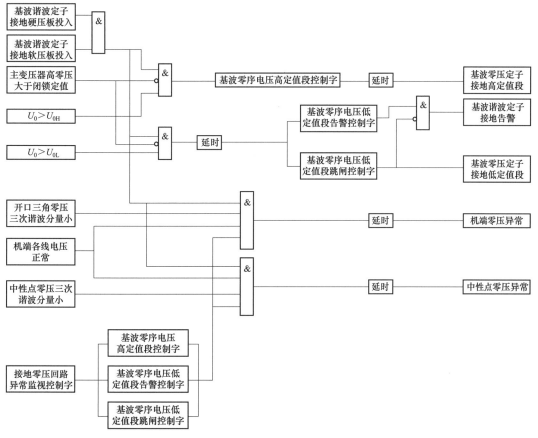

图 6-9　基波零压定子接地保护逻辑框图

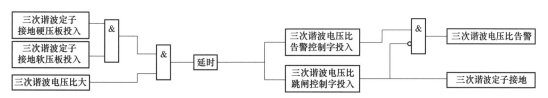

图 6-10　三次谐波定子接地保护逻辑框图

接地电阻计算为

$$R_{\mathrm{gs}} = \frac{K_{\mathrm{R}}}{R_{\mathrm{e}}(I_{20}/U_{20})} \tag{6-12}$$

式中：K_{R} 为电阻折算系数，由设计参数确定的 K_{R} 一般只能作为校正前的参考值，现场需要通过模拟接地故障来确定。

当测量电阻值低于定值后保护动作，保护设置为两段，低定值段跳闸，高定值段告警。注入式定子接地跳闸段要判别接地电流是否大于机组允许的安全接地电流，根据规程要求当接地电流大于机组允许的安全接地电流时保护动作于跳闸。

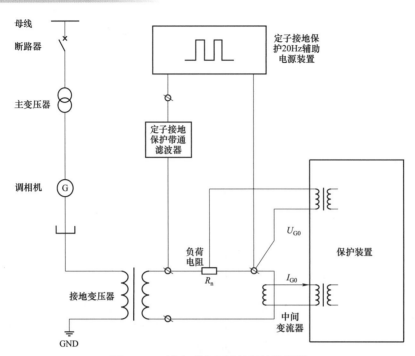

图6-11 注入式定子接地保护接线图

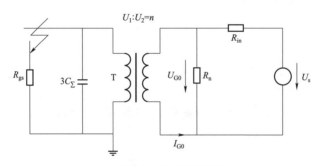

图6-12 注入式定子接地保护原理图

除了计算接地电阻，保护装置还通过监视接地电流的有效值来反应定子接地事故，提供了一个接地电流段，接地电流考虑所有的频率分量。当接地电流大于定值且机端开口三角电压大时保护动作于跳闸，这可以用作后备保护段，能够覆盖约80%～90%的保护范围。

1. 说明

保护具有回路自监视功能。如果20Hz电压信号降低到小于门槛值且20Hz电流信号小于门槛，或者20Hz电流信号小于0.5倍门槛，就可以判定20Hz信号回路异常。注入回路异常时保护装置将闭锁对接地电阻的计算，但是接地电流段仍然有效。

保护具有频率闭锁功能。当机组运行在20Hz附近或调相机低频磁场产生了较大的三相不平衡电动势时可能对注入式定子接地保护产生影响，频率闭锁功能固定投入。

接地变压器励磁阻抗、两侧绕组漏抗等会影响到定子绝缘的测量，为了保证 20Hz

注入式定子接地保护的灵敏度和可靠性，需要通过一次侧试验的方法进行实测并补偿这些参数。

低频注入电源由 CSN-1820Hz 方波发生器和 CSN-1920Hz 注入滤波器共同组成，将 20Hz 低频正弦信号注入调相机定子系统中。

2. 逻辑框图

注入式定子接地保护逻辑框图如图 6-13 所示。

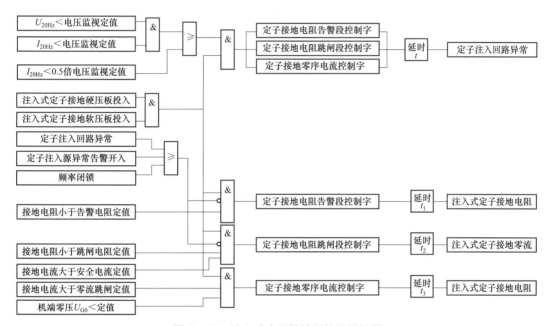

图 6-13　注入式定子接地保护逻辑框图

（五）调相机失磁保护

调相机的无励磁运行本质为欠励的极限，从系统吸收无功的能力达到最大。失磁前调相机向系统发出额定无功功率 Q_1，完全失磁后自系统吸收最大无功功率 Q_2，导致电网出现 Q_1+Q_2 的无功缺额，可能引起系统电压下降。调相机失磁后，从其本身安全性看，无需将机组从系统中切除，它是否切除，取决于系统电压下降的程度是否已经影响到系统安全。失磁故障不同于深度进相，失磁保护应能正确区分二者差别。应注意：① 若励磁回路中串接有灭磁断路器，失磁保护用的转子电压应接在靠转子绕组一侧。失磁保护用转子电压应能始终反应转子绕组上的励磁电压的变化。② 无功功率反向判据不允许单独投入。

失磁保护反应调相机励磁回路故障引起的调相机异常运行。由于调相机在失磁后仍可维持同步运行，不会导致失步，因此调相机可不必配置失步保护。

调相机失磁保护设置两段，每段都可通过控制字投入或退出，每段都可通过控制字选择投告警或跳闸。励磁低电压判据和逆无功判据可单独使用，母线低电压判据根据整定分别与励磁低电压判据和逆无功判据配合使用。每段失磁保护对励磁电压判据、无功判据和低压判据都可通过控制字灵活选择组合配置。

1. 励磁电压判据

失磁保护采用等励磁电压原理，动作判据为

$$U_f < U_{fl} \tag{6-13}$$

式中：U_f 为调相机励磁电压；U_{fl} 为励磁电压定值。

2. 无功判据

调相机失磁时会从系统吸收无功功率，逆无功判据为

$$-Q > Q_z \tag{6-14}$$

式中：$-Q$ 为调相机逆无功；Q_z 为逆无功定值。

3. 母线低电压判据

为了避免由调相机失磁导致系统电压崩溃等情况，保护设有低电压判据，电压取自主变压器高压侧 TV，动作判据为

$$U_{m.max} < U_{md} \tag{6-15}$$

式中：$U_{m.max}$ 为高压侧线电压的最大值；U_{md} 为母线低电压定值。

4. 逻辑框图

调相机失磁保护逻辑框图如图 6-14 所示。

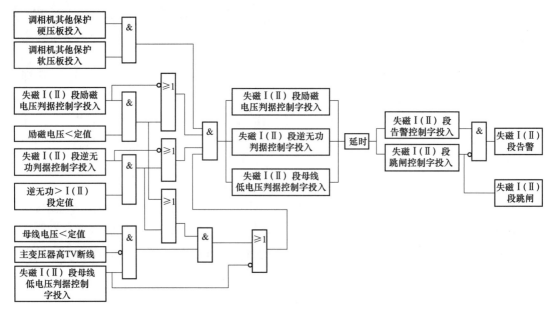

图 6-14 调相机失磁保护逻辑框图

（六）调相机定子过负荷保护

定子过负荷保护反应调相机定子绕组的平均发热状况。定子过负荷保护由定时限和反时限组成，定时限设一段，发信。反时限特性曲线由三部分即下限段、反时限段和上限段组成。下限段设电流启动值，当电流大于启动电流时开始累积。

1. 定子过负荷保护

定子过负荷保护反时限动作判据为

$$\begin{cases} I_{\max} > I_{12} \\ [(I_{\max} / I_e)^2 - a_1^2]t > K_1 \end{cases} \qquad （6-16）$$

式中：t 为保护延时元件；a_1 为定子绕组发热同时的散热系数（标幺值）；K_1 为调相机定子绕组热容量系数。

定子绕组反时限特性曲线如图 6-15 所示。图中 I_{12}、T_{12} 分别为反时限下限电流定值和动作时间，I_{13}、T_{13} 分别为反时限上限电流和动作时间。

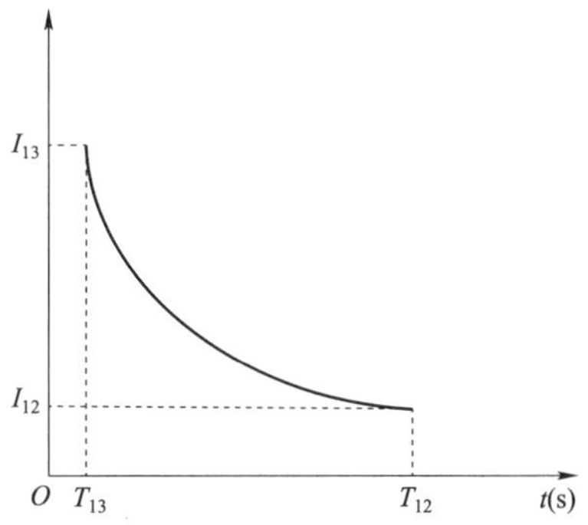

2. 逻辑框图

调相机定子过负荷保护逻辑框图如图 6-16 所示。

图 6-15　定子过负荷反时限特性曲线

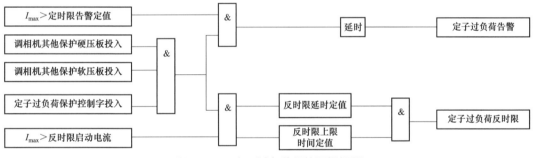

图 6-16　定子过负荷保护逻辑框图

（七）调相机励磁绕组过负荷保护

励磁绕组过负荷保护由定时限和反时限组成，定时限设一段。反时限特性曲线由三部分组成，即下限段、反时限段和上限段。保护使用调相机励磁变压器低压侧电流反映励磁绕组的过负荷。下限段设电流启动值，当电流大于该启动电流时，励磁绕组过负荷开始累积。励磁绕组过负荷保护反时限动作判据为

$$\begin{cases} I_{L\max} > I_{L2} \\ [(I_{L\max} / I_{Le})^2 - 1]t > C_L \end{cases} \qquad （6-17）$$

式中：I_{Le} 为励磁回路交流侧额定电流；C_L 为励磁绕组热容量。

励磁绕组过负荷保护反时限特性曲线如图 6-17 所示，图中 I_{L2}、T_{L2} 分别为反时限启动电流和下限段动作时间，I_{L3}、T_{L3}

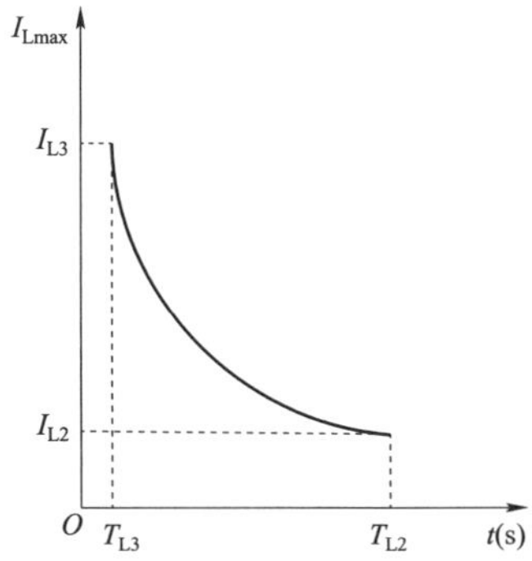

图 6-17　励磁绕组过负荷保护反时限特性曲线

分别为反时限上限电流和动作时间。

励磁绕组过负荷保护逻辑框图如图 6-18 所示。

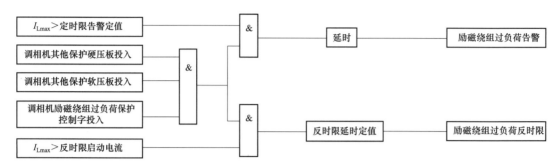

图 6-18　励磁绕组过负荷保护逻辑框图

（八）调相机负序过负荷保护

调相机负序过负荷保护，即转子表层过负荷，用于保护调相机转子以防表面过热，反应定子绕组的负序电流大小。保护由定时限和反时限两部分组成，定时限段发信，反时限特性曲线由三部分组成，即下限段、反时限段和上限段。下限段设电流启动值，当电流大于启动电流时开始累积。

1. 负序过负荷保护反时限动作

负序过负荷保护反时限动作判据为

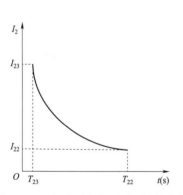

图 6-19　负序过负荷反时限特性曲线

$$\begin{cases} I_2 > I_{22} \\ [(I_2/I_e)^2 - I_{2\infty}^2]t > A_2 \end{cases} \quad (6-18)$$

式中：t 为保护延时元件；$I_{2\infty}$ 为调相机长期运行允许负序电流（标幺值）；A_2 为调相机转子负序发热常数，反映转子表层承受负序电流的能力。

负序反时限特性曲线如图 6-19 所示。图中 I_{22}、T_{22} 分别为负序反时限启动电流定值和下限段动作时间，I_{23}、T_{23} 分别为反时限上限电流和动作时间。

2. 逻辑框图

调相机负序过负荷保护逻辑框图如图 6-20 所示。

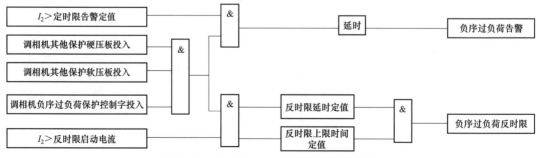

图 6-20　调相机负序过负荷保护逻辑框图

（九）调相机电压保护

1. 过电压保护

调相机过电压保护用于保护调相机各种运行工况下引起的定子绕组过电压。保护反应调相机机端线电压的大小，设置两段，每段设一时限，其中Ⅰ段跳闸、Ⅱ段告警。每段都可通过控制字投退。

保护采用三相"或"门出口。

2. 调相机低压解列保护

同步调相机在并网条件下，如果发生换流站全站失电事故，调相机将惰转运行，为防止在此情况下重新送电导致调相机异步启动，需设置低压解列保护功能，在调相机失电时跳开并网断路器，防止发生冲击。

调相机低压解列保护用于在外部电源故障、失去电压时联切机组，以避免调相机电源恢复时造成对机组的冲击。保护反应调相机机端线电压的大小，同时引入高压断路器的辅助触点位置判断，具有并网（解列）后自动投入（退出）运行的功能。

保护采用三相"与"门出口。

3. 逻辑框图

调相机过电压保护逻辑框图和调相机低压解列保护逻辑框图如图 6-21 和图 6-22 所示。

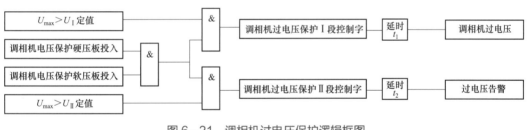

图 6-21 调相机过电压保护逻辑框图

图 6-22 调相机低压解列保护逻辑图

（十）调相机误上电保护

1. 保护原理

调相机误合闸操作时从系统向调相机定子绕组倒送的大电流将在气隙中产生旋转磁场，使转子本体中流过差频电流，可能烧伤转子；误上电时引起转子急剧加速，也可能损伤轴瓦，因此需设置专用的调相机误上电保护。

误上电时高压侧断路器由开到合，电流会大于最小的误上电电流 I_{PH}，因此可用电流元件作为保护判据，启机过程中保护受低频元件和低电压元件开放，具有并网（解列）后自动投入（退出）运行的功能。

2. 逻辑框图

调相机误上电保护逻辑框图如图 6-23 所示。

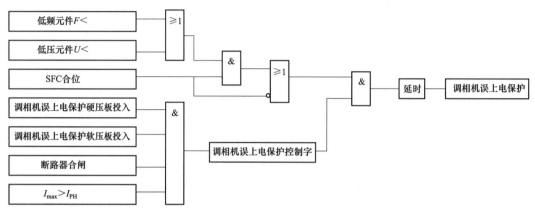

图 6-23　调相机误上电保护逻辑框图

（十一）启机保护

1. 保护原理

调相机启动保护，包括启机差动保护、启机过电流保护和启机零压保护三个功能，分别用作低频启机时的相间故障主保护、后备保护、定子接地保护，在调相机工频运行时退出。

保护采用的算法与信号的频率无关。

采用零序电压式定子接地保护原理反应定子接地故障，其零序电压取自调相机机端零序 TV；低频过电流保护电流取自调相机中性点。

2. 逻辑框图

调相机启机保护逻辑框图如图 6-24 所示。

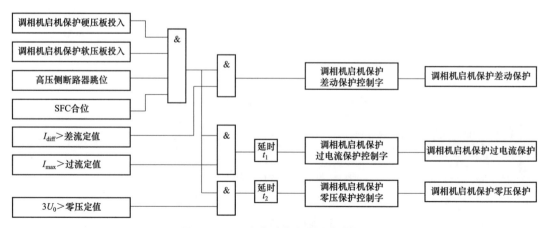

图 6-24　调相机启机保护逻辑框图

（十二）后备保护

1. 调相机复压过电流保护

调相机复压过电流保护可作为调相机故障的后备和系统故障的远后备，电流取调相机最大相电流，电压取机端普通 TV。

（1）电流元件。过电流元件为按相动作方式，动作判据为

$$\text{Max}(I_a, I_b, I_c) > I_L \qquad (6-19)$$

式中：I_a、I_b、I_c 为三相电流；I_L 为过电流定值。

（2）复压元件。复合电压元件由相间低电压和负序电压"或"门构成，动作判据为

$$\text{Min}(U_{ab}, U_{bc}, U_{ca}) < U_{xjzd} \qquad (6-20)$$

或

$$U_2 > U_{fxzd} \qquad (6-21)$$

式中：U_{ab}、U_{bc}、U_{ca} 为三个相间电压；U_{xjzd} 为低电压定值；U_2 为负序电压；U_{fxzd} 为负序电压定值。

（3）说明。对于自并励调相机，在短路故障后电流衰减变小，故障电流在过电流保护动作出口前就可能已经返回，因此在复合电压过电流保护启动后，过流元件需带有记忆功能，使保护能可靠动作出口，电流是否带记忆功能可通过功能位选择。

当 TV 断线时，根据控制字"调相机 TV 断线退出复压过电流"选择有不同的处理方式：可在机端普通 TV 断线后退出复压过电流保护或不判电压元件变为纯过电流保护。

（4）逻辑框图。调相机复压过电流保护逻辑框图如图 6-25 所示。

2. 调相机过励磁保护

（1）保护原理。调相机会由于电压升高或者频率降低而出现过励磁，配置过励磁保护能有效地防止调相机或变压器因过励磁造成的损坏。过励磁保护由定时限和反时限两部分构成，其中定时限段告警，反时限段跳闸。

过励磁保护反应过励磁倍数而动作，过励磁倍数 N 表达为

$$N = \frac{B}{B_e} = \frac{U/f}{U_e/f_e} = \frac{U_*}{f_*} \qquad (6-22)$$

式中：B、B_e 为分别为磁通量、额定磁通量；U、f 分别为电压、频率；U_e、f_e 分别为基准电压、额定频率；U_*、f_* 分别为电压标幺值、频率标幺值。

定时限过励磁：当过励磁倍数 N 大于定时限告警定值，经过整定延时后发出告警信号。

反时限过励磁：保护整定时，必须与被保护的调相机或变压器制造厂商提供的过励磁能力曲线相配合。反时限动作特性曲线如图 6-26 所示，含 7 段。其中第 1 段的过励磁倍数、后续各段过励倍数的级差以及各段所对应的时间定值都可整定。每段对应一个时限，落在相邻段之间的时限采用线性插值计算，从而拟合被保护对象的反时限过励磁曲线。

过励磁保护采用三相"与"门出口。

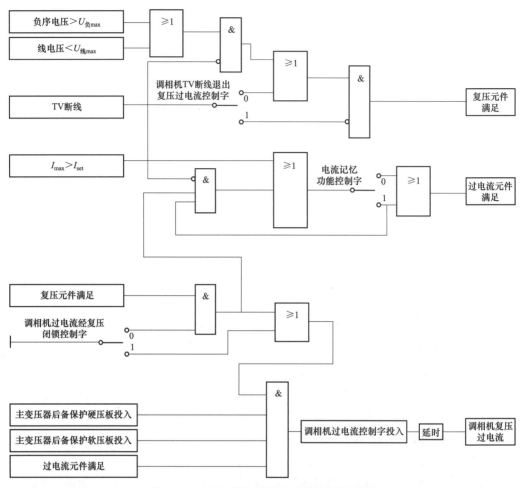

图 6-25　调相机复压过电流保护逻辑框图

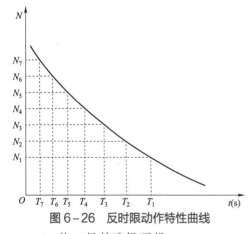

图 6-26　反时限动作特性曲线

（2）逻辑框图。

调相机过励磁保护逻辑框图如图 6-27 所示。

（十三）热工保护

1. 热工保护配置

出于调相机本体运行安全考虑，大型空冷调相机本体热工保护目前共配置了 5 个热工保护，包括调相机轴瓦温度高跳机、调相机轴振和绝对振动高跳机、调相机润滑油供油口压力低跳机、调相机润滑油油箱液位低跳机、外冷水系统保护跳机。

2. 热工保护跳机逻辑

（1）调相机轴瓦温度高跳机。调相机出线端与非出线端分别有 2 个轴瓦温度信号，当 4 个温度量均在测量量程范围内且未出现坏质量的情况下，任意一个温度量超过定值时，

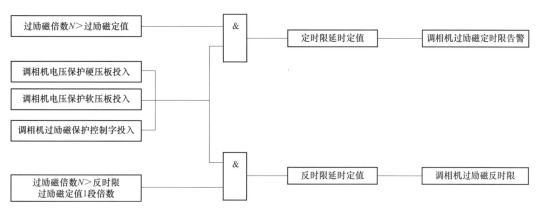

图 6-27　调相机过励磁保护逻辑框图

通过取"或"逻辑输出调相机轴瓦温度高信号,通过该信号来触发三冗余调相机本体系统保护停机输出信号,然后经 DCS 系统电气系统屏柜进行"三取二"逻辑运算后输出三个调相机-变压器组保护屏热工保护跳闸停机信号。

(2)调相机轴振和绝对振动高跳机。调相机出线端与非出线端各有 1 个调相机 X 或 Y 向轴振和 1 个 X 或 Y 向绝对振动测量信号。当 4 个振动值均在测量量程范围内且未出现坏质量的情况下,任意一个振动值超过定值时,通过取"或"逻辑输出调相机振动高信号,通过该信号来触发三冗余调相机本体系统保护停机输出信号,然后经 DCS 系统电气系统屏柜进行"三取二"逻辑运算后输出三个调相机-变压器组保护屏热工保护跳闸停机信号。

(3)调相机油箱液位低低跳机。调相机润滑油系统集装油箱共配置 3 个磁翻板液位传感器,上面安装有 3 组 12 个液位开关,可输出 3 个调相机润滑油箱液位低低开关量输入信号,通过"三取二"逻辑判断经延时输出调相机油箱液位低低信号,该信号触发三冗余的调相机润滑油系统非电量保护停机信号,然后经 DCS 系统电气系统屏柜进行"三取二"逻辑运算后输出三个调相机-变压器组保护屏热工保护跳闸停机信号。

(4)调相机润滑油压力低跳机。调相机润滑油供油母管共配置 3 个压力开关输出三个调相机润滑油供油母管压力事故低开关量输入信号。在三冗余在线试验模块电磁换向阀未置 1 的情况下,对三冗余的调相机轴承润滑供油母管压力事故低信号采用"三取二"逻辑判断,延时输出调相机润滑供油母管压力过低信号,该信号触发三冗余的调相机润滑油系统非电量保护停机信号,然后经 DCS 系统电气系统屏柜进行"三取二"逻辑运算后输出三个调相机-变压器组保护屏热工保护跳闸停机信号。

(5)外冷水保护停机。调相机外冷水系统共配置 1 个空冷器进水流量传感器和 2 个空冷器进水压力传感器,共输出 1 路空冷器进水流量信号和 2 个空冷器进水压力信号:① 当空冷器进水流量信号低于流量低低定值或任意进水压力高于压力高定值或低于压力低定值;② 当空冷器进水流量信号低于流量低定值或选择后进水压力低于压力低低定值,延时 30s 输出调相机外冷水保护停机信号,该信号触发三冗余的调相机外冷水系统非电量保护停机信号,然后经 DCS 系统电气系统屏柜进行"三取二"逻辑运算后输出三个调相机-变压器组保护屏热工保护跳闸停机信号。

3. 说明

因 DCS 系统故障导致调相机热工保护跳机事故多次发生,根据国网公司要求远期考虑将热工保护全部迁移至非电量保护屏,实现 DCS 与热工保护完全解耦,国网设备部将热工保护列入了 2022 年重点工作,规定"热工保护迁移试点工作:制定标准化迁移及实施方案,实现热工保护与 DCS 完全解耦,在锡盟换流站 1 号调相机及泰州换流站 1、2 号调相机开展迁移试点工作。

二、主变压器、励磁变压器保护

(一)主变压器、励磁变压器差动保护

主变压器差动保护有差动速断保护、比率差动保护。

1. 比率差动

(1)主变压器、励磁变压器差动保护采用三段式折线特性,分别如图 6-28 和图 6-29 所示。

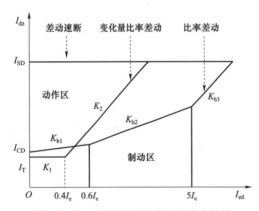

图 6-28 主变压器差动保护动作特性

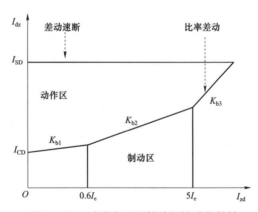

图 6-29 励磁变压器差动保护动作特性

(2)各侧电流幅值补偿。各侧电流幅值补偿变压器各侧电流互感器采用星形接线,均以指向变压器为正极性端。

计算变压器各侧一次额定电流为

$$I_{1e} = \frac{S_e}{\sqrt{3}U_{1e}} \quad (6-23)$$

计算变压器各侧二次额定电流为

$$I_{2e} = \frac{I_{1e}}{n_{LH}} \quad (6-24)$$

式中:S_e 为变压器三相额定容量;U_{1e} 为变压器各侧一次额定电压(应以运行的实际电压为准);I_{1e} 为变压器各侧一次额定电流;n_{LH} 为变压器各侧 TA 变比。

（3）各侧电流相位补偿。变压器各侧 TA 二次电流相位由软件自动校正，采用在 Y 侧进行校正相位的方法。Ynd11 接线时的校正方法为

Yn 侧

$$
\begin{cases}
I'_{\mathrm{A}} = (\dot{I}_{\mathrm{A}} - \dot{I}_{\mathrm{B}}) / \sqrt{3} \\
I'_{\mathrm{B}} = (\dot{I}_{\mathrm{B}} - \dot{I}_{\mathrm{C}}) / \sqrt{3} \\
I'_{\mathrm{C}} = (\dot{I}_{\mathrm{C}} - \dot{I}_{\mathrm{A}}) / \sqrt{3}
\end{cases}
\tag{6-25}
$$

式中：$\dot{I}_{\mathrm{A}}$、$\dot{I}_{\mathrm{B}}$、$\dot{I}_{\mathrm{C}}$ 为 Y 侧二次电流；I'_{A}、I'_{B}、I'_{C} 为 Y 侧校正后的各相电流。

差动电流与制动电流的相关计算都是在电流相位校正和平衡补偿后的基础上进行。

（4）差动电流和制动电流的计算方法为

$$
\begin{cases}
I_{\mathrm{dz}} = \left| \displaystyle\sum_{i=1}^{N} \dot{I}_{\mathrm{i}} \right| \\
I_{\mathrm{zd}} = \dfrac{1}{2} \left| \dot{I}_{\max} - \sum \dot{I}_{\mathrm{f}} \right|
\end{cases}
\tag{6-26}
$$

式中：I_{dz} 为差动电流；I_{zd} 为制动电流；$\displaystyle\sum_{i=1}^{N} \dot{I}_{\mathrm{i}}$ 为所有侧相电流之和；$\dot{I}_{\max}$ 为所有侧中幅值最大的相电流；$\sum \dot{I}_{\mathrm{f}}$ 为除最大相电流侧之外的其他侧相电流之和。

（5）比率差动保护的动作判据为

$$
\begin{cases}
I_{\mathrm{dz}} > K_{\mathrm{b1}} I_{\mathrm{zd}} + I_{\mathrm{CD}} \\
I_{\mathrm{dz}} > K_{\mathrm{b2}} (I_{\mathrm{zd}} - 0.6 I_{\mathrm{e}}) + K_{\mathrm{b1}} \times 0.6 I_{\mathrm{e}} + I_{\mathrm{CD}} \\
I_{\mathrm{dz}} > K_{\mathrm{b3}} (I_{\mathrm{zd}} - 5 I_{\mathrm{e}}) + K_{\mathrm{b2}} (I_{\mathrm{zd}} - 0.6 I_{\mathrm{e}}) + K_{\mathrm{b1}} \times 0.6 I_{\mathrm{e}} + I_{\mathrm{CD}}
\end{cases}
\tag{6-27}
$$

式中：I_{CD} 为差动启动电流定值；I_{zd} 为制动电流；K_{b1}、K_{b2}、K_{b3} 分别为各段的比率制动斜率；I_{e} 为变压器高压侧额定电流。

（6）励磁涌流闭锁原理。二次谐波闭锁原理采用三相差动电流中二次谐波与基波的比值作为励磁涌流闭锁判据为

$$
I_{\mathrm{d}\phi2} > K_{\mathrm{XB2}} I_{\mathrm{d}\phi} \qquad (\phi = \mathrm{A,B,C})
\tag{6-28}
$$

式中：$I_{\mathrm{d}\phi}$、$I_{\mathrm{d}\phi2}$ 分别为各相差动电流中的基波和二次谐波分量；K_{XB2} 为二次谐波制动系数。

模糊识别闭锁原理设差流导数为 $I(k)$，每周的采样点数是 $2n$ 点

$$
X(k) = | I(k) + I(k+n) | / [| I(k) + | I(k+n) ||], \quad k = 1,2,\cdots,n
\tag{6-29}
$$

可认为 $X(k)$ 越小，该点所含的故障信息越多，即故障的可信度越大；反之，$X(k)$ 越大，该点所包含的涌流的信息越多，即涌流的可信度越大。取一个隶度函数，设为 $A[X(k)]$，综合一周的信息，对 $k = 1,2,\cdots n$，求得模糊贴近度 N 为

$$
N = \sum_{k=1}^{n} | A[X(k)] | / N
\tag{6-30}
$$

取门槛值为 K，当 $N>K$ 时认为是故障，当 $N<K$ 时认为是励磁涌流。

2. 差动速断

当任一相差动电流大于差动速断整定值时，差动速断保护动作，其动作判据为

$$I_{dz} > I_{SD} \tag{6-31}$$

式中：I_{dz} 为差动电流；I_{SD} 为差动速断电流定值。

3. 主变压器差动过励磁闭锁原理

在变压器过励磁时，励磁电流将激增，可能引起差动保护误动，采用差动电流的五次谐波与基波的比值作为闭锁判据为

$$I_{d\phi5} > K_{XB5}I_{d\phi} \qquad (\phi = A, B, C) \tag{6-32}$$

式中：$I_{d\phi5}$ 为各相差动电流中的五次谐波分量；K_{XB5} 为五次谐波制动系数。

4. 主变压器变化量差动

采用比率制动特性，平衡系数的计算同比率差动，差动电流和制动电流的计算方法为：

差动电流

$$I_{dz} = \left| \sum_{i=1}^{N} \Delta \dot{i}_i \right| \tag{6-33}$$

制动电流

$$I_{zd} = \frac{1}{2} \sum_{i=1}^{N} |\Delta \dot{i}_i| + \Delta \dot{i}_{fd} \tag{6-34}$$

式中：$\Delta \dot{i}_i$ 为构成差动保护的各侧电流变化量；$\Delta \dot{i}_{fd}$ 为电流变化量浮动门槛。

变化量差动保护动作判据为

$$\begin{cases} I_{dz} > I_T & I_{zd} \leqslant 0.4I_e \\ I_{dz} \geqslant K_2(I_{zd} - 0.4I_e) + I_T & 0.4I_e < I_{zd} \end{cases} \tag{6-35}$$

式中：I_T 为 Min $(0.3I_e,\ I_{CD}) + I_{ft}$；$I_{ft}$ 为浮动门槛；I_{dz} 为动作电流；I_{zd} 为制动电流；K_2 为比率制动斜率。

5. 说明

具有电流互感器（TA）断线判别功能，并能通过控制字选择是否闭锁比率差动保护，当差动电流大于额定电流的 1.2 倍时可自动解除闭锁。

正常情况下（保护不启动）监视各相差流异常，延时发差流越限告警信号。由于断路器 TA 与套管 TA 变比可能相差较大、主变压器与交流开关场距离可能较远等原因，为确保主变压器差动保护的性能，变压器高压侧 TA 可通过控制位选择使用断路器 TA 或套管 TA。

6. 逻辑框图

主变压器、励磁变压器差动保护逻辑框图分别如图 6-30 和图 6-31 所示。

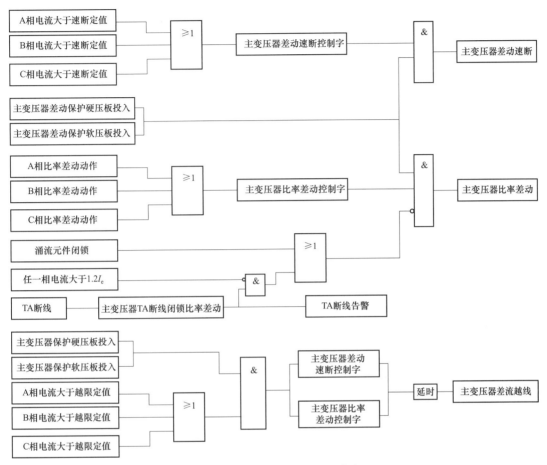

图 6-30　主变压器差动保护逻辑框图

（二）主变压器过励磁保护

1. 保护原理

主变压器过励磁保护原理同调相机过励磁保护，见调相机后备保护。

2. 逻辑框图

主变压器过励磁保护逻辑框图如图 6-32 所示。

（三）主变高压侧过负荷保护

1. 保护原理

主变压器高压侧配置有过负荷保护，保护检测变压器高压侧三相电流中的最大值。

保护固定投入，动作于告警。

保护用电流取自主变压器高压侧断路器 TA 或套管 TA 通道，可通过控制字"主变压器高过负荷保护取断路器 TA"设置。

2. 逻辑框图

主变压器高压侧过负荷保护逻辑框图如图 6-33 所示。

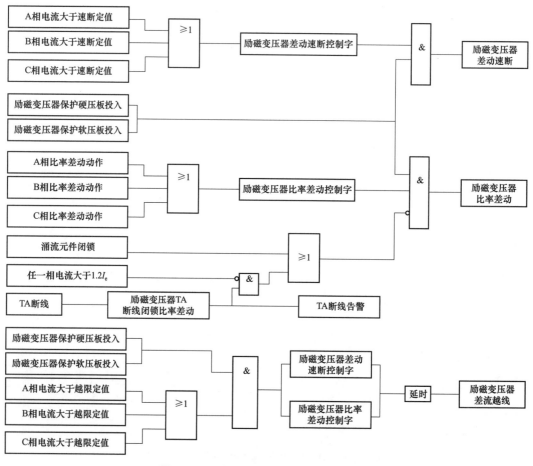

图 6-31 励磁变压器差动保护逻辑框图

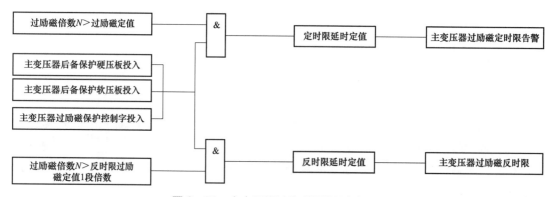

图 6-32 主变压器过励磁保护逻辑框图

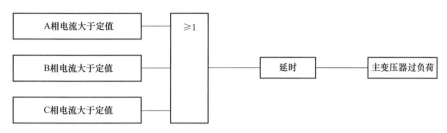

图 6-33　主变压器高压侧过负荷保护逻辑框图

（四）主变压器高压侧复压过电流保护

主变压器高压侧的复合电压过电流保护反应相间短路故障，用作主变压器和相邻元件短路的后备保护。

1. 电流元件

保护用电流取自主变压器高压侧断路器 TA 或套管 TA 通道，可通过控制字"主变压器高过电流保护式中：I_a、I_b、I_c 为三相电流；I_L 为过电流定值。

2. 复压元件

复合电压元件由相取断路器 TA"设置。过电流元件为按相动作方式，动作判据为

$$Max(I_a, I_b, I_c) > I_L \qquad (6-36)$$

间低电压和负序电压"或"门构成，动作判据为

$$Min(U_{ab}, U_{bc}, U_{ca}) < U_{xjzd} \qquad (6-37)$$

或

$$U_2 > U_{fxzd} \qquad (6-38)$$

式中：U_{ab}，U_{bc}，U_{ca} 为三个相间电压；U_{xjzd} 为低电压定值；U_2 为负序电压；U_{fxzd} 为负序电压定值。

3. 方向元件

保护有可投退的方向元件且方向的指向可整定（指向母线或变压器）。

方向元件采用 90° 接线，最大灵敏角 ϕ_{lm} 固定取 $-45°$。保护的动作范围为 $\phi_{lm} \pm 85°$，动作特性见图 6-34。为消除保护安装处近端三相金属性短路故障时可能出现的方向死区，方向元件带有电压记忆功能。

4. 说明

当主变压器高压侧 TV 断线时，根据控制字"主变压器高 TV 断线退出复压过电流"选择有不同的处理方式。整定为 1 时表示高压侧 TV 断线后退出复压过电流保护；整定为 0 时表示高压侧 TV 断线后不判电压元件，变为纯过电流保护。

5. 逻辑框图

主变压器高压侧复压过电流保护逻辑框图如图 6-35 所示。

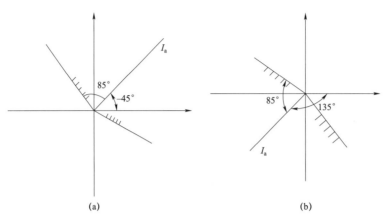

图 6-34　相间方向元件动作特性

（a）方向指向变压器；（b）方向指向母线

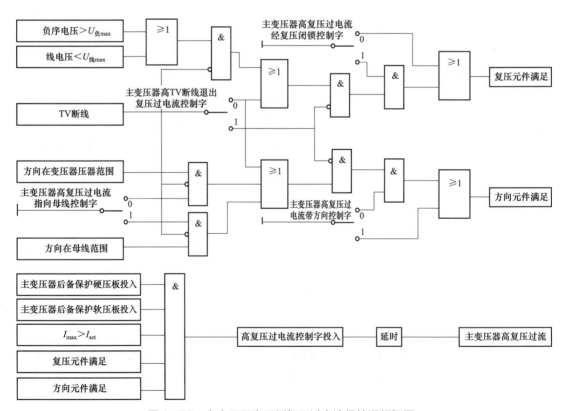

图 6-35　主变压器高压侧复压过电流保护逻辑框图

（五）主变压器中性点零序过电流保护

主变压器中性点零序过电流保护反应大电流接地系统的接地故障，作为变压器和相邻元件的后备保护。

1. 电流元件

电流元件幅值取外接中性点零流通道，动作判据为

$$3I_0 > 3I_{0zd} \qquad\qquad (6-39)$$

式中：$3I_{0zd}$ 为零序过电流定值。

2. 方向元件

保护有可投退的方向元件且方向的指向可整定（指向母线或变压器）。

方向元件采用 0° 接线，最大灵敏角 ϕ_{1m} 固定取 $-100°$。保护的动作范围为 $\phi_{1m} \pm 80°$，动作特性见图 6-36。

方向元件中的零序电压 $3U_0$ 取（$\dot U_A + \dot U_B + \dot U_C$），零序电流 $3I_0$ 取（$\dot I_A + \dot I_B + \dot I_C$）。

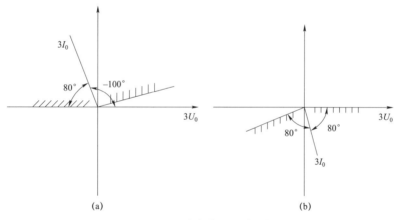

图 6-36　零序方向元件动作特性

（a）方向指向变压器；（b）方向指向母线

3. 说明

当方向元件投入时，TV 断线后退出零流方向元件还是退出零流保护可通过控制字选择。当主变压器高压侧 TV 断线时，根据控制字"主变压器高 TV 断线退出零序过电流"选择有不同的处理方式。整定为 1 时表示高压侧 TV 断线后退出零序过电流保护；整定为 0 时表示高压侧 TV 断线后退出方向元件，变为纯过电流保护。

方向元件使用的电流取自主变压器高压侧断路器 TA 或套管 TA 通道，与控制字"主变压器高过电流保护取断路器 TA"设置有关。

4. 逻辑框图

主变压器中性点零序过电流保护逻辑框图如图 6-37 所示。

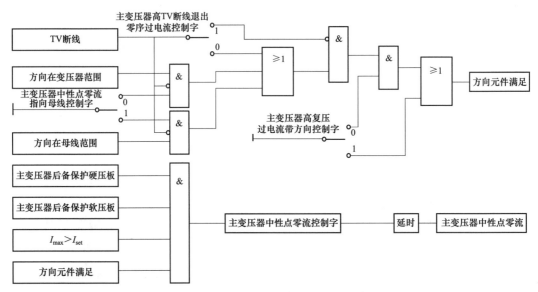

图 6-37　主变压器中性点零序过电流保护逻辑框图

（六）励磁变压器过电流保护

1. 保护原理

励磁变压器过电流保护与励磁变压器差动保护配合使用，作为励磁变压器的后备保护。保护电流取自励磁变压器高压侧 TA。

2. 逻辑框图

励磁变压器过电流保护逻辑框图如图 6-38 所示。

图 6-38　励磁变压器过电流保护逻辑框图

（七）非电量保护

1. 非电量保护原理

主变压器非电量保护配置有：主变压器重瓦斯跳闸、主变压器油温过高、主变压器绕组温度过高、主变压器油位异常告警、主变压器冷却器全停、主变压器压力释放阀、主变压器突发压力报警保护，其中投跳闸信号的为主变压器重瓦斯跳闸，其余为报警信号。

从变压器本体来的非电量信号经装置重动后给出中央信号、远方监控信号、事件记录三组接点，同时装置也能记录非电量动作情况，并驱动相应的信号灯，如图 6-39 所示。直接跳闸的非电量信号可直接启动装置的跳闸继电器，如图 6-40 所示；而需要延时跳闸的非电量信号，可经过定值整定的延时启动装置的跳闸继电器，如图 6-41 所示。

图 6-39　仅需发信的非电量信号接线原理图

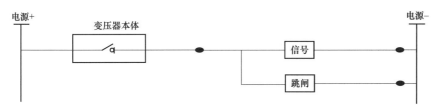

图 6-40　需跳闸的非电量信号接线原理图

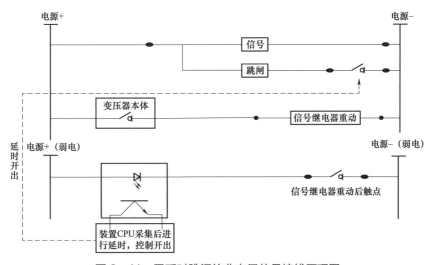

图 6-41　需延时跳闸的非电量信号接线原理图

2. 冷却器全停保护

强油循环风冷和强油循环水冷变压器，当冷却系统故障切除全部冷却器时，允许带额定负载运行 20min。如 20min 后顶层油温尚未达到 75℃，则允许上升到 75℃，但在这种状态下运行的最长时间不得超过 1h。

冷却器全停保护逻辑图如图 6-42 所示。

三、SFC 系统保护

（一）SFC 系统保护

为保证 SFC 系统及回路的安全运行，需配置相应保护，SFC 系统配置了差动保护、过电流保护、过电压保护、低电压保护等保护。

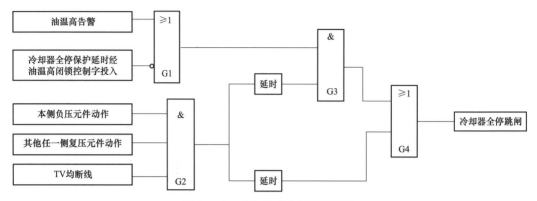

图 6-42 冷却器全停保护逻辑图

1. SFC 变流桥差动保护

SFC 网桥侧为工频电流，而机桥侧为变频电流，要实现两侧频率不一致情况下的差动保护。采用与机桥侧频率无关的处理方法，将机桥侧变频电流经算法处理转成工频校正电流，再与网桥侧电流构成差动电流和制动电流，采用全周傅氏算法计算。为了提高差动保护的可靠性，采用比率制动特性表达为

$$
\begin{cases}
I_\mathrm{d} > \mathrm{Max}(I_\mathrm{cdqd}, K_\mathrm{set} I_\mathrm{r}) \\
I_\mathrm{d} = |\dot{I}_\mathrm{N} - \dot{I}'_\mathrm{M}| \\
I_\mathrm{r} = \dfrac{I_\mathrm{N} + I'_\mathrm{M}}{2}
\end{cases}
\tag{6-40}
$$

式中：I_N 为网桥侧电流；I'_M 为机桥侧校正电流；I_d 为差动电流；I_r 为制动电流；I_cdqd 为差动启动定值；K_set 为比率制动系数。

变流桥差动保护动作逻辑如图 6-43 所示。

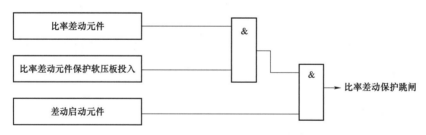

图 6-43 变流桥差动保护动作逻辑图

2. 输入变压器高压侧过电流保护

输入变压器高压侧配置两段过电流保护，电流取自输入变压器高压侧 TA，每段各设 1 个时限。

输入变压器高压侧过电流保护动作逻辑如图 6-44 所示。

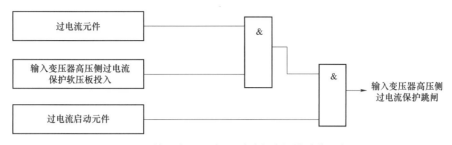

图 6-44　输入变压器高压侧过电流保护动作逻辑图

3. 网桥侧过电流保护

网桥侧配置两组过电流保护，电流分别取自网桥 1 侧 TA 和网桥 2 侧 TA，各设 2 段延时定值。

网桥侧过电流保护动作逻辑如图 6-45 所示。

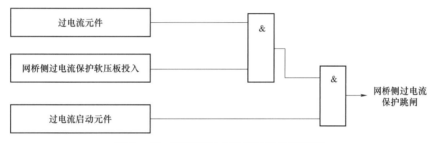

图 6-45　网桥侧过电流保护动作逻辑图

4. 机桥侧过电流保护

机桥侧配置两组过电流保护，电流分别取自机桥 1 侧 TA 和机桥 2 侧 TA，各设 2 段延时定值。

机桥侧过电流保护动作逻辑如图 6-46 所示。

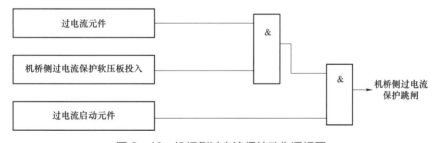

图 6-46　机桥侧过电流保护动作逻辑图

5. 输入变压器低压侧低电压保护

输入变压器低压侧配置 1 段低电压保护，保护反应输入变压器低压侧三相间电压，可选择动作于跳闸或报警。

输入变压器低电压侧配置保护动作逻辑如图 6-47 所示。

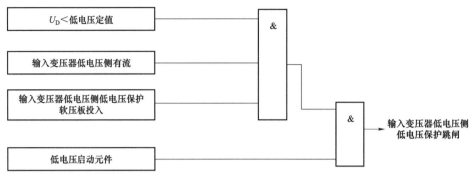

图6-47 输入变压器低电压侧配置保护动作逻辑图

6. 机桥侧过励磁保护

机桥侧设有2段定时限过励磁保护，1段跳闸，1段告警，延时可分别整定。保护反应机桥侧的过励磁倍数。

过励磁倍数计算为

$$n = U_* / f_* \tag{6-41}$$

式中：U_* 和 f_* 分别为电压的标幺值和频率的标幺值。

机桥侧过励磁保护动作逻辑如图6-48所示。

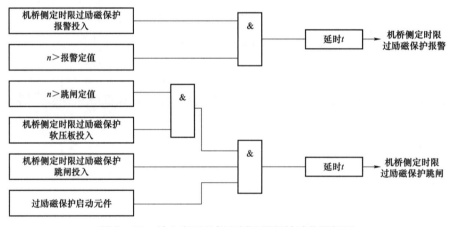

图6-48 输入变压器低压侧配置保护动作逻辑图

7. 机桥侧低励磁保护

机桥侧设有2段定时限低励磁保护，1段跳闸，1段告警，延时可分别整定。保护反应机桥侧过励磁倍数。

机桥侧低励磁保护动作逻辑如图6-49所示。

8. 机桥侧过电压保护

机桥侧设有2段过电压保护，1段跳闸，1段告警，延时可分别整定。保护反应机桥侧三相相间电压。

机桥侧过电压保护动作逻辑如图6-50所示。

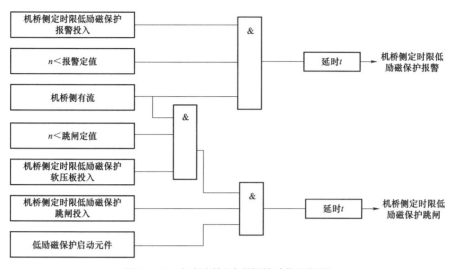

图 6−49　机桥侧低励磁保护动作逻辑图

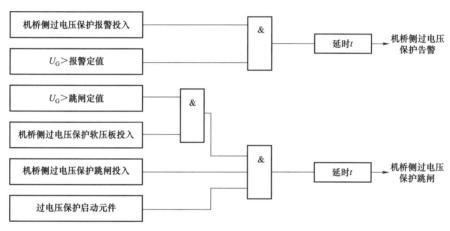

图 6−50　机桥侧过电压保护动作逻辑图

9. 机桥侧零序过电压保护

机桥侧设有 2 段零序过电压保护，1 段跳闸，1 段告警，延时可分别整定。保护反应机桥侧自产零序电压。

机桥侧零序过电压保护动作逻辑如图 6−51 所示。

10. 网桥侧零序过电压保护

网桥侧设有 2 段零序过电压保护，1 段跳闸，1 段告警，延时可分别整定。保护反应网桥侧零序电压。

网桥侧零序过电压保护动作逻辑如图 6−52 所示。

11. 机桥侧过频保护

机桥侧设有 2 段过频率保护，1 段跳闸，1 段告警，延时可分别整定。

机桥侧过频率保护动作逻辑如图 6−53 所示。

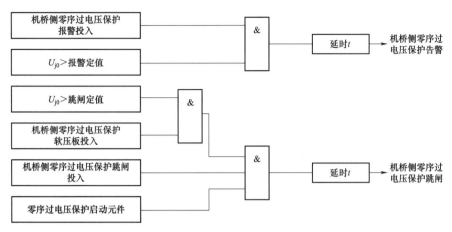

图 6-51　机桥侧零序过电压保护动作逻辑图

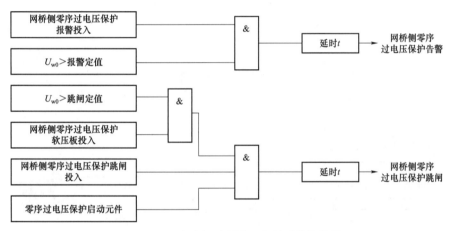

图 6-52　网桥侧零序过电压保护动作逻辑图

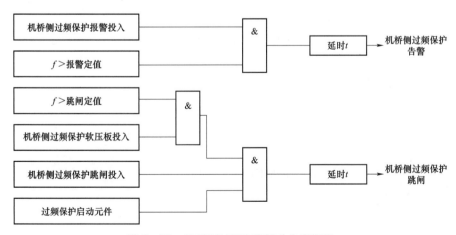

图 6-53　机桥侧过频率保护动作逻辑图

（二）隔离变压器保护

1. 差动速断保护

当变器内部、变压器引出线或变压器套管发生故障 TA 饱和时，TA 二次电流的波形发生严重畸变，为防止比率差动保护误判为涌流而拒动或延缓动作，采用差动速断保护快速切除严重故障。其动作判据

$$I_\mathrm{d} > I_\mathrm{sdset} \tag{6-42}$$

其中，I_d 为差动电流，I_sdset 为差动速断保护定值，此定值应躲开变压器空载合闸时可能产生的最大励磁涌流和躲过变压器区外故障时穿越电流造成的最大不平衡电流。当任一相差动电流大于差动速断整定值时，瞬时跳开各侧断路器。跳闸逻辑如图 6-54 所示。

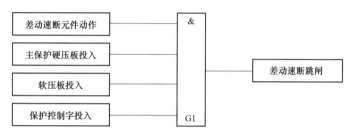

图 6-54 差动速断保护的动作逻辑图

2. 纵差保护

（1）比率制动特性。比率制动特性如图 6-55 所示。

图 6-55 中，I_d 为差动电流；I_res 为制动电流；I_d0 为差动门槛；k_r1 为一段差动制动系数；k_r2 为二段差动制动系数；$k_1 I_\mathrm{e}$ 为一段差动拐点；$k_2 I_\mathrm{e}$ 为二段差动拐点，拐点和制动系数均可整定。

差动保护动作方程为

$$\begin{cases} I_\mathrm{d} > I_\mathrm{d0} \\ I_\mathrm{d} > k_\mathrm{r1}(I_\mathrm{res} - k_1 I_\mathrm{e}) + I_\mathrm{d0} \\ I_\mathrm{d} > k_\mathrm{r2}(I_\mathrm{res} - k_2 I_\mathrm{e}) + k_\mathrm{r1}(k_2 I_\mathrm{e} - k_1 I_\mathrm{e}) + I_\mathrm{d0} \end{cases} \tag{6-43}$$

其中

$$I_\mathrm{res} = \frac{1}{2}(|\dot{I}_1| + |\dot{I}_2| + \cdots + |\dot{I}_m|)$$

$$I_\mathrm{d} = |\dot{I}_1 + \dot{I}_2 + \cdots + \dot{I}_m|$$

图 6-55 比率差动保护的动作特性

式中，$\dot{I}_1, \cdots, \dot{I}_m$ 分别为变压器各侧电流。

（2）TA 饱和。

为防止区外故障 TA 饱和造成差动误动作，本保护装置利用差动电流和制动电流是否

同步出现来判断区内外故障。差动电流晚于制动电流出现，则判为区外故障 TA 饱和，从而闭锁差动保护。

区外故障伴随 TA 饱和闭锁差动，又由于每个周波都会存在线性传变区。利用差流波形间断特性，很好地区分区内、区外故障。发生区外转区内故障，利用线性区特性来进行解除闭锁。保证装置的快速跳闸。

（3）利用谐波判别励磁涌流。励磁涌流中含有大量谐波，其中以二次谐波为主。利用差电流的二次谐波含量，可以识别涌流。判据为

$$I_{d2} > k_{xb2}I_{d1} \tag{6-44}$$

式中：I_{d1}、I_{d2} 为每相差动电流的基波、二次谐波；k_{xb2} 为二次谐波制动系数。当三相中某一相被判别为励磁涌流，只闭锁该相比率差动元件。

（4）利用波形识别判别励磁涌流。内部故障时，差流基本上是工频正弦波，而励磁涌流时，有大量的谐波分量存在，波形发生畸变，间断，不对称。利用算法识别出这种畸变，即可判别出励磁涌流。波形识别按相判断并制动纵差保护的对应相。

故障时，有

$$S_+ \leqslant K_b S \tag{6-45}$$

式中：S_+ 为 $\left| I_i' + I_{i-\frac{T}{2}}' \right|$ 的半周积分值；S 为 I_i' 的全周积分值；K_b 为波形不对称系数；I_i' 为差流导数前半波某一点的数值，$I_{i-\frac{T}{2}}'$ 为差流导数后半波对应点的数值。

当三相中某一相被判别为励磁涌流，只闭锁该相比率差动元件。

对于谐波判别和波形识别判别，装置中还综合了故障波形与单侧涌流、对称性涌流的各自的特点，采用了相应的算法和判据，保证装置能够准确地区分励磁涌流和故障波形，并保证故障时能够快速动作，空投时能够正确闭锁。

（5）TA 断线判别元件。TA 断线靠以下条件解除闭锁：

1）高、中、低侧最大相电流大于 $1.2I_e$；

2）任一侧任一相间突变量电压元件启动；

3）任一侧负序电压大于门槛；

4）负序电流元件启动；

5）差电流大于 $1.2I_e$；

6）差动电流与制动电流同步增加。

当［TA 断线闭锁差动保护］整定为"1"时，TA 断线告警情况下比率差动保护被闭锁，不会出口，如果 TA 断线后差动电流大于 $1.2I_e$ 时，解除 TA 断线闭锁，允许差动保护出口跳闸。当［TA 断线闭锁差动保护］整定为"0"时，则 TA 断线告警情况下不进行比率差动保护闭锁，只要满足差动保护动作条件，差动保护将出口跳闸。

（6）差动电流越限告警。当差流大于差流越限门槛小于差动启动定值时，此时不会引起差动启动，为防止负荷增加后或者区外故障引起差动保护误动，特增设差流越限告

警元件。

当差动保护控制字投入，任一相差流大于差流越限门槛的时间超过 10s 时，发出"差流越限告警"信号，不闭锁差动保护。默认情况下，差流越限门槛取 $0.15\,I_e$。

（7）TA 断线告警。当某侧负序电流大于 $0.06I_n$ 或零序电流大于 $0.08I_n$ 超过 10s 时，同时差流越限告警，则报该侧 TA 断线。

比率差动保护的动作逻辑框图如图 6-56 所示。

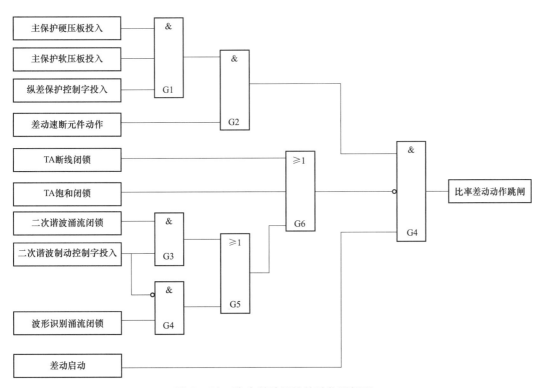

图 6-56　比率差动保护的动作逻辑图

3. 过电流保护

过电流保护主要作为变压器及相邻线路相间故障的后备保护。

复合电压元件。复合电压指相间低电压或负序过电压。

复压元件可经控制字选择由各侧电压经"或门"构成，或者仅取本侧（或本分支）电压。

本侧 TV 断线或电压退出后，复压过电流保护退出方向元件，同时取消本侧复压元件对其他侧复压过电流保护的复压开放作用。当复压元件仅取本侧电压，本侧 TV 断线或电压退出后，复压过电流保护变为纯过电流；当复压元件由各侧电压经"或门"构成，本侧 TV 断线或电压退出后，复压过电流保护受其他侧复压元件控制。当各侧电压均 TV 断线或电压退出后，各侧复压过电流保护变为纯过电流；本侧电压退出时，不发本侧

TV 断线告警信号。图 6-57 所示为复压元件逻辑图。图 6-58 所示为复压闭锁过电流保护逻辑图。

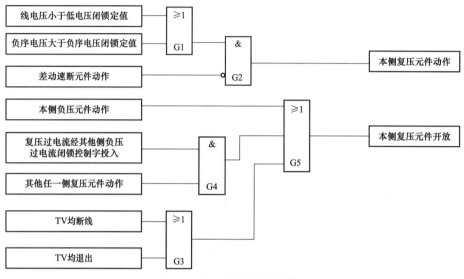

图 6-57 复压元件逻辑图

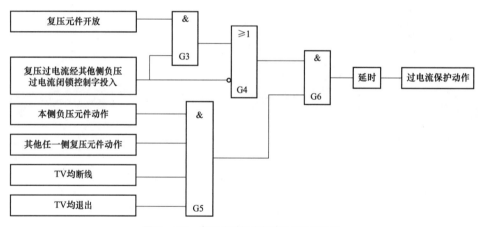

图 6-58 复压闭锁过电流保护逻辑图

4. 过负荷

过负荷保护逻辑框图如图 6-59 所示。

图 6-59 过负荷告警逻辑图

5. 低电压告警

低电压告警逻辑框图如图 6-60 所示。

低电压告警元件动作　————　延时　————　低电压告警

图6-60　低电压告警逻辑框图

6. TV 断线告警

（1）正序电压小于 30V，且任一相电流大于 $0.04I_n$；

（2）负序电压大于 8V。

满足上述任一条件，同时保护启动元件未启动，延时 1.25s 报该侧母线 TV 断线，并发出报警信号，在电压恢复正常后延时 10s 恢复。

当某侧电压退出时，该侧 TV 断线判别功能自动解除。

（三）非电量保护

SFC 隔离变压器保护配置有 SFC 隔离变压器超温告警、SFC 隔离变压器超温跳闸。

从变压器本体来的非电量信号经装置重动后给出中央信号、远方监控信号、事件记录三组接点，同时装置也能记录非电量动作情况，并驱动相应的信号灯。直接跳闸的非电量信号可直接启动装置的跳闸继电器；而需要延时跳闸的非电量信号，可经过定值整定的延时启动装置的跳闸继电器。

四、转子一点接地保护

1. 注入式转子一点接地保护

转子一点接地保护装置中嵌入专用注入电源模块，可实现注入式转子接地保护，在未加励磁电压的情况下也能监视转子绝缘，在转子绕组上任一点接地时，保护的灵敏度高且一致。采用自适应有源切换技术，消除转子绕组对地电容的影响。

注入电源从转子绕组的正负两端与大轴之间注入一个方波电源，实时求解转子一点接地电阻，保护反应转子对大轴绝缘电阻的下降。注入式转子接地保护的工作电路如图6-61所示。

图6-61中，R_x 为测量回路电阻，R_y 为注入大功率电阻，U_s 为注入电源模块，R_g 为转子绕组对大轴的绝缘电阻。

在方波的高电平和低电平两个状态下

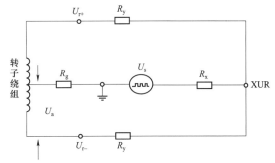

图6-61　注入式转子接地保护原理图

得到两组回路方程，通过求解方程，可以得到转子接地电阻 R_g，接地位置 a。

2. 乒乓式转子一点接地保护

采用乒乓式开关切换原理，通过求解两个不同的接地回路方程，实时计算转子接地电阻和接地位置。原理如图6-62所示，S1、S2 为由微机控制的静态联动电子开关，R_g 为励磁绕组接地电阻，a 为接地点位置，E 为转子励磁直流电动势。

切换图6-62中 S1、S2 电子开关，得到相应的回路方程，通过求解方程，可以得到转

子接地电阻 R_g，接地位置 a。

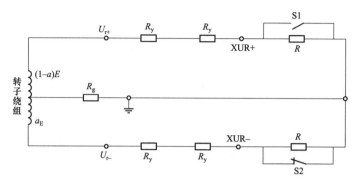

图 6-62 乒乓式转子接地保护原理图

3. 转子一点接地保护原理

保护反应转子对大轴绝缘电阻的下降。

转子一点接地判据为

$$R_g < R_{gset} \tag{6-46}$$

转子一点接地保护设两段动作值，高定值段动作于报警，低定值段可由控制字选择动作于报警或跳闸（如低定值段将报警和跳闸全部投入，装置按跳闸投入处理）。

4. 注入电源异常

装置实时监测注入电源电压的精度，当注入电源电压小于 80% 额定值的时候瞬时闭锁保护功能，并延时 10s 发注入电源异常告警信号，告警信号延时 10s 返回。

5. 转子接地保护逻辑图

柱子一点接地保护逻辑框图如图 6-63 所示。

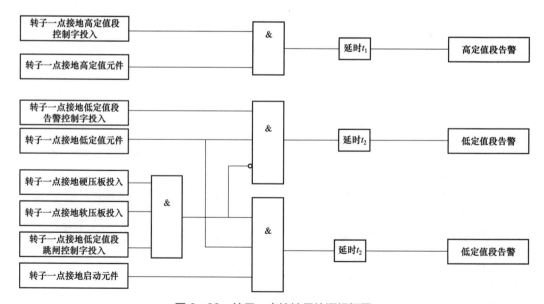

图 6-63 转子一点接地保护逻辑框图

第三篇
特高压工程经典案例解析

第七章　特高压交流工程经典案例分析

第一节　交流保护系统类事故

一、1000kV 某变电站 5 线 A 相线路单相故障

（一）故障概述

2017 年 5 月 26 日 12 时 23 分 16 秒，1000kV 某变电站 1000kV 5 线第一套、第二套线路保护动作，1000kV 5 线 A 相跳闸，断路器重合成功后三相跳闸，主接线如图 7-1 所示。

第一套线路保护型号为 PCS-931GM 线路保护装置和 PCS-925G 过电压及远跳就地判别装置，第二套线路保护型号为 CSC-103B 线路保护装置和 CSC-125A 过电压及远跳就地判别装置。T062、T063 断路器保护型号为 WDLK-862A/P 保护装置和 ZFZ-822/B 操作箱。

故障前，现场天气晴，设备健康状况良好，未有检修工作，1000kV 5 线、6 线、2 线、4 线运行，T021、T022、T031、T032、T033、T051、T052、T061、T062、T063 断路器运行，5 线、6 线负荷分别为 577MW 和 575MW。

（二）故障分析

1. 保护动作情况

（1）5 线第一套保护屏：

1）PCS-931GM 保护装置面板上跳 A、跳 B、跳 C 红灯亮，自保持。

2）装置液晶上故障报文信息：0000ms 保护启动动作；0011ms 纵联差动保护动作 A 动作；0023ms 距离 I 段动作 A 动作；故障相电压 22.21V；故障相电流 2.67A；故障测距 73.00kM；故障相别 A 相。

（2）5 线第二套保护屏。

1）CSC-103B 保护装置面板上跳 A、跳 B、跳 C 红灯亮，自保持。

2）装置液晶上故障报文信息：3ms 保护启动；15ms 纵联差动保护动作；15ms 分相差动动作；$I_{CDa}=2.000A$；$I_{CDb}=0.005\,3A$；$I_{CDc}=0.005\,3A$；跳 A 相；19ms 接地距离 I 段动作；$X=4.125Q$；$R=0.304\,752$；跳 A 相；$I_A=4.688A$；$I_B=0.016\,0A$；$I_C=0.005\,3A$；35ms 故障测距 $L=71.50km$；故障相别 A 相。

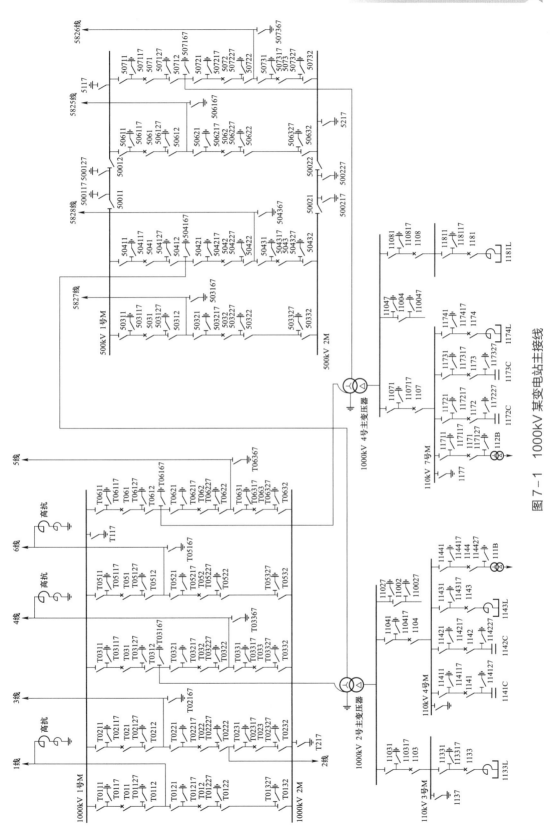

图 7 – 1 1000kV 某变电站主接线

（3）T062 断路器保护屏。

1）面板灯状态见表 7-1。

表 7-1　　　　　　　　　　　面 板 灯 状 态（一）

CPU1 运行	点亮	跳闸	点亮
CPU2 运行	点亮	失灵动作	熄灭
告警	熄灭	重合	熄灭
TV 断线	熄灭	充电投入	熄灭
重合允许	点亮		

2）保护报文。0ms 保护启动动作；故障持续时间 1416ms；160ms 启动动作；188msA 相跳闸开入动作；195msA 相跳位动作；212msA 相跳闸开出动作。

（4）T063 断路器保护屏。

1）面板灯状态见表 7-2。

表 7-2　　　　　　　　　　　面 板 灯 状 态（二）

CPU1 运行	点亮	跳闸	点亮
CPU2 运行	点亮	失灵动作	熄灭
告警	熄灭	重合	熄灭
TV 断线	熄灭	充电投入	熄灭
重合允许	点亮		

2）保护报文。0ms 保护启动动作；故障持续时间 1118ms；160ms 启动动作；187msA 相跳闸开入动作；207msA 相跳闸开出动作；208msA 相跳位动作。

（5）T062 断路器 ZFZ-822 操作箱：第一组跳闸回路 A 相跳闸Ⅰ、B 相跳闸Ⅰ、C 相跳闸Ⅰ灯和第二组跳闸回路 A 相跳闸Ⅱ、B 相跳闸Ⅱ、C 相跳闸Ⅱ灯亮。

（6）T063 断路器 ZFZ-822 操作箱：第一组跳闸回路 A 相跳闸Ⅰ、B 相跳闸Ⅰ、C 相跳闸Ⅰ灯和第二组跳闸回路 A 相跳闸Ⅱ、B 相跳闸Ⅱ、C 相跳闸Ⅱ灯亮。

（7）故障录波器动作情况，全站故障录波器启动，有录波文件。

2. 一次设备检查情况

（1）4 号主变压器 T062 断路器三相在分闸位置。

（2）5 线 T063 断路器三相在分闸位置。

（3）5 线线路避雷器 A 相指针读数正常，避雷器动作 1 次，BC 相读数正常，未动作。

（4）5 线站内其余设备检查无异常。

3. 巡线结果

输电专业组织登杆人员对线路开展检查，最终在某处耐张塔上 A 相复合绝缘子均压环上发现明显放电痕迹，如图 7-2 所示，故判断此杆塔处为故障点。

（三）处理措施

首先记录时间，清除音响。在故障发生后 5min 内，将故障时间、故障设备、断路器位置等信息汇报网调，站长（副站长）、运维管理单位。安排人员监视相关设备潮流情况，抄录监控后台光字、信号等重要信息。重点检查监控后台故障线路三相电压

图 7-2　复合绝缘子均压环放电痕迹

是否正常。如电压正常、潮流也正常，进一步观察光字信号，判断是否为重合成功。

根据所跳断路器及监控后台信号等，初步判断故障范围。安排人员检查一次设备情况：T062、T063 断路器的实际位置及外观检查、SF_6 气体压力、弹簧机构储能情况等，并检查站内 5 线线路保护范围内设备（包括线路压变、避雷器）及 5 线高压电抗器。检查时携带红外测温仪，对可能故障设备进行红外测温，排查是否 GIS 内部故障。重点检查故障相的 GIS 气室、分支母线、避雷器、电压互感器、高压电抗器等设备外观是否正常。

安排另一组人员检查继保小室内故障线路保护、断路器保护和重合闸动作情况，并打印保护动作报告和录波波形。查看故障录波器，打印故障录波图及故障分析报告，查看行波测距装置测距报告，综合分析判断故障原因及保护动作行为。

根据保护动作信号及现场一次设备检查情况，判断为 5 线 A 相故障 T062、T063 断路器 A 相跳闸，重合成功。故障发生后 15min 内，将现场一次设备外观检查情况、二次设备动作详细情况汇报网调，公司管理部门。

安排人员检查故障线路相关 GIS 气室局放告警情况。安排人员检查在线监测后台故障设备间隔相关 GIS 气室的压力变化情况，判断气室压力是否有明显异常，进一步排除站内故障可能性。若保护、故障录波器、行波测距等装置的故障测距值接近于零，应重点检查是否为站内设备故障，并做好相关记录。

二、1000kV 某变电站 2 号主变压器 A 相绕组单相接地故障

（一）故障概述

2019 年 7 月 19 日 16 时 42 分 35 秒，1000kV 某变电站 2 号主变压器第一套、第二套差动保护动作，重瓦斯保护动作，全站几乎所有保护启动，2 号主变压器三侧跳闸。

第一套电气量保护型号为 PCS-978GC-U，第二套电气量保护型号为 WBH-801A，非电气量保护型号为 PCS-974FG，T031、T032、5041、5042、1103、1104 断路器保护型号为许继电气 WDLK-862A/P 保护装置和 ZFZ-822/B 操作箱。

故障前，天气雷雨，气温 22℃，设备健康状况良好，正常运行方式。

（二）故障分析

1. 保护动作情况

差动保护配置示意图如图 7-3 所示，稳态比例差动逻辑框图如图 7-4 所示，分侧比例差动逻辑框图如图 7-5 所示。

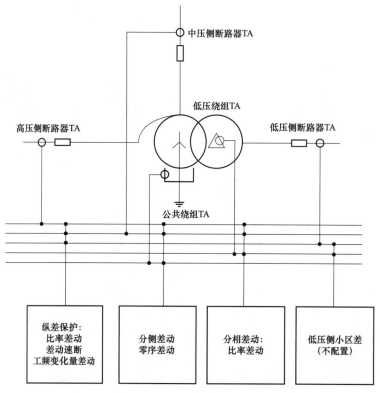

中压侧断路器TA

低压绕组TA

高压侧断路器TA　　　　低压侧断路器TA

公共绕组TA

| 纵差保护：比率差动 差动速断 工频变化量差动 | 分侧差动 零序差动 | 分相差动：比率差动 | 低压侧小区差（不配置） |

图 7-3　差动保护配置示意图

（1）2 号主变压器主体变压器第一套差动保护屏。

1）PCS-978 保护装置面板上跳闸红灯亮，自保持。

2）装置液晶面板上主要保护动作信息有：A 相比率差动保护动作；A 相差动速断保护动作；A 相分侧差动保护动作；A 相、B 相、C 相跳闸。

（2）2 号主变压器主体变压器第二套差动保护屏。

1）WBH-801A 保护装置面板上跳闸红灯亮，自保持。

2）装置液晶面板上主要保护动作信息有：A 相纵差动保护动作；A 相差动速断保护动作；A 相分侧差动保护动作；A 相、B 相、C 相跳闸。

（3）2 号主变压器主体变压器非电量保护屏。

1）PCS-974 保护装置面板上跳闸红灯亮，自保持。

2）装置液晶面板上主要保护动作信息有：A 相重瓦斯保护动作；A 相轻瓦斯保护动作；A 相油温高告警。

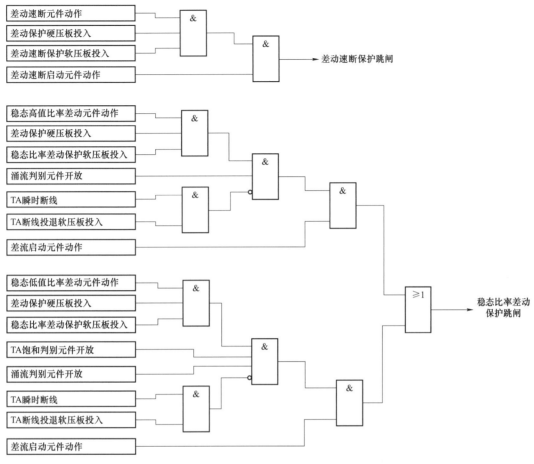

图 7－4　稳态比例差动逻辑框图

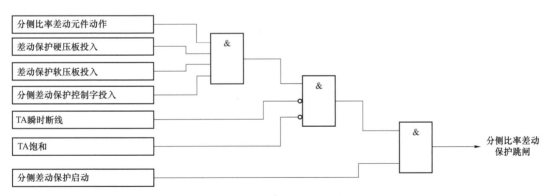

图 7－5　分侧比例差动逻辑框图

（4）1 号站用变压器保护屏。

1）CSC－246 保护装置面板上出口 5（跳 1 号站用变压器低压断路器出口）、出口 2（合 400V1/Ⅲ母线分段断路器出口）红灯亮，自保持；

2）装置液晶面板上主要保护动作信息有：0 号站用变压器分支 1 备用电源自动投入装备动作。

（5）T031 断路器保护屏、T032 断路器保护屏、5041 断路器保护屏、5042 断路器保护屏、1103 断路器保护屏、1104 断路器保护屏。

1）WDLK-862A 保护装置面板上跳闸红灯亮，自保持；ZFZ822 操作箱 A 相、B 相、C 相跳闸 I 红灯亮，A 相、B 相、C 相跳闸 II 红灯亮，A 相跳闸位置、B 相跳闸位置、C 相跳闸位置红灯亮，自保持。

2）装置液晶面板上主要保护动作信息有：瞬时跟跳 A 相；瞬时跟跳 B 相；瞬时跟跳 C 相；沟三跳闸。

（6）1000kV3 号故障录波器屏（2 号主变压器）。

故障录波装置动作，故障分析报告为主变压器 A 相故障；故障波形显示 A 相电流突增，故障电流明显大于 B、C 相负荷电流；A 相电压突减，故障电压明显低于 B、C 相电压；2 号主变压器第一套电气量保护 A 相动作，2 号主变压器第二套电气量保护 A 相动作、2 号主变压器 A 相重瓦斯保护动作；T031、T032、5041、5042、1103、1104 断路器分闸位置。

2. 一次设备检查情况

（1）T031、T032、5041、5042、1103、1104 断路器处于分闸位置，相关压力正常。

（2）1 号站用变压器低压断路器处于分闸位置；0 号站用变压器低压断路器处于合闸位置，站用电运行情况正常。

（3）2 号主变压器 A 相油温明显比 B、C 相高，现场外观检查情况正常，气体继电器内有明显气体，其他无异常。

（4）2 号主变压器差动保护范围内所有一次设备外观检查情况正常，无明显放电痕迹。

通过上述可判断，为 2 号主变压器 A 相发生内部故障，后续解体后发现箱体内绕组放电击穿接地短路导致此次故障的发生。

（三）处理措施

首先记录故障时间，清除音响，详细记录跳闸断路器编号及位置（可以拍照或记录），记录相关运行设备潮流，现场天气情况。在故障后 5min 内，当值值长将收集到的故障发生的时间、发生故障的具体设备及其故障后的状态、故障跳闸断路器及位置，相关设备潮流情况、现场天气等信息简要汇报调度；并安排人员将上述情况汇报设备管理单位、站部管理人员。

当值值长组织运维人员，根据监控后台重要光字、重要报文、断路器跳位信息，初步判断故障性质及范围，并进行清闪、清光字。当值值长为事故处理的最高指挥，负责和当值调度、联系；同时合理分配当值人员，安排 1～2 名正值现场检查保护、故录动作情况，并打印相关报告，重点检查主变压器保护、主变压器故录动作情况；安排 1～2 名副值现场检查一次设备情况，重点检查主变压器差动保护范围内的一次设备外观情况、相应断路器实际位置、外观情况；所有现场检查人员需带对讲机以方便信息及时沟通。

当值值长继续分析监控后台光字、报文（重要光字、报文需要全面，无遗漏），并和现场检查人员及时进行信息沟通,确保双方最新信息能够及时地传递到位,并负责和相关部门联系。运维人员到一次现场实地重点检查:主变压器三侧相应断路器位置、压力情况,主变压器差动保护范围内的设备外观情况,站用电切换情况,并将检查情况及时通过对讲机汇报当值值长。

运维人员到二次现场检查保护动作情况,记录保护动作报文,现场灯光指示,并核对正确后复归各保护及跳闸出口单元信号,打印保护动作及故障录波器录波波形并分析;现场检查时,注意合理利用时间,同时将现场检查情况,特别是故障相别及时通过对讲机汇报当值值长,以方便现场一次设备检查人员更精确地进行故障设备排查和定位。

当值值长汇总现场运维人员一、二次设备检查情况,根据保护动作信号及现场一次设备外观检查情况,判断故障原因为 2 号主变压器主体变压器 A 相内部故障,相应保护、故障录波器正确动作,三跳 2 号主变压器三侧断路器;站用电 I 段失电,0 号站用变压器备用电源自动投入装置正确动作,站用电 I 段电源恢复。

在故障后 15min 内,值长将上述一、二次设备检查、复归情况,站用电恢复情况及故障原因判断情况障详情汇报调度、设备管理单位及站部管理人员。

根据调度指令隔离故障点及处理:2 号主变压器 T031 断路器从热备用改为冷备用;2 号主变压器 T032 断路器从热备用改为冷备用;2 号主变压器 5041 断路器从热备用改为冷备用;2 号主变压器 5042 断路器从热备用改为冷备用;2 号主变压器 1103 断路器从热备用改为冷备用;2 号主变压器 1104 断路器从热备用改为冷备用;2 号主变压器从冷备用改为主变压器检修。

分析主变压器在线监测色谱分析数据,同时取油样进行色谱分析,判断确为主变压器内部故障,并做好记录,填报故障快报及汇报缺陷等。

三、1000kV 某变电站 I 母线故障

(一)故障概述

2020 年 9 月 27 日 15 时 57 分,1000kV 某变电站 1000kV I 母两套母线差动保护动作,I 母线所有断路器(T011、T021、T031、T041、T051)跳开,无负荷损失。现场检查 A 相故障,短路电流 36 570A,GIS 设备外观无明显故障点,现场天气晴,无倒闸操作及一、二次相关工作,主接线图如图 7-6 所示。

1000kV 某站位于 2016 年 9 月投运,1000kV 和 500kV 系统均为 3/2 断路器接线方式,故障前,1000kV I 母线处于运行,T011、T021、T031、T041、T051 断路器均为运行状态。

1000kV GIS 设备型号为 ZF17A-1100,1000kV I 母线投运日期 2016 年 9 月 11 日,GIS 自投运以来每月开展带电检测工作,最近检测日期为 2020 年 9 月 18 日,I 段母线检测结果均正常。I 段母线上次检修时间为 2020 年 5 月 9 日至 15 日,SF_6 气体微水及压力检测结果无异常。

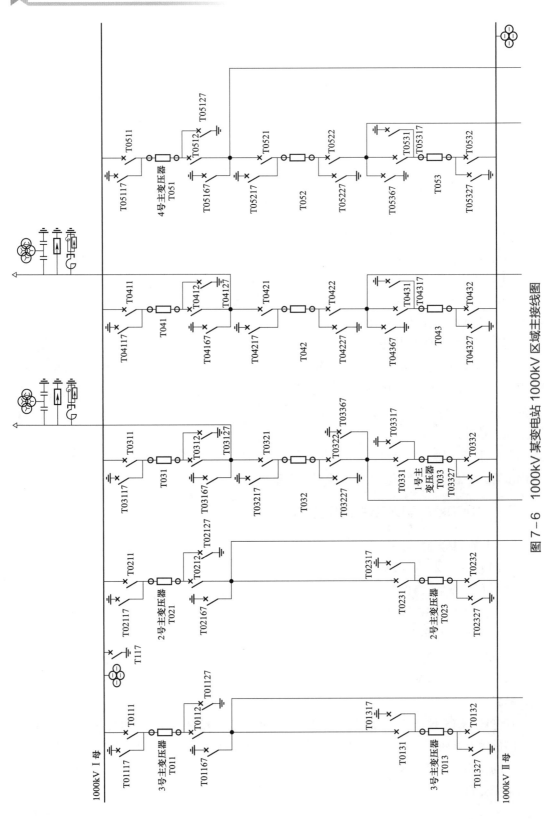

图 7-6 1000kV 某变电站 1000kV 区域主接线图

（二）故障分析

1. 保护动作情况

15:57:21 612ms，1000kV Ⅰ母线第一套母线差动保护保护动作。

15:57:21 612ms，1000kV Ⅰ母线第一套母线差动保护差动动作。

15:57:21 613ms，1000kV Ⅰ母线第二套母线差动保护保护动作。

15:57:21 613ms，1000kV Ⅰ母线第二套母线差动保护差动动作。

故障发生后，现场检查 1000kV Ⅰ母第一套母线差动保护（PCS-915）和第二套母线差动保护（CSC-150）均动作，故障电流 12.19A（换算一次值 36 570A），保护正确动作，故障时刻波形如图 7-7 所示。

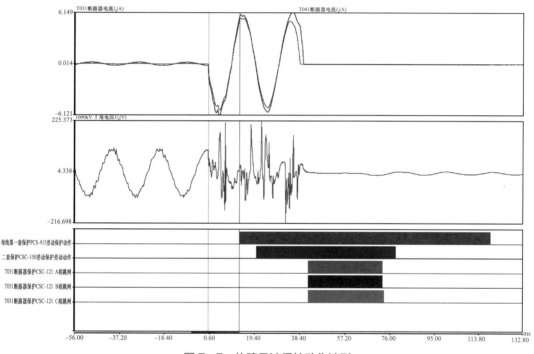

图 7-7　故障录波保护动作波形

根据故障波形分析，15 时 57 分 21 秒时Ⅰ母线所有边断路器 A 相故障电流迅速增加，Ⅰ母线母线电压跌落，13ms 后第一套母线差动保护差动动作，20ms 后第二套母线差动保护差动动作，保护出口未出现异常现象，初步判断此次故障点出现在Ⅰ母线设备区域，由接地放电引起的差动保护动作。

2. 一次设备检查情况

现场对 1000kV Ⅰ段母线及相关设备进行外观检查，未发现异常。后对Ⅰ段母线所有气室进行气体组分测试排查，发现 1000kV Ⅰ段母线电压互感器 A 相 2 号气室分解物超标（SO_2 含量为 326.37μL/L，H2S 含量为 117.95μL/L，根据标准要求 SO_2、H_2S 应小于 1μL/L），其他气室暂未见异常，如图 7-8 所示。

Ⅰ段母线电压互感器型号为 JDQX–1000H，出厂时间为 2015 年 12 月，投运时间为 2016 年 9 月 11 日，上次气体成分测试试验及局部放电检测结果无异常。

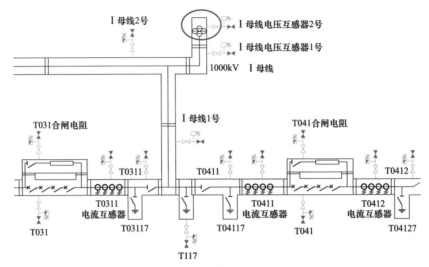

图 7–8   1000kV Ⅰ段母线电压互感器故障气室位置示意图

根据母线保护故障录波信息及现场一次设备检查测试情况，初步判断本次故障为 1000kV Ⅰ段母线电压互感器 A 相气室发生放电击穿，导致 1000kV Ⅰ母双套母线差动保护动作。

（三）处理措施

调度于 27 日 18 时 56 分下令 1000kV Ⅰ母线改检修操作，现场分别将 T011、T021、T031、T041、T051、T071 断路器由热备用改为冷备用，将 1000kV Ⅰ母线改为检修状态。

省公司组织厂家和施工单位编制 1000kV Ⅰ段母线 A 相电压互感器更换施工方案，故障处理预计需Ⅰ段母线停电 12 天，采用一次设备厂家厂内备品。

四、1000kV 某线高压电抗器 C 相故障

（一）故障概述

2021 年 8 月 22 日 20 时 32 分 51 秒，1000kV 某变电站 1000kV 某线第一套、第二套线路保护动作，1000kV 某线高压电抗器第一套、第二套电量保护及非电量保护动作，1000kV 某线跳闸。

1000kV 某线高压电抗器（型号 BKD–200000/1100，2009 年 1 月投运，高压套管型号 PNO–1100/2400–2500 HL）自投运以来运行正常，设备最近一次停电例行试验（2021 年 4 月）、带电检测、在线油色谱数据（全年）以及离线油色谱数据（2021 年 8 月 22 日中午）结果均正常，4 月 25 日完成 P&V 套管油色谱试验，结果正常。

故障时 1000kV 某线线路沿线为雷雨天气，站内无操作、检修等工作。故障前，1000kV 某线送出功率 427.808MW。

（二）故障分析

1. 保护动作情况

20 时 32 分 51 秒 140ms，1000kV 某线高压电抗器第二套电量保护动作，C 相差动电流 3714A，TA 变比 2000:1。

20 时 32 分 51 秒 141ms，1000kV 某线第一套线路保护动作，故障电流 9765A，TA 变比 5000:1。

20 时 32 分 51 秒 142ms，1000kV 某线第二套线路保护动作，故障电流 9500A，TA 变比 5000:1。

20 时 32 分 51 秒 145ms，1000kV 某线高压电抗器第一套电量保护动作，C 相零序差动电流 2180A，TA 变比 2000:1。

20 时 32 分 51 秒 174ms，1000kV 某线 T021、T022 断路器三相跳闸。

20 时 32 分 51 秒 192ms，1000kV 某线高压电抗器 C 相套管压力高、压力释放、轻瓦斯、重瓦斯保护动作。

1000kV 某线高压电抗器两套电量保护分别采用 WKB–801A 差动保护装置和 PRS–747 差动保护装置，非电量保护采用 WKB–802A 非电气量保护装置。

1000kV 某线两套线路保护分别采用 CSC–103B 光纤分相电流差动保护和 RCS–931GS–U 光纤分相电流差动保护。

根据本次跳闸现场检查和故障录波分析，录波如图 7–9 所示，得出本次跳闸保护动作时序，如图 7–10 所示。

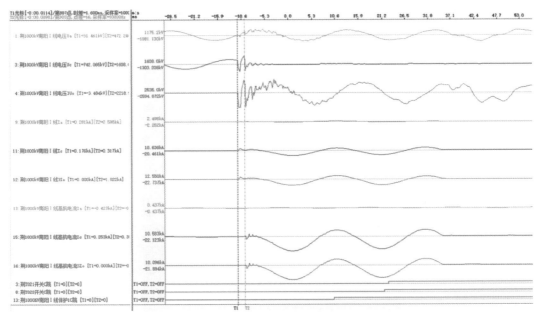

图 7–9　故障录波保护动作波形

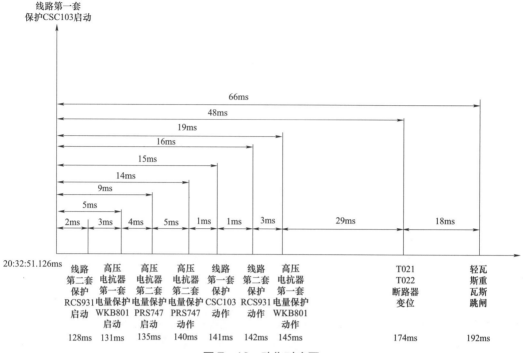

图 7-10 动作时序图

2. 一次设备检查情况

1000kV 某线高压电抗器 C 相套管碎裂，现场散落破损的套管瓷片，覆盖范围 10m 内，对其他设备无影响，如图 7-11 所示。高压电抗器顶部有大量绝缘油流出。高压电抗器 A、B、C 三相避雷器未动作，电抗器中性点避雷器动作 1 次，两侧断路器跳闸后三相在分位。

图 7-11 套管碎裂示意图

3．油色谱数据分析

（1）离线油色谱数据分析。故障前最近一次离线油色谱数据分析时间为 2021 年 8 月 22 日 13 时，试验结果合格，如表 7-3 所示。

表 7-3　　　　　　　　　　故障前最近一次离线油色谱数据

取油部位	氢气	甲烷	乙烯	乙炔	乙烷	一氧化碳	二氧化碳	总烃
下部	12.21	13.4	1.27	0	2.52	521	2672	17.19

故障后立即开展了一次离线油色谱数据分析（8 月 23 日 02 时 50 分），结果如表 7-4 所示。

表 7-4　　　　　　　　　　故障后首次离线油色谱数据

取油部位	氢气	甲烷	乙烯	乙炔	乙烷	一氧化碳	二氧化碳	总烃
上部	5285.99	275.95	1288.04	1365.83	235.18	539	2446	3165
下部	1238.95	277.59	599.14	466.63	67.52	476	2319	1410.88

（2）油色谱在线监测数据分析。故障前，20 时 00 分，1000kV 某线高压电抗器 C 相启动了一次油色谱在线监测分析，数据正常。故障后，21 时 24 分，运维人员立即手动启动在线监测装置，故障前后特征气体有明显变化，如表 7-5 所示。

表 7-5　　　　　　　　　　故障前后油色谱在线监测数据

时间	氢气	甲烷	乙烯	乙炔	乙烷	一氧化碳	二氧化碳	总烃
8 月 22 日 20 时 00 分	12.1	15.54	2.95	0	4.63	480.06	2775.51	23.11
8 月 22 日 21 时 24 分	1443.96	320.19	250.06	217.68	45.59	485.22	2777.14	833.51

结合国网雷电监测预警中心告警信息，故障时，1000kV 某线遭受雷击，线路保护首先启动，5ms 后高压电抗器电量保护启动并动作，跳开 1000kV 某线两侧断路器，闭锁重合闸。结合油色谱检查分析，初步判断高压电抗器已发生内部放电故障。

（三）处理措施

做好现场抢修恢复，利用站内高压电抗器备用相进行更换，整体工期预计 15 天，15 天后具备恢复送电条件。

开展后续故障分析，对故障高压电抗器及套管返厂进行解体，开展详细检查分析，根据解体情况确定修复计划。

做好隐患排查准备，经排查省公司同厂家、同型号在运高压电抗器共 3 相，尚未发生同类故障，下一步待故障原因明确后，组织开展隐患排查。

第二节　交流保护隐患典型案例

一、1000kV 某变电站电压互感器空气开关合位接触不良

电压、电流回路对于继电保护装置是非常重要的，当电压、电流回路发生断线或多点接地时，容易造成保护的不正确动作。在送电前为防止电压回路断线，对于特高压线路，可以通过观测相邻线路运行产生的感应电压来判断电压回路的完整性，方法有很多，比如观察保护装置采样值或用万用表测量电压端子等。

（一）隐患描述

在某特高压线路送电过程中，现场继电保护人员对电压回路进行了观测，发现 C 相电压几乎为零，呈断线状态，如图 7−12、图 7−13 所示，现场人员对整个 C 相电压回路进行了检查，经逐段检查发现在电压互感器空气开关处存在异常，电压互感器空气开关虽在合位却不导通，进而导致电压回路断线，现场人员找到备品后进行了更换，更换后电压恢复完好，此次在送电前及时发现了 TV 回路异常，避免了保护误动作的发生，电压互感器空气开关型号为 GMT32/1 型。

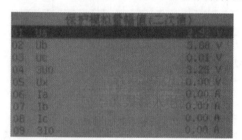

图 7−12　线路 NSR−303 保护采样值

图 7−13　线路电压互感器二次空气开关
三相感应电压情况图

图 7−14　电压互感器空气
开关内部结构图

（二）隐患分析

现场人员对拆下的电压互感器空气开关进行了解体分析以查找内部原因问题，发现其分合闸接点处接触面积过小，容易在有沙土渗入内部时造成接触不良，如图 7−14 所示，同时查找对应说明书发现虽然此型号电压互感器空气开关机械及电气寿命确有规定，但是当其面对特殊气候场所时使用效果及寿命易急剧下降。后续将该型号电压互感器空气开关列为隐患，结合停电计划对系统内同型号的电压互感器空气开关进行全部更换。

若此次隐患未能及时发现，将可能造成线路保护的距离加速动作，距离加速保护功能投退不仅受距离Ⅰ、Ⅱ、Ⅲ控制字"或门"控制，同时还受距离保护软压板、硬压板控制，现场距离加速保护功能是投入的，手动合闸时，当某相电压为 0V 时，满足距离保护Ⅲ段电气量条件，经 25s 延时距离加速动作，保护距离加速动作逻辑图如图 7−15 所示。

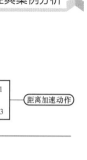

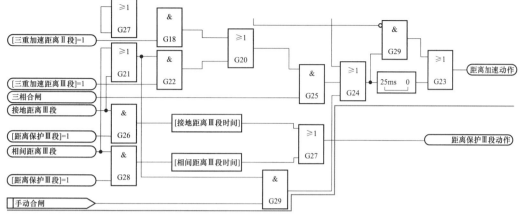

图 7-15　保护距离加速动作逻辑图

（三）进一步思考

通过此次隐患处理发现目前对于电压互感器二次空气开关正常运行维护手段还不够全面，仅能进行日常测温工作，又因空气开关主通断回路与辅助节点回路分开，只能通过辅助节点回路间接证明主通断回路正常，无法直接证明主通断回路内部是连通的。

相邻线路带电有感应电压情况下，可借助通过保护采样值或万用表测量的方法进行分析判断二次电压回路是否正常，如相邻线路不带电则无感应电压，通过上述方法将无法判断，会增加排除异常的时间。

因断路器在分位，运行监视中保护装置未发出"TV 断线"告警信息。线路保护装置说明书中提到"当控制字"电压取线路 TV 电压"整定为"1"，如果任一相有流或跳闸位置的开入信号状态为"0"，保护装置持续监视三相电压的相量和，如果大于 8V 且没有启动元件动作，1.25s 后保护装置会发出"TV 断线"告警信息。

二、1000kV 某变电站接地开关联锁功能失效

电气联锁是指用电气二次设备来控制的联锁，通过接触器上的辅助触点通过电气上的连接形成联锁，使两个接触器不能同时动作等，比如变电站内的隔离开关和接地开关的联锁，若隔离开关在合位，则接地开关不能合，若接地开关在合位，则隔离开关不能合。

（一）隐患描述

在某特高压站在年度检修过程中，现场施工人员在 500kV 接地开关附近区域开展端子箱底部封堵涂料填充工作，在完成接地开关 B 相机构箱封堵工作后，关闭操动机构箱内门时，接地开关三相启动合闸，现场人员对此异常现象进行了相关排查，发现接地开关三相操动机构箱外门、内门均关闭正常，箱内无遗留物，主要由于接触器性能下降，关门振动导致接点误闭合，加之未设计电气联锁回路，导致此异常的发生，分合闸接触器型号为韩国 LS 产电公司生产的 GMD-9 型。

（二）隐患分析

接地开关控制回路如图 7-16 所示，机构箱操作面板如图 7-17 所示，接触器与门控

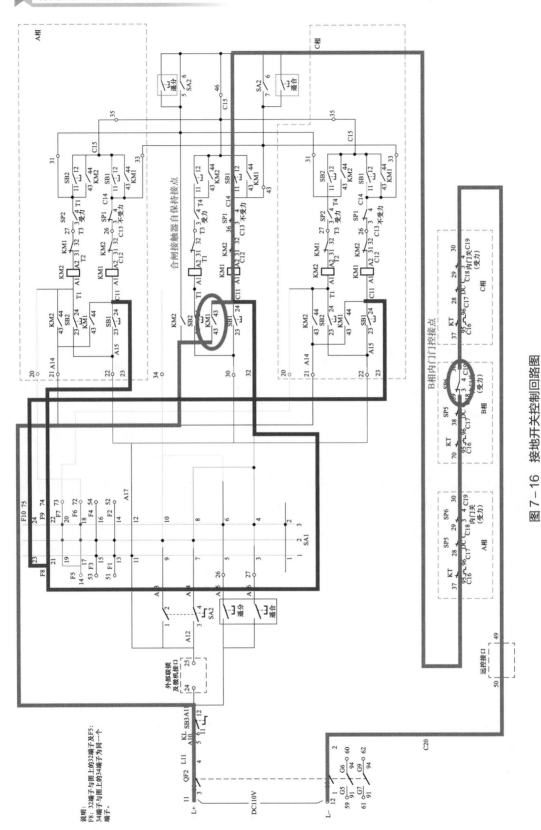

图 7－16　接地开关控制回路图

触点如图 7-18 所示，通过对该接地开关控制回路分析，三相接地开关同时动作有以下三种可能：

（1）接地开关打至"遥控三相联动"状态，后台远方操作合闸；

（2）接地开关打至"近控三相联动"状态，手动旋转合闸把手；

（3）接地开关机构箱门关闭，且 B 相（汇控位置）合闸接触器触点导通。

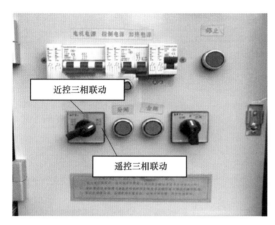
图 7-17　机构箱操作面板

图 7-18　接触器与门控触点

通过对监控后台报文的核查，确认了异常发生前现场未开展任何远方操作，同时核实地刀设置了软件联锁逻辑，在隔离开关合闸状态下，无法进行远方操作，并且确认了远方就地把手一直处于"遥控三相联动"位置，现场无法手动合闸，由此可排除第 1、2 种远方和就地人为误操作情况。

通过分析控制回路原理，若 B 相内门门控触点（SP6:3-4）闭合，且合闸接触器自保持触点（KM1:43-44）导通，可避开外部联锁逻辑，直接导致 A、B、C 三相接地开关合闸。当现场打开操动机构内门工作时，若发生人为误碰合闸接触器，只有 B 相隔离开关动作，不会出现三相接地开关合闸现象。

综上分析，导致接地开关三相合闸原因是作业人员在关闭 B 相机构箱内门时，门控触点闭合，B 相合闸接触器误导通，满足第 3 种可能，接地开关动作。

通过对接触器检查发现，由于运行年限过长，接触器性能下降，振动导致触点误闭合，并对同型号接触器进行了检查，发现当内部弹簧疲劳时，铁芯明显复归不到位，动合触点分离行程较短，进行简单的抖动试验发现，接触器 43-44 触点确实存在短时误导通情况。同时接地开关机构箱门关闭时因锁扣公差配合不好，关闭时需要力度较大，振动可能导致接触器误导通。

（三）进一步思考

根据变电站安全隔离、逻辑联锁的功能需求和交直流隔离开关结构与布置特点，深入分析变电站交直流系统隔离开关各种联锁逻辑，制定具体的机械联锁、电气联锁、软件联锁实现方案，防止误操作及控制回路故障引起误动作。

运行期间在机构箱开展相关工作时，应断开其电机电源，防止工作中误碰引起异常分合闸，并结合停电检修完善电气联锁和机械联锁功能。

对于新建变电站或新扩建间隔具备条件的应增设完善互补的电气联锁、机械联锁和软件联锁功能。

特高压直流工程经典案例分析　第八章

第一节　直流保护系统类事故

一、换流器保护案例（某换流站极Ⅰ低端阀组闭锁）

（一）事件概述

2020 年 10 月 6 日某换流站双极全接线方式运行，直流功率 2000MW，由于穿墙套管 SF_6 压力传感器（对应非电量保护 B 套）测量值存在漂移和极Ⅰ低端 400kV 穿墙套管 SF_6 压力传感器（对应非电量保护 A 套）本体端子箱电缆对地绝缘异常导致。

11 时 09 分 39 秒，某换流站极Ⅰ低端阀组控制主机 CCP12B 报极Ⅰ低端阀厅 400kV 穿墙套管 SF_6 压力低报警，并反复出现、复归。

11 时 12 分 27 秒极Ⅰ低端阀组控制主机 CCP12A/B 报 B 柜极Ⅰ低端阀厅 400kV 穿墙套管 SF_6 压力低跳闸。

11 时 12 分 28 秒极Ⅰ低端阀组控制主机 CCP12A/B、极Ⅰ低端阀组保护三取二主机 P1C2F2A/B 报 A 柜极Ⅰ低端阀厅 400kV 穿墙套管 SF_6 压力低跳闸、换流器非电量保护动作、非电量保护请求换流器 Y 闭锁、三取二逻辑保护发出跳交流断路器命令、三取二逻辑保护发出锁定交流断路器命令，最终极Ⅰ低端阀组停运，极Ⅰ高端、极Ⅱ高端、极Ⅱ低端阀组转带成功，无直流负荷损失。

（二）故障检查及原因分析

某换流站 ±400kV 直流穿墙套管配置 3 个 SF_6 密度继电器，其中 X1.1、X1.2 继电器 SF_6 压力低报警接点分别经过开关接口柜 CSI 12 A/B，分别送至阀组控制主机 CCP12 A/B；X1.1、X1.2、X1.3 继电器 SF_6 压力低跳闸节点分别经非电量接口柜 NEP12 A/B/C 同时送至阀组控制主机 CCP12 A/B、阀组保护三取二主机 P1C2F A/B，如图 8－1～图 8－3 所示。

1. 故障录波分析

从故障录波看，极Ⅰ低端阀组闭锁前，换流变压器及直流相关电气量均无异常。

2. SF_6 成分测试分析

极Ⅰ低端阀组转检修后，现场进行极Ⅰ低端 400kV 穿墙套管本体、密度继电器检查和试验，SF_6 气体压力、湿度、微水及成分均正常。

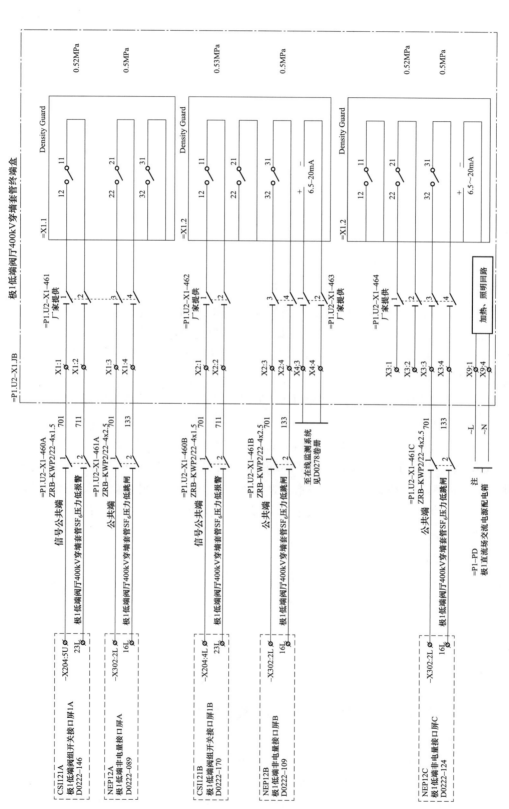

图8-1 穿墙套管SF₆压力低报警及跳闸回路图

278

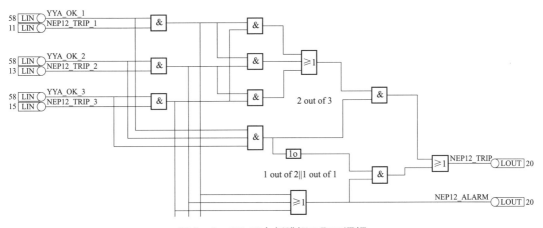

图 8-2　SF₆压力低跳闸三取二逻辑

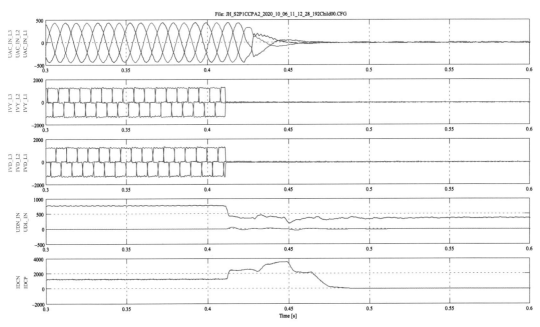

图 8-3　极 I 低端阀组闭锁时刻故障录波图

3. 二次回路分析

在极 I 低端 400kV 穿墙套管 SF₆密度继电器端子箱处量取电位，X1.1、X1.3 密度继电器正常，而 X1.2 密度继电器告警及跳闸节点电位异常，继续检查发现 X1.2 密度继电器至非电量保护屏间电缆绝缘正常，综合判断为 X1.2 继电器故障。拆除后进行多次离线校验，发现该继电器动作值存在漂移，其中报警动作值为 0.504～0.574MPa 之间（整定值为 0.53MPa），跳闸动作值在 0.461～0.561MPa 左右（整定值为 0.50MPa），存在一定的分散性。图 8-4 所示为 X1.2 SF₆压力传感器动作值。图 8-5 所示为 X1.2 SF₆压力传感器动作值。

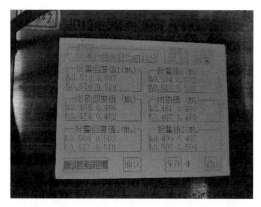
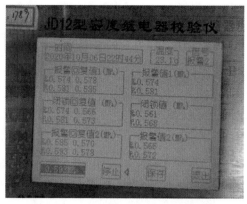

图 8-4　X1.2 SF$_6$压力传感器动作值　　　　图 8-5　X1.2 SF$_6$压力传感器动作值

极Ⅰ低端阀组转检修后，对二次回路进行绝缘检查，发现 NEP12A 至极Ⅰ低端 400kV 穿墙套管 SF$_6$ 密度继电器本体端子箱电缆（P1.U2-X1-461A）对地绝缘异常，节点之间绝缘下降到接近为零，见表 8-1。

表 8-1　　　　　　　　　　　　二次回路绝缘检查结果

回路编号	对地绝缘	节点之间绝缘	用途
P1.U2-X1-461A（1）	1MΩ	0.4kΩ	X1.1 跳闸（NEP12A）
P1.U2-X1-461A（2）	0MΩ		
P1.U2-X1-461B（1）	≥50MΩ	≥50MΩ	X1.2 跳闸（NEP12B）
P1.U2-X1-461B（2）	≥50MΩ		
P1.U2-X1-461C（1）	≥50MΩ	≥50MΩ	X1.3 跳闸（NEP12C）
P1.U2-X1-461C（2）	≥50MΩ		
P1.U2-X1-460A（1）	≥50MΩ	≥50MΩ	X1.1 报警（CSI12A）
P1.U2-X1-460A（2）	≥50MΩ		
P1.U2-X1-460B（1）	≥50MΩ	≥50MΩ	X1.2 报警（CSI12B）
P1.U2-X1-460B（2）	≥50MΩ		

4. 故障原因分析

综上所述，本次极Ⅰ低端阀组跳闸的原因为：极Ⅰ低端 400kV 穿墙套管 SF$_6$ 压力传感器（对应非电量保护 B 套）测量值存在漂移，极Ⅰ低端 400kV 穿墙套管 SF$_6$ 压力传感器（对应非电量保护 A 套）本体端子箱电缆对地绝缘异常，满足非电量保护三取二动作逻辑，P1C2F2A/B 发换流器非电量保护动作、非电量保护请求换流器 Y 闭锁、发出跳交流断路器及锁定交流断路器指令。

5. 故障处理

现场将极Ⅰ低端 400kV 穿墙套管 X1.2 SF_6 密度继电器及 P1.U2-X1-461A 电缆进行更换后，进行绝缘检查及回路试验正确，故障消除。

（三）反措及建议

（1）利用年度检修对其他直流穿墙套管等跳闸回路、报警回路电缆进行绝缘检查。

（2）利用年度检修对其他直流穿墙套管 SF_6 密度继电器进行全部校验。

二、极保护案例（某站换流变压器阀侧首端套管故障导致阀组闭锁）

（一）事件概述

2017 年 7 月 31 日 9 时 32 分 35 秒，某站换流变压器阀侧首端套管故障导致阀组闭锁，极 2 低端阀组差动保护、极差保护、A 相本体重瓦斯相继动作，某直流极 2 低端阀组闭锁。输送功率 6000MW，闭锁后损失功率 1800MW，见表 8-2。

表 8-2　　　　　　　　　　　　故 障 报 文

时间	系统	描述
09:27:02:857	极 2 低端阀控系统 A/B	=P2.WT2.TDA.BCC/D 侧换流变压器 A 相本体轻瓦斯报警
09:28:05:625	极 2 低端阀组保护系统 A/B/C	YD 换流变压器阀侧电压互感器 A 相故障
09:32:35:912	极 2 低端阀组保护系统 A/B/C	阀组差动保护 S 闭锁
09:32:35:933	极 2 低端阀控系统 A/B	S 闭锁动作
09:32:35:937	极 2 极保护系统 A/B/C	直流极差保护 1 段 S 闭锁
09:32:36:179	换流非电量保护 A/B/C	极 2 低端换流非电量保护 角变 A 相本体重瓦斯动作

（二）故障检查及原因分析

1. 故障检查

（1）相关试验检查。对故障相开展诊断性试验检查，具体试验项目和数据如表 8-3 所示。对比试验数据，发现阀侧首端套管末屏对地绝缘电阻为 0.9MΩ，与前次试验值相比有明显下降趋势；绕组连同套管的介质损耗因数 $\tan\delta$ 为 3.583%，远远超过标准规定的不大于前次试验值 0.231% 的 130%；阀侧首端套管的电容量为 0.126pF，远远超过标准规定的与前次试验值 1355pF 的差值应在 ±5% 内。根据故障后诊断性试验数据，判断阀侧首端套管内部存在故障。

表 8-3　　　　　　　　故障后诊断性试验项目和数据

序号	试验项目	本次值	前次值	结论
1	阀侧首端套管末屏对地绝缘电阻	0.9MΩ	3000MΩ	异常
2	阀侧末端套管末屏对地绝缘电阻	50 000MΩ	3000MΩ	合格

序号	试验项目	本次值	前次值	结论
3	阀侧首末端套管间直阻	94.35mΩ	35.74mΩ	异常
4	绕组连同套管绝缘电阻	1260MΩ	12 900MΩ	异常
5	绕组连同套管介损	$\tan\delta$：3.583% C_x：19 060pF	$\tan\delta$：0.231% C_x：18 800pF	异常
6	阀侧首端套管介损	$\tan\delta$：5.161% C_x：0.126pF	$\tan\delta$：0.413% C_x：1355pF	异常
7	阀侧末端套管介损	$\tan\delta$：0.309% C_x：1376pF	$\tan\delta$：0.406% C_x1348pF	合格
8	阀侧首端套管末屏介损	$\tan\delta$：N/A C_x：N/A	—	异常
9	阀侧末端套管末屏介损	$\tan\delta$：0.459% C_x：3134pF	—	合格

（2）油色谱分析。根据油色谱试验数据分析，故障特征气体乙炔（C_2H_2）数值较大，分析其分布范围，发现本体靠近阀侧套管位置的乙炔含量略高于其他位置，判断故障位置在换流变压器本体阀侧套管附近。

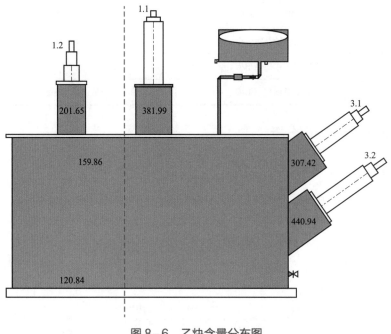

图8-6 乙炔含量分布图

（3）阀侧首端套管拆除检查。

1）末屏检查。根据故障报文"极2低端YD-A相阀侧电压互感器故障"，通过对该相换流变压器阀侧套管末屏进行检查，发现阀侧首端电压互感器电容已被击穿，且接线盒有焦煳气味、套管引出线有灼烧痕迹；与正常的末端套管检查结果对比如表 8-4 所示。电容击穿如图 8-7 所示。引线烧灼如图 8-8 所示。

表8-4　　　　　　　　极2低端YdA相换流变压器阀侧套管末屏检查

序号	接线盒	末屏电容测量值	末屏电容标称值	X2 接地检查	X1 对地电阻
1	首端套管	0.58nF	1.942μF	√	350Ω
2	末端套管	1.96μF	1.942μF	√	无穷大

図8-7　电容击穿　　　　　　　　　　図8-8　引线烧灼

2）套管外观检查。将极2低端YdA相换流变压器阀侧首端套管从升高座处拆下，外观检查其底部合金带处击穿，其正对桶壁处有多个放电点，且套管部分环氧树脂层脱落，套管法兰面附近有黑色胶状物流出。图8-9所示为环氧树脂层脱落。图8-10所示为合金带处击穿孔洞。

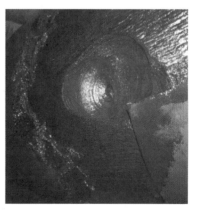

図8-9　环氧树脂层脱落　　　　　　図8-10　合金带处击穿孔洞

图 8–11 所示为升高座与套管连接法兰面放电点。图 8–12 所示为击穿孔洞正对处放电点。图 8–13 所示为疑似故障点分布。

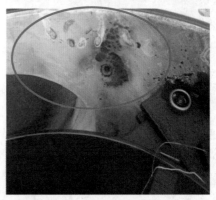

图 8–11　升高座与套管连接法兰面放电点　　　图 8–12　击穿孔洞正对处放电点

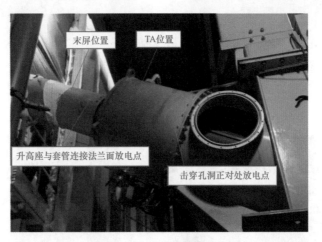

图 8–13　疑似故障点分布

2. 故障原因分析

根据后台 SER，故障发生时极 2 阀组保护、极保护主机差动保护动作，极 2 低端换流变压器及直流场测点如图 8–14 所示，图中 Yd 换流变压器为 11 点接线、Yd 换流变压器仅首端阀侧电流和首端阀侧电压用于直流控制保护及故障判断。

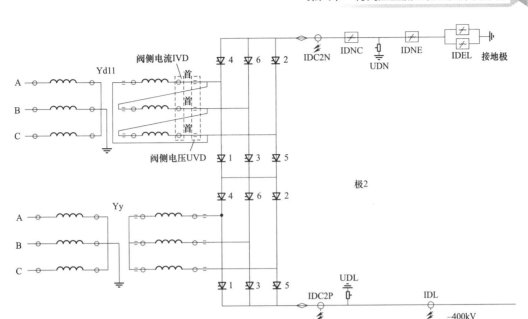

图 8-14　极 2 低端换流变压器及直流场测点图

（1）阀组差动保护动作。

差流计算 $I\_DIFF = IDC2P - IDC2N$。

告警段 $I\_DIFF > 0.03ID\_NOM$，延时 4s，告警。

保护 1 段 $I\_DIFF > 0.2IDC2P + 0.3ID\_NOM$，延时 5ms，S 闭锁，整流站检测到 BPS 合位或延时 30ms，跳交流断路器；逆变站检测到 BPS 合位或延时 40ms，跳交流断路器。

保护 2 段 $I\_DIFF > 0.2IDC2P + 0.07ID\_NOM$，延时 200ms，S 闭锁，整流站检测到 BPS 合位或延时 30ms，跳交流断路器；逆变站检测到 BPS 合位或延时 40ms，跳交流断路器。

根据图 8-15 所示：故障发生后阀组保护差流最大为 6890A，大于阀组差动 1 段保护定值，阀组差动保护正确动作，故障点位于极 2 低端阀厅内部及换流变压器阀侧范围内。

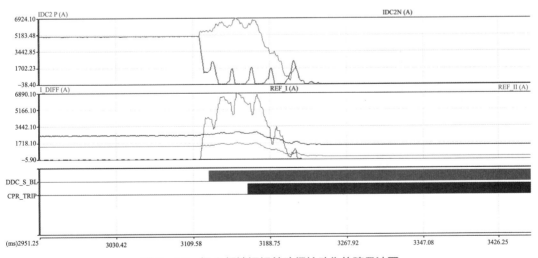

图 8-15　极 2 低端阀组差动保护动作故障录波图

（2）极差动保护动作。

差流计算 $I\_DIFF = IDL - IDNE$。

告警段 $I\_PDP\_DIFF > 0.05ID\_NOM$，延时 12s，告警。

保护 1 段 $I\_DIFF > 0.2IDL + 0.35ID\_NOM$，延时 30ms，S 闭锁。

保护 2 段 $I\_DIFF > 0.2IDL + 0.06ID\_NOM$，延时 350ms，S 闭锁。

根据图 8-16 所示：故障发生后极保护差流最大为 6941A，大于极差动 1 段保护定值，极 2 差动保护正确动作，故障点位于极 2 直流场、极 2 低端阀厅内部及换流变压器阀侧范围内。

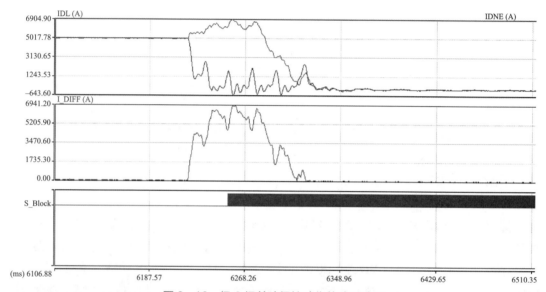

图 8-16　极 2 极差动保护动作故障录波图

图 8-17　气体继电器

（3）重瓦斯保护动作。闭锁后检查极 2 低端 YD-A 相换流变压器本体气体继电器，观察窗内可看到其顶部已聚集大量气体，保护正确动作，故障点位于极 2 低端 YD-A 相换流变压器内部。图 8-17 所示为气体继电器。

根据上述保护动作分析判断，故障点应位于极 2 低端 YD-A 相换流变压器内部。

（4）换流变压器电气量保护未动作原因分析。如图 8-18 所示，第一次故障发生于录波 94ms 处，在 165ms 时阀侧绕组差动出现差流，差流值最大 3465A，持续 21ms，大于制动电流。但换流变压器保护装置内部设有区内区外故障判别元件，若故障判为区外，则闭锁本保护 100ms，在这 100ms 内再次发生区内故障，保护将不会动作。故阀侧绕组差动电流达到动作值，但因其与第一次区外故障只差 71ms 左右，导致第二次区内故障时换流变压器电气量保护未动作。

从故障录波分析得出整个故障过程中有两次故障，第一次故障发生在阀侧首端（或尾端）套管 TA 外侧（靠近阀厅），第二次故障发生在阀侧首端（或尾端）套管 TA 内侧（靠近本体）。

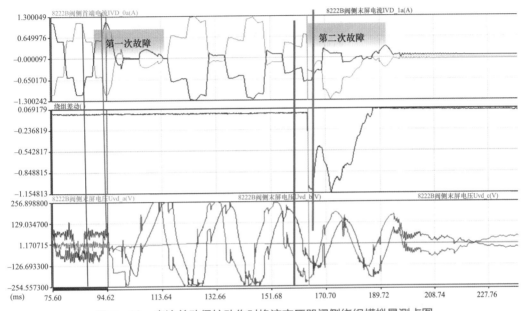

图 8-18 直流差动保护动作时换流变压器阀侧绕组模拟量测点图

根据返厂解体情况，套管户外侧导电杆支撑绝缘子发现放电痕迹，采用铝材的 12 点钟方向的均压球击穿，从均压球沿支撑绝缘子表面有清晰的放电路径，如图 8-19 所示。

图 8-19 户外侧连接套筒内支撑绝缘子放电

套管户外侧导电杆与弹簧触指连接处有弹簧触指压痕，在导杆上可以看到三个弹簧触指压痕，导电杆有受热变色痕迹，同时摩擦产生的金属粉尘清晰可见，如图 8-20所示。

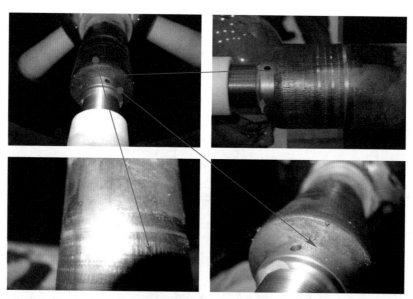

图8-20　导电杆与套筒内弹簧导体触指连接处，导电杆的压痕及受热痕迹

套管户内侧套筒内可以看到三圈弹簧触指，弹簧触指上有受热痕迹，如图8-21所示。

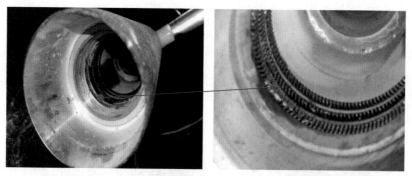

图8-21　导电杆与套筒内弹簧导体触指连接处，导电杆的压痕及受热痕迹

3. 故障处理

在开展如下工作后可以使用备品对某站套管进行更换。一是套管穿墙部位增加法兰转接板；二是套管更换后，金具定位发生变化，阀厅内需增加临时吊点；三是套管户内和户外侧管母及导线需要加长；四是阀厅内与套管相连的接地开关调整，由于接地开关调整需重新制作接地开关基础，工作量及耗时较长，本次变更采取在套管户外侧人工挂接地线的方式解决套管转检修时的接地问题。

（三）反措及建议

（1）套管类新产品应充分论证，并严格通过试验考核后再在直流工程中使用。

（2）直流系统恢复运行后，加强特殊巡视，做好设备数据的对比分析。

三、双极保护案例（某换流站中性线电压测量装置异常致双极闭锁）

（一）事件概述

2009 年 8 月 12 日某换流站输送功率 1200MW。由于中性线电压测量装置异常导致双极闭锁。

表 8-5   故 障 报 文

时间	系统	描述
20:36:57	极 1/2 直流保护 PPRA 系统	直流场测量故障（代码：-257）保护出口闭锁
20:36:57	极 1/2 直流控制 PCPA/B 系统	本极控系统与两套直流保护系统间联系 失去一路
20:37:25	极 1/2 直流保护 PPRB 系统	直流场测量故障（代码：-257）保护出口闭锁
20:37:25	极 1/2 直流控制 PCPA/B 系统	本极控系统与两套直流保护系统间联系 失去两路
20:37:26	极 1 直流保护 PPRA/B 系统	极 1 闭锁
20:37:26	极 2 直流保护 PPRA/B 系统	极 2 闭锁

（二）故障检查及原因分析

1. 故障检查

（1）查看直流中性线测量盘，发现测量盘上两个直流测量放大器上的故障灯亮，如图 8-22 所示。

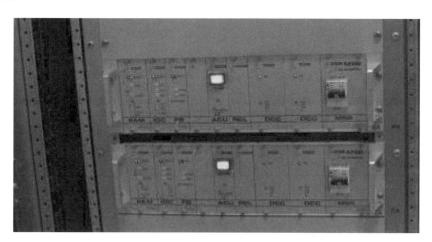

图 8-22 直流测量放大器照片

直流中性线测量盘上两个直流放大器 M86 为直流场中性线电压 VEE 测量放大器。其测量回路示意图如图 8-23 所示。

（2）查看事件记录中的 PPR 系统发出的"直流场测量故障（代码：-257）"信号后，得知故障代码 -257 指的是"直流场中性线电压 V_{EE} 测量故障"。PPR 系统是通过收到直流测量盘上的直流测量放大器送过来的"直流场中性线电压 V_{EE} 测量回路完好"信号接点来判断直流场中性线电压 V_{EE} 测量回路是否故障。

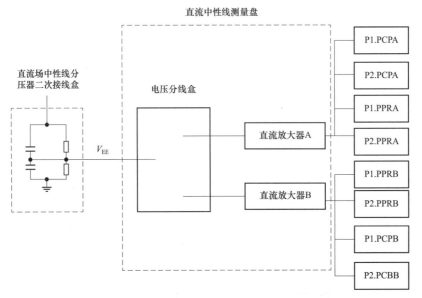

图 8-23　直流场中性线电压 V_{EE} 测量回路示意图

（3）查看 PPR 主机软件，得知 PPR 系统在检测到"直流场中性线电压 V_{EE} 测量故障"后会报"直流场测量故障（代码：-257）"信号，该信号将闭锁该直流保护 PPR。当一个直流极的两套直流保护 PPRA/B 系统均闭锁时，该极的直流极控制系统 PCP 会判断该极无保护运行，发直流闭锁指令停运该极直流系统。

（4）检查直流中性线 TV 二次接线盒，发现盒内干燥，接线牢固，分压板参数正确。检查该 TV 二次接线盒到直流测量盘段电缆，电缆导通情况良好，绝缘阻值为 114MΩ，见表 8-6。

表 8-6　　　　　　直流中性线分压器二次接线盒分压板参数检查表

	测量值	标准值
电阻	10.33kΩ	10.3kΩ
电容	2.9μF	3.0μF

（5）检查直流中性线测量盘内的电压分线盒，盒内干燥，接线牢固可靠。检查直流中性线测量盘内的工作电源回路，回路接线牢靠，电源电压正常。

（6）对直流场中性线直流分压器进行一次加压试验，极 1、极 2 PPRA/B 系统测量到的电压值正确，并在 20kV 持续 10min 进行观察，测量值稳定。

（7）通过以上试验，可以得出以下结论：控制和保护冗余系统均收到了 V_{EE} 测量放大器发出的报警信号，而且 V_{EE} 功率放大器上的确有报警信号灯，因此可以排除直流控制保护板卡故障。

功率放大器前端的电容值、电阻值经测量后在合格范围内，连接的同轴电缆经过绝缘检测，数据合格。可以排除功率放大器端部分的故障。

需对放大器进行进一步的测试。

经分析，在放大器面板上的报警灯亮有两种可能，一是 24V 电源丢失，二是放大器输入和输出误差超过 10%。

进行了直流中性线分压器放大器的性能测试，并对极母线上的分压器功率放大器、备品也进行了相关的测试。具体情况如下。

1）经测试，直流中性线分压器放大器、极 1 和极 2 极母线分压器放大器、备品放大器的精度基本满足 0.2% 的要求，只有一台极 1 母线分压器 B 放大器的精度为 0.6%，经调整后达到了 0.26%，基本满足要求。可以排除因放大器精度不合格而引起报警的可能。

2）放大器有两路 24V 电源，经二极管隔离后，合并为一路 24V 电源，这一路 24V 电源同时供给中性线分压器的 A、B 放大器。经试验，当断开一路 24V 进线开关时，放大器报警灯不亮，当两路进线全断开时，A、B 放大器报警灯全亮，同时事件记录除了报"直流场测量故障（代码：-257）"外，还报"直流中性线测量盘 24V 电源消失"。当模拟合并后电源丢失时，事件记录仅报"直流场测量故障（代码：-257）"，不报"直流中性线测量盘 24V 电源消失"，其状况与 8 月 12 日故障比较相似。但是 8 月 12 日发生的故障 A、B 系统之间差 28s，要发生两个放大器的电源相继丢失的概率比较小，而且现场检查外部电源接线无松动现象。因此，要判断是电源问题还是存在可疑之处。

2. 故障原因分析

由于该直流测量装置是 1986 年生产，1989 年投运，二次部分存在老化现象，历年的年度检修中均存在精度偏移的现象，双极停运后，对直流中性线分压器放大器性能测试，经检查与分析，本次故障原因为元器件老化。

3. 故障处理

对直流中性线分压器放大器进行更换，多次性能测试合格后，双极直流系统恢复运行正常。

（三）反措及建议

（1）针对功率放大器报警有可能是电源扰动引起，可以采取临时措施，将功率放大器的电源改造成完全冗余的双电源，分别给 A、B 系统供电。

（2）增加中性线电压突变以及中性线电压测量装置功能报警信号启动录波的功能，以便及时发现测量异常。

（3）对直流电压测量装置进行改造，将直流中性线电压测量装置改造为极 1 和极 2 相互独立。

四、交流滤波器保护案例（某换流站交流滤波器 62M 母线跳闸）

（一）事件概述

2021 年 1 月 22 日 20 时 04 分，由于 7623 断路器故障导致二大组交流滤波器 62M 母线跳闸。

某直流功率由4500MW升至4881MW,极控主机无功控制自动投入7623交流滤波器,断路器合闸后,某换流站第二大组交流滤波器母线差动保护、7623交流滤波器差动速断保护A/B套动作,第二大组交流滤波器母线进线断路器7022、7023跳闸,7622、7623交流滤波器跳闸,750kV 711B变压器进线断路器7626跳闸,66kV 4M母线失压,站用电 I 回失压,站用电备用电源自动投入装置正确动作。极控主机无功控制自动投入 7633 小组交流滤波器,直流系统未受到影响。

(二)故障检查及原因分析

1. 故障检查情况

(1)检查 AFP2A、B 保护装置 7623 小组差动速断保护动作,母线差动保护动作,62M 所有支路断路器均正确拉开。

(2)601B 站用电失电,备用断路器电源自动投入装置正确动作。

(3)故障发生后,通过对事件记录及故障录波分析,判断故障点位于 7623 断路器 A 相两套管 TA 之间区域,现场对 7623 断路器 A 相气室进行 SF_6 组分检测,如图 8-24 所示,SO_2 浓度 12.91μL/L,HF 浓度 22.77μL/L、SF_6 纯度 99.34%,微水 16.7μL/L(20℃),其中,SO_2 气体浓度严重超标(正常气体浓度标准为 $SO_2≤1$μL/L,$H_2S≤1$μL/L,纯度大于 97%,微水小于 150μL/L),判断故障为 7623 断路器内部闪络,具体放电位置需对开关内检进一步确认。

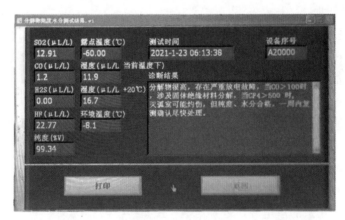

图 8-24 7623 断路器气室分解物、纯度、水分浓度检测

(4)其余一次设备检查未见异常。

2. 保护动作情况分析

(1)7623 小组差动保护逻辑分析。

1)稳态比率差动保护。某站 7623 小组滤波器为 HP3 型,稳态比率差动分为高、低值特性比率差动保护,并具有 TA 饱和、TA 暂态特性不一致闭锁判据,从而可以降低 TA 饱和与 TA 暂态特性不一致对比率差动保护的影响。保护按相判别,满足其动作方程时动作。它可以保证灵敏度,同时,利用其比率制动特性抗区外故障时 TA 的暂态和稳态饱和,

而在区内故障 TA 饱和时能可靠的正确动作，见图 8-25。

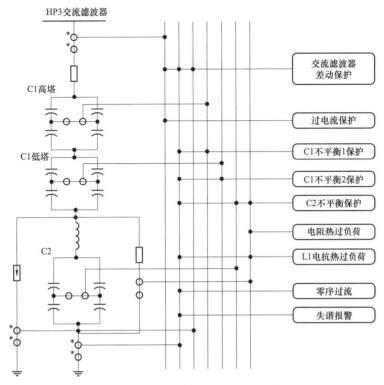

图 8-25 HP3 滤波器保护配置图

稳态比率差动保护动作特性如图 8-26 所示。

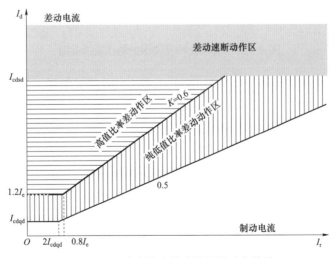

图 8-26 稳态比率差动保护的动作特性

2）零序比率差动保护。

零序比率差动保护也分为高值、低值区比率差动保护，各侧零序电流由装置自产，TA

二次零序电流由软件调整平衡，TA 极性易校验。采用 TA 饱和与 TA 暂态特性不一致闭锁判据来降低 TA 三相不平衡、TA 饱和与 TA 暂态特性不一致（如区外故障切除后线路再重合时，并联滤波器的冲击电流对滤波器两侧 TA 的暂态特性影响）等对零序比率差动的影响。

零序比率差动保护动作逻辑框图，如图 8-27 所示。

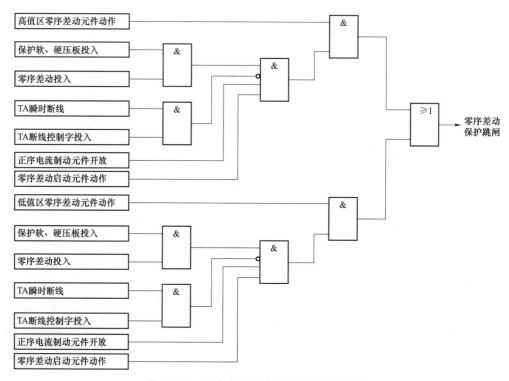

图 8-27　零序比率差动保护动作逻辑框图

比率差动保护经过 TA 断线判别（可选择）后出口，当控制字［TA 断线闭锁差动］整定为"0"时，稳态比率差动元件不经过 TA 断线和短路闭锁；断线闭锁差动］整定为"1"时，仅有稳态比率差动元件的低值区经过 TA 断线和短路闭锁；当［TA 断线闭锁差动］整定为"2"时，稳态比率差动元件的低值区和高值区均经过 TA 断线和短路闭锁，某站小组差动保护中 TA 断线闭锁差动整定为 0，故高值、低值区逻辑相同。

（2）7623 小组差动保护动作情况分析。查看故障录波，如图 8-28 和图 8-29 所示。

交流滤波器小组差动保护采样为小组开关 TA（62M 侧）及滤波器尾端 TA，大组保护采样为小组断路器 TA（滤波器侧）及交流场串内边、中断路器 TA。由录波图 8-28、图 8-29 可以看出，AFP2A、AFP2B 装置波形中，HP3 A 相差流启动时刻分别为 $57I_e$、$52I_e$，首端 B 相电流分别为 14 787A、12 968A，尾端 A 相电流分别为 204A、218A，小组差动电流 A 相一次值分别为 14 583A、12 750A。

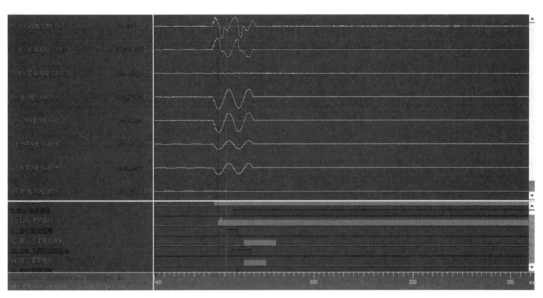

图 8-28 AFP2A 波形（只含故障相波形）

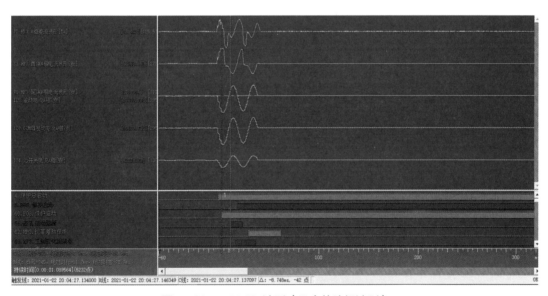

图 8-29 AFP2B 波形（只含故障相波形）

第二大组第三小组滤波器类型为 HP3，容量为 305Mvar，计算其额定电流为 $I_e=305/775/1.732=227.22A$。滤波器速断差动启动值装置内固化为 $0.33I_e$（75A），差动速断动作值装置内固化 $3I_e$（681.66A），AFP2A、AFP2B 装置中保护启动时 HP3 A 相差流分别为 $57I_e$、$52I_e$，大于启动值 $0.33I_e$（75A），两套保护启动正确。同时 AFP2A、AFP2B 装置中保护启动时 HP3 A 相差流分别为 $57I_e$（12 951A）、$52I_e$（11 815A）也远超过差动速断定值 $3I_e$（681.66A），两套保护装置经过 9ms 小组差动速断动作，AFP2A、AFP2B 装置中差动速断保护动作时 HP3 A 相差流分别为 $127I_e$、$125I_e$，保护正确动作。

（3）交流母线差动动作逻辑。母线差动保护由分相式比率差动元件构成。

1）电流工频变化量元件。当制动电流工频变化量大于门坎（由浮动门坎和固定门坎构成）时电流工频变化量元件动作，其判据为

$$\Delta si > \Delta SIT + 0.5IN$$

式中：Δsi 为制动电流工频变化量瞬时值；$0.5IN$ 为固定门坎；ΔSIT 为浮动门坎，随着变化量输出变化而逐步自动调整。

2）差流元件。当任一相差动电流大于差流启动值时差流元件动作，其判据为 $I_d > I_{cdzd}$，I_d 为大差动相电流，I_{cdzd} 为差动电流启动定值。

3）比率差动动作元件。常规比率差动元件动作判据为

$$\left| \sum_{j=1}^{m} I_j \right| > I_{cdzd}$$

$$\left| \sum_{j=1}^{m} I_j \right| > K \sum_{j=1}^{m} |I_j|$$

其中：K 为比率制动系数；I_j 为第 j 个连接元件的电流；I_{cdzd} 为差动电流启动定值。

其动作特性曲线如图 8-30 所示（比率制动系数固定取 0.5）。

（4）交流母线差动动作情况分析。查看故障录波如图 8-31 和图 8-32 所示。

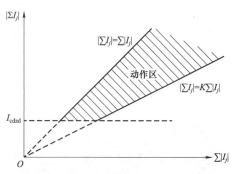

图 8-30　比率差动元件动作特性曲线

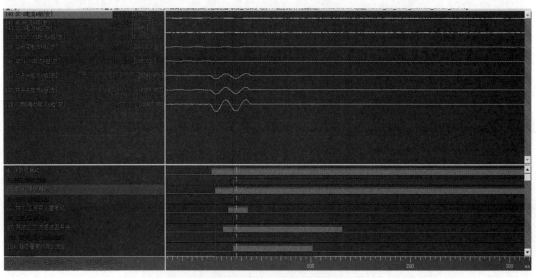

图 8-31　交流滤波器 AFPA 第二大组各支路电流（只含故障相波形）

第八章 特高压直流工程经典案例分析

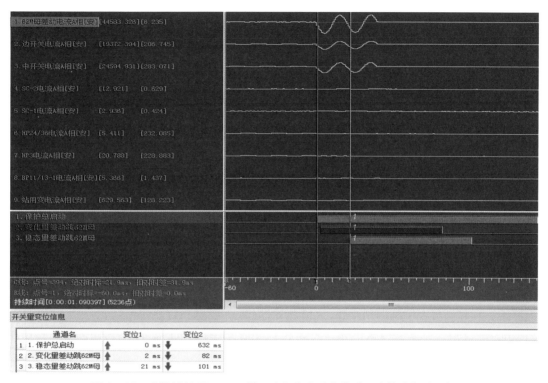

图 8-32 交流滤波器 AFPB 第二大组各支路电流（只含故障相波形）

以稳态差动动作分析如下。

某换流站 AFP 母线稳态差动动作需要满足两个条件：

1）启动电流应大于 3000A（定值）；

2）母线差动电流大小与各支路电流之和比值应介于 0.5～1 之间。

稳态差动动作时 AFPA 装置母线差流为 44 612A，大于启动电流 3000A，制动电流（各支路电流之和）为 44 680A，母线差动电流大小与制动电流比值为 0.99 保护正确动作。AFPB 装置母线差流为 44 583A，大于启动电流 3000A，制动电流为 44 639A，母线差动电流大小与制动电流比值为 0.99，保护正确动作。

3. 故障位置定位

某换流站交流滤波器保护配置中只体现交流进线断路器 7022、7023 与 HP3 交流滤波器小组进线断路器 7623、降压变压器 7626 进线断路器 TA 测点，未体现大组保护在 7621、7622、7624、7625 等断路器 TA 测点。

交流滤波器母线差动保护与 7623 小组差动保护动作的公共区域为 7623 断路器两边 TA 之间的区域，经对故障录波和保护动作情况分析，判断故障点位于 7623 断路器 A 相两个套管 TA 之间区域。

4. 故障处理

将 7623 断路器转至检修，现场正在开展 SF$_6$ 气体回收工作，计划回收完毕后开展内检，确定故障部位；断路器更换检修方案已编制完毕，同步开展断路器更换工作。

（三）反措及建议

（1）全程跟踪断路器更换及内检工作，深入分析排查断路器内部故障原因。

（2）现场作业时注意与带电设备保持足够安全距离，做好恶劣天气下的现场安全管控。

五、直流滤波器保护案例（某换流站直流滤波器差动保护闭锁直流）

（一）事件概述

2020 年 12 月 31 日 09 时 31 分 33 秒，某站极Ⅰ 011LB 直流滤波器第二套保护差动保护动作，极Ⅰ直流系统闭锁，极Ⅱ单极大地回线 1650MW 过负荷运行，直流损失功率 1262MW。安控装置向桃乡、洪沟主站正确发送非正常停运信号及功率损失量。复龙站安控装置接收洪沟站发出回降 463MW 功率指令，复奉直流双极由 2789MW 降至 2326MW。锦屏站、宜宾站频率控制器均动作，分别瞬时回降功率 85、112MW。

09 时 38 分，某站紧急将极Ⅱ功率降至 1500MW 运行。11 时 31 分按国调指令将极Ⅱ由单极大地回线方式转为金属回线方式运行。

现场检查发现，某站光 TA 调制箱抗振动能力差，外界振动引起测量电流突变，导致极Ⅰ 011LB 直流滤波器第二套差动保护动作，极Ⅰ直流系统闭锁。现场故障发生时，OWS 后台告警事件详如图 8-33 所示。

17850	2020-12-31 09:31:33:498	P1PCP	B	正常	切换逻辑	OFF
17851	2020-12-31 09:31:33:498	P1PCP	A	正常	切换逻辑	运行
17852	2020-12-31 09:31:33:499	P1PCP	B	轻微	切换逻辑	退出备用
17853	2020-12-31 09:31:33:499	P1PCP	A	正常	切换逻辑	OFF
17854	2020-12-31 09:31:33:500	P1PCP	B	正常	稳控通讯	双极功率控制 OFF
17855	2020-12-31 09:31:33:507	P1PCP	B	紧急	直流滤波器保护	P1.DFP11框第2套保护闭锁直流 出现
17856	2020-12-31 09:31:33:516	P1PCP	A	正常	闭锁顺序	保护 Y闭锁 已执行
17857	2020-12-31 09:31:33:516	P1PCP	A	正常	闭锁顺序	移相令令 已执行
17858	2020-12-31 09:31:33:516	P1PCP	A	正常	闭锁顺序	极 OFF
17859	2020-12-31 09:31:33:517	P1PCP	A	正常	稳控通讯	直流可提升标识信号 消失
17860	2020-12-31 09:31:33:521	P1PPR	A	轻微	保护	保护检测到系统扰动
17861	2020-12-31 09:31:33:525	P1PCP	A	报警	模式顺序	极非正常停运 出现
17862	2020-12-31 09:31:33:526	P1PCP	A	紧急	直流滤波器保护	P1.DFP11框第2套保护闭锁直流 出现
17863	2020-12-31 09:31:33:527	P1PCP	A	报警	功率调节控制	P1安稳协控不可阻尼调制 出现
17864	2020-12-31 09:31:33:529	P1PPR	B	轻微	保护	保护检测到系统扰动
17865	2020-12-31 09:31:33:536	P1PCP	A	正常	稳控通讯	直流可提升标识信号 消失
17866	2020-12-31 09:31:33:537	P1PCP	A	正常	切换逻辑	控制 极1 复归
17867	2020-12-31 09:31:33:537	P1PCP	A	正常	双极功率控制	退出

图 8-33 故障报文

（二）故障检查及原因分析

1. 检查情况

（1）录波检查。查看极Ⅰ极保护主机 B 套故障录波，发现故障时刻极Ⅰ直流滤波器

011LB 首端光 TA 电流（IFIT1）启动量突变至 1044A，动作量突变至 1844A，尾端常规 TA（IFIT4）用于启动量和动作量无异常突变，如图 8-34 和图 8-35 所示。

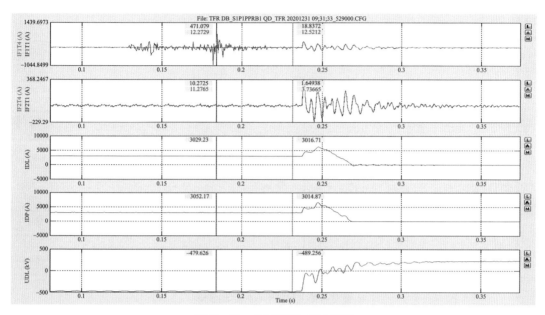

图 8-34　P1PPRB 启动波形

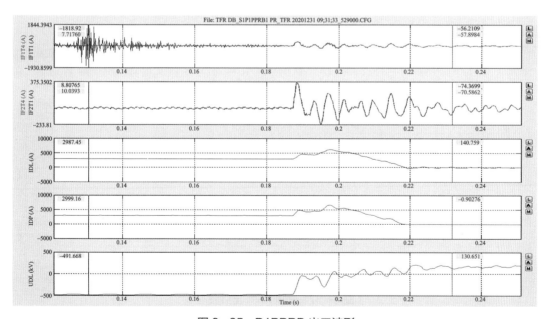

图 8-35　P1PPRB 出口波形

查看极Ⅰ极保护主机 A 套故障录波，发现故障时刻极Ⅰ直流滤波器 011LB 首端光 TA 电流（IFIT1）启动量突变至 130A、动作量突变至 63A，尾端常规 TA（IFIT4）启动量和动作量无异常突变，如图 8-36 和图 8-37 所示。

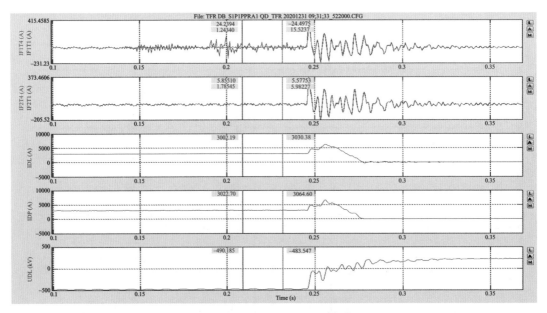

图 8-36　P1PPRA 启动波形

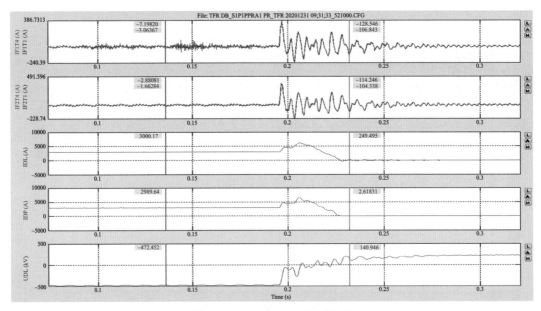

图 8-37　P1PPRA 出口波形

对 011LB 直流滤波器第二套保护装置故障录波进行检查，011LB 首端光 TA（IFIT1）故障时刻启动量为 1377A，动作量为 1246A，尾端常规 TA（IFIT4）启动量和动作量无异常突变，如图 8-38 所示。

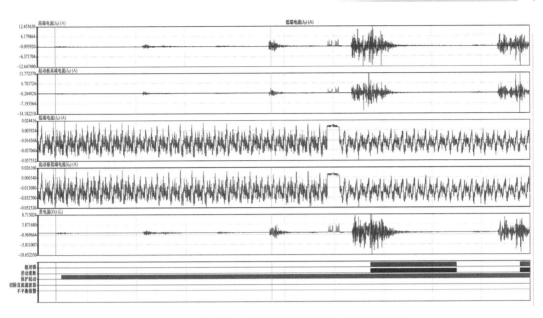

图 8-38 极 I 011LB 直流滤波器第二套保护波形

（2）光 TA 本体检查。现场检查光 TA 本体及直流滤波器一次设备外观无异常，对光 TA 底座处调制箱进行开盖检查时，拆除防雨罩并拧开调制箱箱盖螺钉过程中，极 I 011LB 直流滤波器第二套保护多次出现直流滤波器差动保护动作。为明确故障情况，检修人员拧动调制箱箱盖螺钉，极 I 011LB 直流滤波器第二套保护多次复现直流滤波器差动保护动作，如图 8-39 所示。检修人员将开盖检查过程中保护动作的故障录波与直流系统闭锁时的故障录波进行对比，故障录波波形特征一致，启动量差流 212A，动作量差流 307A，如图 8-40 所示。

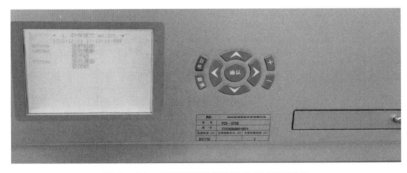

图 8-39 复现直流滤波器差动保护动作

（3）保护及接口装置检查。现场对极 I 011LB 直流滤波器第二套保护装置进行检查，发现保护装置跳闸灯点亮，动作报文显示差动速断动作，如图 8-41 所示。

现场对极 I 光 TA 接口屏进行检查，电子机箱及合并单元装置无报警，设备运行正常，如图 8-42 所示。

图 8-40　复现保护动作时刻故障录波

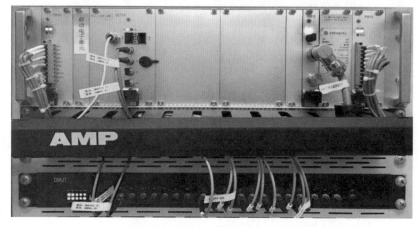

图 8-41　极Ⅰ011LB 直流滤波器第二套保护动作情况

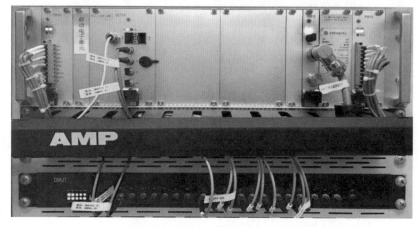

图 8-42　极Ⅰ光 TA 电子机箱及合并单元装置运行情况

（4）安控装置检查。现场对某站安控装置进行检查，安控装置 1 收到极 I 非正常停运信号，向××发送直流损失量 1263MW。安控装置 2 收到极 I 非正常停运信号，向××发送直流损失量 1262MW。两套装置动作一致，安控装置正确动作，如图 8−43 和图 8−44 所示。

本次事件报告（共5页，当前第1页）：
动作时间：2020-12-31 09:31:33:730　共10条信息
01　　　0ms　装置启动
02　　　70ms　极I换流变故障
03　　　70ms　换流器闭锁后极2换流器可转带直流功率（1632MW）
04　　　70ms　直流总损失功率（1263MW）
05　　　70ms　向××直流协控主站发直流故障信息（0001）
06　　　70ms　向××直流协控主站发发直流损失量命令（1263MW）
07　　　70ms　向××直流协控主站发直流故障信息（0001）
08　　　70ms　向××直流协控主站发发直流损失量命令（1263MW）
09　　　70ms　装置动作出口
10　　10470ms　事件结束

图 8−43　某站安控装置 1 动作情况

本次事件报告（共5页，当前第1页）：
动作时间：2020-12-31 09:31:33:730　共10条信息
01　　　0ms　装置启动
02　　　73ms　极I换流变故障
03　　　73ms　换流器闭锁后极2换流器可转带直流功率（1632MW）
04　　　73ms　直流总损失功率（1262MW）
05　　　73ms　向××直流协控主站发直流故障信息（0001）
06　　　73ms　向××直流协控主站发发直流损失量命令（1262MW）
07　　　73ms　向××直流协控主站发直流故障信息（0001）
08　　　73ms　向××直流协控主站发发直流损失量命令（1262MW）
09　　　73ms　装置动作出口
10　　10469ms　事件结束

图 8−44　某站安控装置 2 动作情况

2. 保护动作分析

（1）采样回路说明。某站极 I 011LB 直流滤波器首端配置两个独立的光 TA，将测量到的电流数据（IFIT1）分别发送至对应的两套直流滤波器保护系统中，如图 8−45 所示。

第一套保护用（A系统）　　第二套保护用（B系统）

图 8−45　某站光 TA 本体

尾端 TA 通过四个感应线圈将电流数据（IFIT4），分别送至两套直流滤波器保护装置中，直流滤波器保护装置根据采集到的首、尾端 TA 电流值进行差动逻辑判断。

（2）动作逻辑分析。直流滤波器差动保护动作逻辑为：直流滤波器首、尾端 TA 差动电流大于差动定值时，保护动作。当首端电流小于隔离开关断弧电流定值时，拉开本组直流滤波器进线隔离开关，当首端电流大于隔离开关断弧电流定值时，无延时直接发极闭锁命令至极控，如图 8-46 所示。

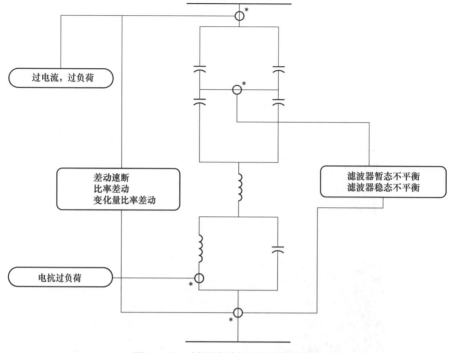

图 8-46　某站直流滤波器保护配置

查看极 I 011LB 直流滤波器第二套保护装置差动速断保护动作时刻的录波波形（见图 8-47），保护动作时刻，启动差动电流为 3.558A（二次值），动作差动电流有效值约为 3.175A（二次值），差动速断电流定值为 2A，隔离开关断弧电流定值 0.5A（二次值），启动差动电流和动作差动电流都高于速断差动定值，同时首端电流超过隔离开关断弧电流定值，保护直接发出极闭锁命令，极 I 011LB 直流滤波器第二套保护装置动作命令执行正确。

图 8-47　保护差动保护动作时刻故障录波

（3）极控主机动作分析。查看某站极控软件程序，如图 8-48 所示，德宝直流极控主机在收到直流滤波器保护闭锁直流的命令后，无延时进行系统切换，延时 20ms 执行 Y_BLOCK。直流 Y 闭锁动作正确。

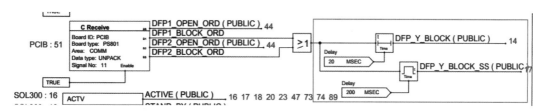

图 8-48　极控处理直流滤波器保护闭锁极指令逻辑

（4）光 TA 测量量突变分析。

1）全光 TA 测量原理。某站直流滤波器首端 TA 采用全光 TA，全光 TA 是基于法拉第磁光效应，通过检测两束圆偏振光的相位差来获取电流大小。其基本工作过程如图 8-49 所示。

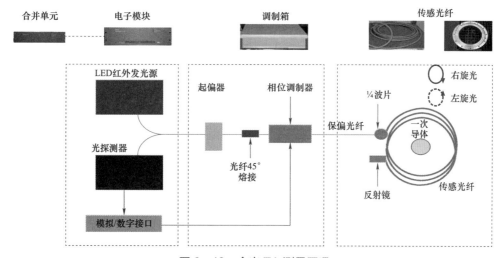

图 8-49　全光 TA 测量原理

由电子模块中的 LED 光源发出一个光信号，经起偏器产生一路线性偏振光信号，起偏器的尾纤与下一段光纤以 45° 熔接，这样一路线性偏振光进入下一段光纤时，就被正交分解为两束垂直的偏振光。当这两束正交模式的光经过 1/4 波片后，分别变成左旋和右旋的圆偏振光（1/4 波片的光学效应），进入传感光纤。由于被测电流产生的磁场在传感光纤中形成法拉第磁光效应，这两束圆偏振光将以不同的速度传输，产生相位差。两束光信号绕着导体转了 20 圈后，在光纤的终点有一个反射镜，将光信号反射回去，偏振方向也同时被逆转（左旋变右旋，右旋变左旋），再次穿过传感光纤和电流产生的磁场相互作用，由于逆转使加速、减速的效应得到了加倍。两束光再次通过 1/4 波片后，恢复为线偏振光，并在起偏器处发生干涉。通过光探测器测量干涉光强检测出相位差，而相位差与流过一次导体的电流成正比，从而得到被测电流的大小。图 8-50 所示为全光 TA 测量回路示意图。

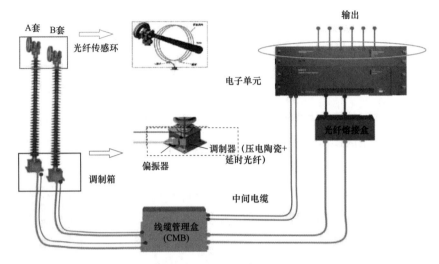

图 8-50　全光 TA 测量回路示意图

2）电流突变原因。为了提高相位差的测量精度，两束正交的光在经过 1/4 波片之前，需要进入调制箱进行相位调制。调制模块内部示意图如图 8-51 所示。

调制箱中，通过将保偏光纤绕在压电陶瓷上构成相位调制器。在压电陶瓷上施加频率为 83.3kHz 的调制电压，利用电场作用下压电陶瓷的体积变化引起光纤内部应变，从而改变光纤的折射率，实现相位调制。经过相位调制器的两束正交光通过 550m 的延时光纤增加光程，放大相位差，再通过 1/4 波片进入传感光纤，因此，光信号的传播路径是相位调制器-延时光纤-1/4 波片-传感光纤-反射镜-传感光纤-1/4 波片-延时光纤-相位调制器。

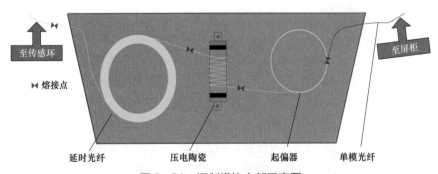

图 8-51　调制模块内部示意图

由前面分析已知，正交的两束偏振光在通过反射镜返回调制器时，其偏振方向发生了对调，两束正交的偏振光虽然传播路径相同，但偏振顺序不同。由于在出射光束和返回光束之间经过了相当长的传输时间（μs），因此如果在微秒级时间内发生振动，则振动对两束偏振光的影响将是不同的。这种差异将对两束偏振光产生额外的相位差。

调制箱中，采用压电陶瓷构成的相位调制器和较长的延时光纤均对振动敏感。在无外界振动干扰时，利用测量的偏振光相位差可以准确测量出一次电流。在外界振动影响到相位调制器或延时光纤时，会对光纤产生很微弱的挤压，从而产生额外的相位差，该相位差与电流产生的相位差无法区分，从而被解调为假电流。厂家明确相位调制器和延时光纤在调制模块内已进行了减振处理，但调制模块与调制箱、调制箱与基座为螺栓紧固的刚性连接，无减振措施，如图 8-52 所示。低频振动在光束传播时间（μs）内，振动产生的压力几乎不变，所以不会产生误差；而对于高频振动，压力极短时间内将发生显著变化，从而带来误差，因此高频振动对调制箱的影响远大于低频振动的影响（见厂家说明）。调制箱配有防雨罩，如图 8-53 所示。

图 8-52　调制箱内调制模块的固定

图 8-53　调制箱的防雨罩

为进一步确认故障原因，现场将防雨罩复装，拍打调制箱防雨罩时出现"直流滤波器差动保护动作"情况；拧动调制箱螺栓过程中，会多次复现"直流滤波器差动保护动作"情况。根据电科院对振动声音的频谱分析，上述情况都属于高频振动。

同时，设备厂家人员在厂内试验拧动调制箱螺栓也可检查到输出电流突变情况。通过以上现象，可以判断光 TA 调制箱抗振动能力差的设计缺陷是导致本次极 I 直流系统闭锁的根本原因。

3）振动来源分析。厂家说明书未明确说明振动对光 TA 调制箱有任何影响，于 12 月 28 日对极 I 011LB 直流滤波器高端光 TA 两个调制箱尝试加装了防雨罩（其他光 TA 暂未加装）。在 12 月 31 日 09 时 31 分极 I 直流闭锁之前，直流场附近并无施工或异响等明显产生振动的来源，经分析振动来源有以下两种可能。

一是站内局部微气象条件形成的阵风，造成安装在光 TA 调制箱上的不锈钢防雨罩产生振动。根据现场设备情况，并结合设备厂家分析意见，站内局部微气象条件形成的阵风可导致安装在光 TA 调制箱上的不锈钢防雨罩产生振动。由于防雨罩上端与调制箱紧固，而下端未做紧固且与调制箱之间存在微小间隙，阵风作用下，防雨罩与调制箱产生碰撞，箱内三块调制模块为螺栓刚性固定在背板上，振动通过螺栓传递到调制模块上，引起光 TA 测量电流突变。

二是外部高频振动，如平波电抗器振动经设备支架传递至光 TA 调制箱，导致安装在光 TA 调制箱上的不锈钢防雨罩产生振动，引起光 TA 测量电流突变。

3. 故障处理

根据对极Ⅰ011LB 直流滤波器高端 TA 的检查情况，确认光 TA 调制箱抗振动能力不足，需对光 TA 调制箱增加防振动措施。对该光 TA 调制箱与底座之间增加橡胶垫，将上部两个调制模块固定螺栓拧松 90°，在调制模块间加装海绵，对调制箱箱门打密封胶，同时拆除调制箱的防雨罩。现场对极Ⅰ011LB 直流滤波器第二套保护光 TA 调制箱采取以上措施后，拧螺栓未再引起直流滤波器差动保护动作，抗振动能力得到有效改善。图 8-54 所示为调制箱内增加隔音棉。图 8-55 为调制箱与底座间增加橡胶垫效果图。

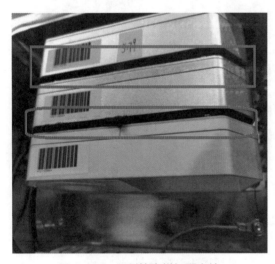

图 8-54　调制箱内增加隔音棉

图 8-55　调制箱与底座间增加橡胶垫

（三）反措及建议

（1）全站其他所有光 TA 调制箱存在外部振动造成电流突变的隐患，应采取临时应急抗振措施。

（2）在采取临时应急抗振措施后，光 TA 调制箱抗振能力得到改善，但外部较大的振动仍会导致测量电流出现波动，暂时无法彻底消除隐患。

（3）在光 TA 附近开展例如切割、电钻等可将高频振动直接传递到调制箱的工作时，可能造成光 TA 电流测量突变。

第二节　直流控制系统类事故

一、某换流站极 2 极控系统异常导致极 2 闭锁

2019 年 07 月 11 日，某换流站进行直流控保软件修改作业，程序修改完成后，在进行主机重启的过程中，极 2 高、低端阀控系统 Y 闭锁跳闸。

（一）事件概述

2019 年 07 月 11 日 15 时 19 分，某换流站极 2 极控 A 系统发 ESOF（紧急闭锁）信号，极 2 Y 闭锁，直流闭锁损失 1200MW 负荷由全部由交流系统转带，未造成功率损失。

闭锁发生前，检修人员按照直流控保软件修改单进行软件修改作业，在完成极 2 极控 A 系统主机（备用）程序修改后，进行主机重启操作，操作过程中极 2 高、低端阀控系统收到极 2 极控 A 系统的 ESOF 出口信号，极 2 高、低端阀控系统随即执行 Y 闭锁跳闸。动作报文如表 8-7 所示。

表 8-7　　　　　　　　　　动　作　报　文

时间	主机	事件	状态
2019-07-11，15:19:41:652	极 2 高端阀组控制系统（从 A）	极控 A 系统 ESOF	产生
2019-07-11，15:19:41:652	极 2 高端阀组控制系统（从 A）	外部跳闸	产生
2019-07-11，15:19:41:652	极 2 高端阀组控制系统（从 A）	旁通对投入	产生
2019-07-11，15:19:41:652	极 2 高端阀组控制系统（从 A）	阀组解锁状态	消失
2019-07-11，15:19:41:652	极 2 高端阀组控制系统（从 A）	合旁通断路器	产生
2019-07-11，15:19:41:652	极 2 高端阀组控制系统（从 A）	Y 闭锁动作	产生
2019-07-11，15:19:41:652	极 2 高端阀组控制系统（从 A）	投入旁通对	产生
2019-07-11，15:19:41:668	极 2 高端阀组控制系统（从 A）	极控闭锁阀组	产生
2019-07-11，15:19:41:668	极 2 高端阀组控制系统（从 A）	强制移相	产生
2019-07-11，15:19:41:649	极 2 低端阀组控制系统（主 A）	极控 A 系统 ESOF	产生
2019-07-11，15:19:41:649	极 2 低端阀组控制系统（主 A）	外部跳闸	产生
2019-07-11，15:19:41:649	极 2 低端阀组控制系统（主 A）	旁通对投入	产生
2019-07-11，15:19:41:649	极 2 低端阀组控制系统（主 A）	阀组解锁状态	消失
2019-07-11，15:19:41:649	极 2 低端阀组控制系统（主 A）	合旁通断路器	产生
2019-07-11，15:19:41:649	极 2 低端阀组控制系统（主 A）	Y 闭锁动作	产生
2019-07-11，15:19:41:649	极 2 低端阀组控制系统（主 A）	投入旁通对	产生
2019-07-11，15:19:41:665	极 2 低端阀组控制系统（主 A）	极控闭锁阀组	产生
2019-07-11，15:19:41:665	极 2 低端阀组控制系统（主 A）	强制移相	产生

（二）事件分析

极控 A/B 系统各配置有一台冗余切换装置，用于监视各自所连极控系统电源、硬件、软件、VBE 等状态，两套冗余切换装置之间通过菲尼克斯转接端子转接电缆互相交换"系统正常、无紧急停运（NO ESOF）、主备状态"等信号，实现极控 A/B 系统主从切换、后备跳闸等功能。其回路如图 8-56 所示。

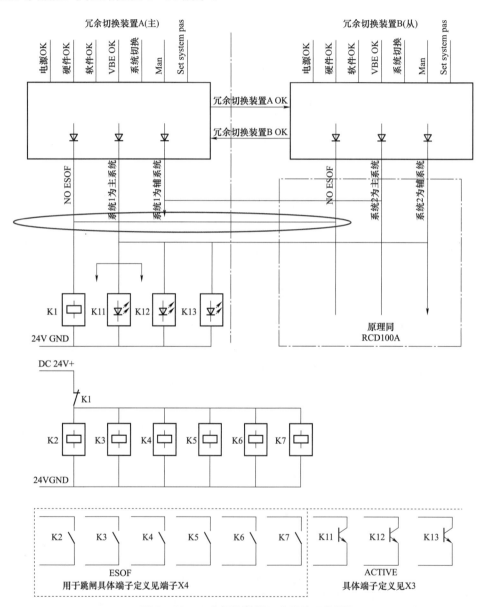

图 8-56 冗余切换装置二次回路示意图

正常状态时，极控 A 或 B 系统检测到本系统电源、硬件、软件、VBE 等均正常时，本系统装置输出的 NO ESOF 信号为 1，两套冗余切换装置输出的 NO ESOF 信号任意一套为 1 时，2 套极控屏内 K1 继电器均可得电使 K1 动断触点断开，极控 A/B 屏内 K2～K7 继电器不向阀控系统输出 ESOF 信号。

每套极控冗余切换装置开出的 ESOF 信号，通过硬接线同时送至阀控 A/B 系统 I/O 装置，阀控系统收到任意一套极控系统下发的 ESOF 信号，与其他跳闸信号按或逻辑产生闭锁跳闸出口信号，不判断发出 ESOF 信号的极控系统是否正常、是否为主用。阀控系统闭锁逻辑如图 8-57 所示。

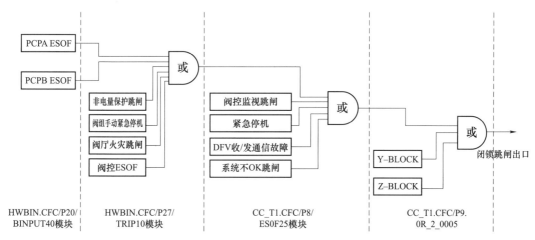

图 8-57　阀控系统闭锁逻辑

故障时，极控 A 系统执行软件升级工作，软件升级完成重启极控 A 系统过程中系统处于非 OK 状态（故障状态），极控 A 系统冗余切换装置输出的 NO ESOF 信号为 0；同时由于极控 A、B 系统间 NO ESOF 信号回路菲尼克斯端子发生虚接故障（图 8-57 中标注所示），使得极控 A 屏内 K1 继电器失电，极控 A 系统送往阀控系统的 ESOF 信号有效，满足启动 ESOF 跳闸条件，极 2 闭锁。

通过对后台事件进行分析，故障发生时刻前报文均为正常操作控制主机重启所产生，在 15:19:41:642、15:19:41:652、15:19:41:649 和 15:19:41:646 时刻，在无任何征兆的情况下高低端阀控系统均收到了极控系统 A 的 ESOF 信号，判断可能是 ESOF 信号的传递回路发生故障，随即检修人员针对 ESOF 信号的传递回路开展排查。

结合现场二次回路检查与控制系统逻辑分析，确定本次故障原因是由于极控 A/B 系统之间用于传递 NO ESOF 信号的菲尼克斯转接端子与转接电缆插头虚接所致，暴露出该站极控 A/B 系统间所使用的菲尼克斯转接端子与转接电缆存在接触不严的质量问题。

（三）处理措施

现场对故障回路的端子和连接线及两套极控系统的冗余切换装置进行更换，在确认回路均可靠连接并正常导通后，未再次出现相同故障。

为避免回路故障再次发生因插针接触不可靠导致设备异常，采取将两套冗余切换装置 NO ESOF 信号端子通过导线直连，减少回路转接点的临时控制措施进行预控。

后续通过将极控系统中冗余切换装置整体换型为光纤冗余切换装置对该故障进行治

理。两套光纤冗余切换装置间采取光纤回路的形式进行 NO FSOF 等重要信号的交换，提高了信号传递的可靠性，从根本上解决了该问题。

二、某换流站无功控制异常连续切除交流滤波器致功率回降

某直流系统进行功率调整过程中控制系统异常导致多切除一组滤波器，不满足绝对最小滤波器组数，直流功率回降。

（一）事件概述

2021 年 11 月 30 日，某直流系统按照调度计划曲线执行功率调整，功率调整过程中，直流站控系统正确切除 3634 滤波器，随后直流站控 A 系统（主系统）异常，又切除了 3625 滤波器。由于连续切除的两组滤波器均为 24/36 型交流滤波器，运行滤波器不满足绝对最小滤波器要求，回降直流功率 600MW。事件报文如表 8-8 所示。

表 8-8　　　　　　　　　　　事　件　报　文

时间	主机	事件	状态
2021 - 11 - 30，17:26:06:540	直流站控（主 A）	无功 Q control 切除滤波器电容组	产生
2021 - 11 - 30，17:26:06:555	直流站控（从 B）	无功 Q control 切除滤波器电容组	产生
2021 - 11 - 30，17:26:06:566	直流站控（主 A）	WA - Z43 - Q1/3634 开关合位	消失
2021 - 11 - 30，17:26:06:573	直流站控（从 B）	WA - Z43 - Q1/3634 开关合位	消失
2021 - 11 - 30，17:26:06:577	直流站控（主 A）	WA - Z43 - Q1/3634 开关分位	产生
2021 - 11 - 30，17:26:06:583	直流站控（从 B）	WA - Z43 - Q1/3634 开关分位	产生
2021 - 11 - 30，17:26:06:940	直流站控（主 A）	无功 Q control 切除滤波器电容组	产生
2021 - 11 - 30，17:26:07:060	直流站控（主 A）	无功 Q control 切除滤波器电容组	消失
2021 - 11 - 30，17:26:07:064	直流站控（从 B）	WA - Z25 - Q1/3625 开关合位	消失
2021 - 11 - 30，17:26:07:074	直流站控（从 B）	WA - Z25 - Q1/3625 开关分位	产生
2021 - 11 - 30，17:26:42:380	直流站控（主 A）	绝对最小滤波器不满足降功率	消失
2021 - 11 - 30，17:26:42:554	直流站控（从 B）	绝对最小滤波器不满足降功率	消失
2021 - 11 - 30，17:26:43:122	极 1	交流滤波器限制直流电流	产生
2021 - 11 - 30，17:26:43:217	极 2	交流滤波器限制直流电流	产生
2021 - 11 - 30，17:26:59:003	极 1	直流容量改变直流功率参考值	产生
2021 - 11 - 30，17:26:59:161	极 1	直流容量改变直流功率参考值	产生
2021 - 11 - 30，17:26:59:458	极 2	直流容量改变直流功率参考值	产生
2021 - 11 - 30，17:26:59:472	极 2	直流容量改变直流功率参考值	产生

（二）事件分析

经查询控制程序得知，当直流站控下发切除滤波器命令后，400ms 未收到对应滤波器断路器分位信号，将重新下发切除同类型交流滤波器命令，软件逻辑如图 8-58 所示。

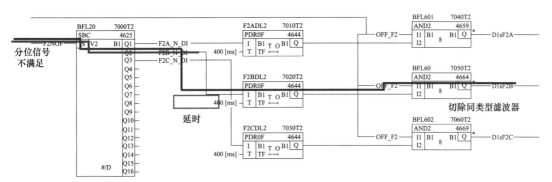

图 8-58 补发切除交流滤波器命令逻辑

控制系统按照无功控制策略正确切除 3634 滤波器后 520ms，直流站控 A 系统（主系统）异常，再次下发切除 3625 滤波器电容器组指令，在 3625 断路器分位出现后约 30s 后报出"绝对最小滤波器不满足降功率"，当 3625 滤波器断路器分位信号产生后，按照无功控制策略需立即投入一组同类型滤波器以满足最小滤波器组数要求，但由于 5634 切除时间不满足 3min 放电时间要求，无法立即投入，导致不满足绝对最小滤波器组数要求，控制系统执行直流功率回降命令。

测控装置通过开出插件控制 3634 断路器切除，通过开入插件采集 3634 断路器状态反馈信号，然后该装置通过现场总线将反馈状态返回至直流站控，如图 8-59 所示。

结合事件报文和测控装置的状态返回时间，可判断测控装置命令发出时间到状态返回事件的时间差值在 157ms，符合实际运行状况，初步判断测控装置开入和开出插件运行正常，但 COMM 总线通信板卡可能存在瞬时异常导致通信延时。

OLM 是 PROFIBUS 光电转换模块，主要作用是光电转换，构成光纤环网，任意一个 OLM 设备的两根光纤都有数据，内部有优先级的侦测机制，采用先到达该设备的合法数据，其作用类似以太网交换机设备。SS52 主站板卡通过电缆和 OLM 连接，然后通过光纤与小室的 OLM 通信。SS52 主站板卡采用依次轮询的通信方式和各个测控装置从站通信。从第一个从站设备轮询至最后一个从站设备所需要的时间为单次通信的最小时间。当 OLM 的连接状况不良或者 SS52 板卡运行状况不正常时可能导致本次轮询某个从站设备收不到最新的数据，从而导致测控装置设备的状态返回延时，导致整个通信链路瞬时异常。

由此判断本次多切除一组滤波器导致直流功率回降的直接原因是在控制系统正确切除 3634 滤波器后，因可能存在通信链路瞬时异常等问题导致 400ms 延时时间内未收到 3634 断路器分位信号，控制系统判断 3634 滤波器切除失败，再次下发切除同类型 3625 滤波器的命令，使得交流滤波器投入组数不满足绝对最小滤波器，导致直流功率回降。

（三）处理措施

年度检修期间通过直流控保软件修改，将直流站控检测小组滤波器进线断路器位置信

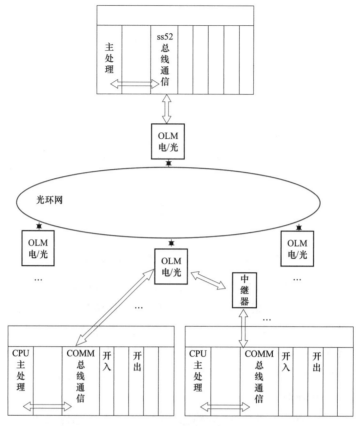

图 8-59　测控装置断路器控制传输环网示意图

号延时适当调整，以避免因通信链路瞬时故障等原因导致的滤波器断路器位置信号上送不及时引发直流功率回降的问题。

第三节　直流保护隐患典型案例

一、某换流站光 CT 低温故障致双极强迫停运

2021 年 01 月 06 日，受极寒天气影响，某换流站直流场光 CT 测量异常导致直流保护退出，运维人员操作极 1 低端阀组退出运行，01 月 07 日，因光 CT 测量异常，保护动作致极 2 双阀组、极 1 高端阀组先后闭锁跳闸。

（一）事件概述

2021 年 01 月 06 日晚，某地区受极寒天气影响，气温骤降至 −37.5℃，某换流站直流场纯光 CT 发生测量异常故障导致直流保护退出。01 月 07 日凌晨，极 1 低端阀组三套换流器保护均因光 CT 测量异常退出运行，运维人员向国调申请将极 1 低端阀组退出运行。01 月 07 日上午，极 2 极保护、极 1 极保护先后动作出口，极 2 双阀组、极 1 高端阀组闭锁跳闸，直流双极停运。事件经过如图 8-60 所示。

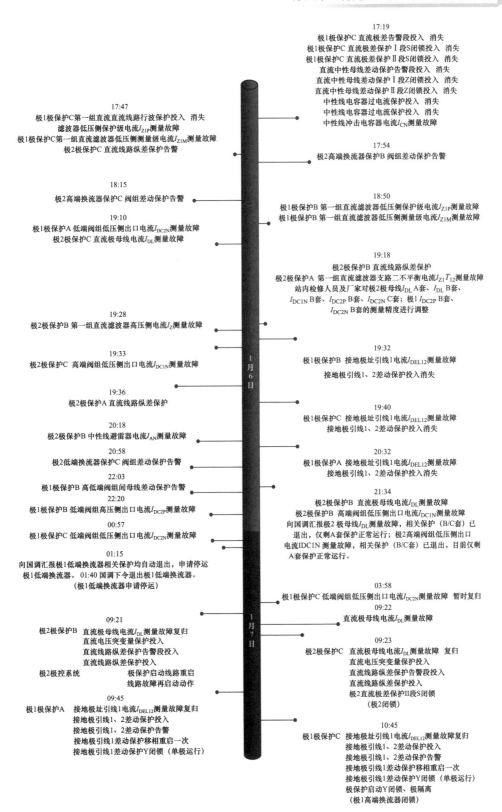

图8-60　某换流站直流双极强迫停运发展过程

特高压交直流保护系统配置与应用

（二）事件分析

（1）线路纵差保护动作。

1）线路纵差保护配置如下

$$DIF = \| I_{DL} | - | I_{DLos} \|$$
$$I_{DLX} = 0.5 \| I_{DLos} | + | I_{DL} \|$$

报警段 $DIF > 0.07 I_{DLX}$（定值限幅区间 [0.02，0.1]），延时 1s，告警；

动作段 $DIF > 0.1 I_{DLX}$（定值限幅区间 [0.04，0.1]），延时 3s，线路重启。

2）极 2 极保护 B 系统保护动作分析。09:21:28:906 极 2 极保护 B 系统报"直流线路纵差保护线路重启"，故障波形如图 8-61 所示。直流线路纵差保护动作报文如表 8-9 所示。

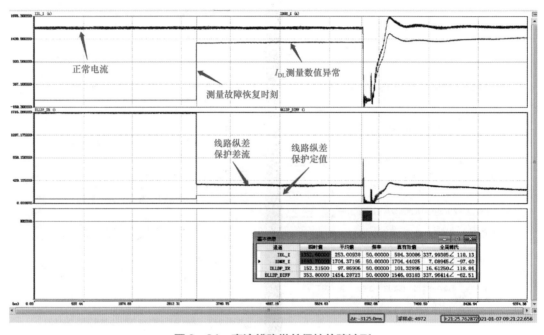

图 8-61　直流线路纵差保护故障波形

表 8-9　　　　　　　　　　直流线路纵差保护动作报文

时间	主机	事件	状态
2021-01-07，09:21:25:760	极 2 极保护系统 B	直流极母线电流 I_{DL} 测量故障	消失
2021-01-07，09:21:25:761	极 2 极保护系统 B	直流电压突变量保护投入	产生
2021-01-07，09:21:25:761	极 2 极保护系统 B	直流线路纵差保护告警端投入	产生
2021-01-07，09:21:25:761	极 2 极保护系统 B	直流线路纵差保护投入	产生
2021-01-07，09:21:26:761	极 2 极保护系统 B	直流线路纵差保护告警	产生

时间	主机	事件	状态
2021-01-07，09:21:28:906	极 2 极保护系统 B	直流线路纵差保护线路重启	产生
2021-01-07，09:21:28:913	极 2 极控系统（从 B）	极保护启动线路重启	产生
2021-01-07，09:21:28:913	极 2 极控系统（从 B）	线路故障再重启动作	产生

如图 8-61、表 8-9 所示，09:21:25:761 极 2 极保护 B 系统的"IDL 光 TA 合并单元测量故障"消失，同一时刻故障波形中直流线路电流 I_{DL} 测量值开始恢复，恢复后比实际电流小 350A 左右。线路纵差保护当前动作段动作定值为 250A，差流大于动作定值，满足动作条件，3s 后极 2 极保护 B 系统线路纵差保护"线路重启"动作出口。

3）保护出口分析。极 2 极保护 C 套系统在 01 月 06 日 19 时检测到 I_{DL} 测量故障，直流线路纵差保护退出。到 01 月 07 日 09:23:32:702 时测量故障恢复，整个测量故障持续 14 小时 12 分，如表 8-10 所示。极保护 B 系统直流线路纵差保护动作出口时，极 2 极保护 C 系统直流线路纵差保护处于退出状态，三取二装置按照"二取一"直接出口，系统执行线路重启。

表 8-10　　　　　　　　　　直流线路纵差保护动作报文

时间	主机	事件	状态
2021-01-07，09:23:32:701	极 2 极保护系统 C	直流极母线电流 I_{DL} 测量故障	消失
2021-01-07，09:23:32:702	极 2 极保护系统 C	直流极差保护告警段投入	产生
2021-01-07，09:23:32:702	极 2 极保护系统 C	直流极差保护 I 段 S 闭锁投入	产生
2021-01-07，09:23:32:702	极 2 极保护系统 C	直流极差保护 II 段 S 闭锁投入	产生
2021-01-07，09:23:32:702	极 2 极保护系统 C	直流极母线差保护告警段投入	产生
2021-01-07，09:23:32:702	极 2 极保护系统 C	直流极母线差保护 I 段 Z 闭锁投入	产生
2021-01-07，09:23:32:702	极 2 极保护系统 C	直流极母线差保护 II 段 Z 闭锁投入	产生
2021-01-07，09:23:32:702	极 2 极保护系统 C	直流线路行波保护投入	产生
2021-01-07，09:23:32:702	极 2 极保护系统 C	直流电压突变量保护投入	产生
2021-01-07，09:23:32:702	极 2 极保护系统 C	直流线路纵差保护告警段投入	产生
2021-01-07，09:23:32:702	极 2 极保护系统 C	直流线路纵差保护投入	产生

（2）极 2 闭锁分析。

1）保护配置。极差保护配置如下

$$| I_{DL} - I_{DNE} \pm I_{CN} \pm I_{AN} | > \varDelta$$

报警段 $\varDelta = 0.05$（标幺值），延时 12s，告警。

Ⅰ段 $\Delta = \mathrm{MAX}[0.2|I_{DNE}|, 0.35(标幺值)]$，延时 30ms，S 闭锁；整流则延时 30ms 跳交流断路器；逆变侧延时 40ms 跳交流断路器。

Ⅱ段 $\Delta = \mathrm{MAX}[0.2|I_{DNE}|, 0.06(标幺值)]$，延时 350ms，S 闭锁；整流侧延时 30ms 跳交流断路器；逆变侧延时 40ms 跳交流断路器。

2）极差保护动作分析。09:23:33:295 极 2 极保护 C 报"直流极差保护Ⅱ段 S 闭锁"，故障波形如图 8-62 所示。极差保护动作报文如表 8-11 所示。

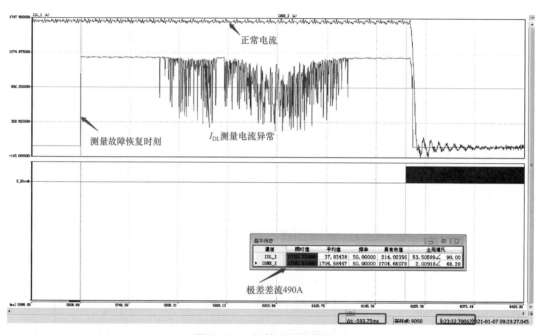

图 8-62　极差保护故障波形

表 8-11　　　　　　　　极 差 保 护 动 作 报 文

时间	主机	事件	状态
2021-01-07，09:23:32:701	极 2 极保护系统 C	直流极母线电流 I_{DL} 测量故障	消失
2021-01-07，09:23:32:702	极 2 极保护系统 C	直流极差保护告警段投入	产生
2021-01-07，09:23:32:702	极 2 极保护系统 C	直流极差保护Ⅰ段 S 闭锁投入	产生
2021-01-07，09:23:32:702	极 2 极保护系统 C	直流极差保护Ⅱ段 S 闭锁投入	产生
2021-01-07，09:23:32:702	极 2 极保护系统 C	直流极母线差动保护告警段投入	产生
2021-01-07，09:23:32:702	极 2 极保护系统 C	直流极母线差动保护Ⅰ段 Z 闭锁投入	产生
2021-01-07，09:23:32:702	极 2 极保护系统 C	直流极母线差动保护Ⅱ段 Z 闭锁投入	产生
2021-01-07，09:23:32:702	极 2 极保护系统 C	直流线路行波保护投入	产生
2021-01-07，09:23:32:702	极 2 极保护系统 C	直流电压突变量保护投入	产生
2021-01-07，09:23:32:702	极 2 极保护系统 C	直流线路纵差保护告警段投入	产生

续表

时间	主机	事件	状态
2021-01-07，09:23:32:702	极2极保护系统C	直流线路纵差保护投入	产生
2021-01-07，09:23:32:702	极2极保护系统C	直流线路纵差保护投入	产生
2021-01-07，09:23:33:295	极2极保护系统C	直流极差保护Ⅱ段S闭锁	产生
2021-01-07，09:23:33:302	极2低端阀组控制系统（从B）	S闭锁动作	产生
2021-01-07，09:23:33:302	极2低端阀组控制系统（从B）	强制移相	产生
2021-01-07，09:23:33:303	极2高端阀组控制系统（主B）	S闭锁动作	产生
2021-01-07，09:23:33:303	极2高端阀组控制系统（主B）	强制移相	产生
2021-01-07，09:23:33:303	极2极控系统（从B）	极保护启动S闭锁	产生
2021-01-07，09:23:33:303	极2极控系统（从B）	极保护启动极隔离	产生

如图8-61、表8-11所示，09:23:32:702极2极保护C系统的"IDL光TA合并单元测量故障"消失，同一时刻故障波形中直流线路电流I_{DL}开始恢复，在恢复过程中I_{DL}电流偏差较大，比实际电流小490A左右，极差保护Ⅱ段当前动作定值为375A，差流大于动作定值，满足动作延时后极2极保护C系统极差保护"S闭锁"动作出口。

3）保护出口分析。极2极保护B套系统在09:22:03:615时检测到I_{DL}测量故障，极差保护退出，如表8-12所示。极保护C套系统极差保护动作出口时，因为极2极保护B套系统极差保护处于退出状态，三取二装置按照"二取一"直接出口，保护正确动作，极2闭锁，功率转带到极1。

表8-12　　　　　极差保护动作报文

时间	主机	事件	状态
2021-01-07，09:22:03:615	极2极保护系统B	直流电压突变量保护投入	消失
2021-01-07，09:22:03:615	极2极保护系统B	直流线路纵差保护告警段投入	消失
2021-01-07，09:22:03:615	极2极保护系统B	直流线路纵差保护投入	消失
2021-01-07，09:22:03:615	极2极保护系统B	直流极母线电流I_{DL}测量故障	产生
2021-01-07，09:22:03:619	极2极控系统（从B）	I_{DL}光TA合并单元测量故障	产生

（3）极1高端换流器闭锁分析。

1）保护配置。接地极引线差动保护配置如下。

报警段$|I_{DEL1}-I_{DEL12}|>0.015$（标幺值）或$|I_{DEL2}-I_{DEL22}|>0.015$（标幺值），延时2s，报警；

接地极引线1$|I_{DEL1}-I_{DEL12}|>\text{MAX}[0.1|I_{DEL1}|,\ 0.02$（标幺值）]；

接地极引线 2 $|I_{DEL2} - I_{DEL22}| > \text{MAX}[0.1|I_{DEL2}|，0.02(标幺值)]$。

单极运行：延时 5s，移相重启，之后开放 2s 的时间窗口，在时间窗口再次检测到满足判据，延时 1s 后 Y 闭锁。

双极运行：延时 1.5s，双极平衡运行。

2）接地极引线差动保护动作分析。极 1 极保护 A 系统在 09:46:00:425 报"接地极引线 1 差动保护移相重启"，在 09:46:01:425 报"接地极引线 1 差动保护 Y 闭锁（单极运行）"故障波形如图 8-63 所示。

如图 8-63、表 8-13 所示，09:45:55:427 极 1 极保护 A 系统的"接地极址引线 1 电流 I_{DEL12} 测量故障"消失，同一时刻波形中直流线路电流 I_{DEL12} 开始恢复，但比实际电流小 250A 左右。接地极引线差动保护 II 段当前动作定值为 140A，差流大于动作定值，满足动作延时后，极 1 极保护 A 系统接地极引线差动保护动作发"移相重启"和"Y 闭锁"信号。

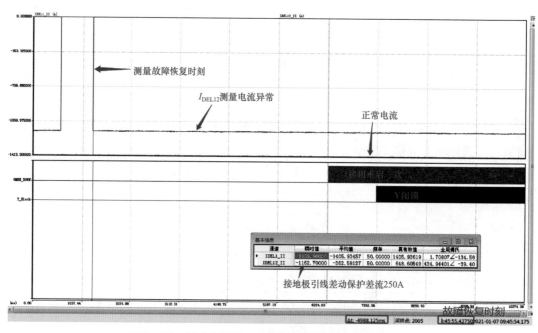

图 8-63　极 1 极保护 A 接地极引线差动保护动作波形

表 8-13　　　　　　　　　极 1 极保护 A 接地极引线差动保护动报文

时间	主机	事件	状态
2021-01-07，09:45:55:423	极 1 极保护系统 A	接地极址引线 1 电流 I_{DEL12} 测量异常	消失
2021-01-07，09:45:55:424	极 1 极保护系统 A	接地极引线 1 差动保护投入	产生
2021-01-07，09:45:55:424	极 1 极保护系统 A	接地极引线 2 差动保护投入	产生
2021-01-07，09:46:00:425	极 1 极保护系统 A	接地极引线 1 差动保护移相重启	产生
2021-01-07，09:46:01:425	极 1 极保护系统 A	接地极引线 1 差动保护 Y 闭锁（单极运行）	产生

A 系统保护动作后因差流一直存在,"移相重启"和"Y 闭锁"动作出口信号持续满足。三取二装置仅收到一套保护动作结果,保护不出口。

10:15:45:744 极 1 极保护 C 系统报"接地极引线 1 差动保护移相重启",极 1 极保护 C 系统恢复运行。

10:15:46:744 极 1 极保护 C 系统报"接地极引线 1 差动保护 Y 闭锁(单极运行)",故障波形如图 8-64 所示。

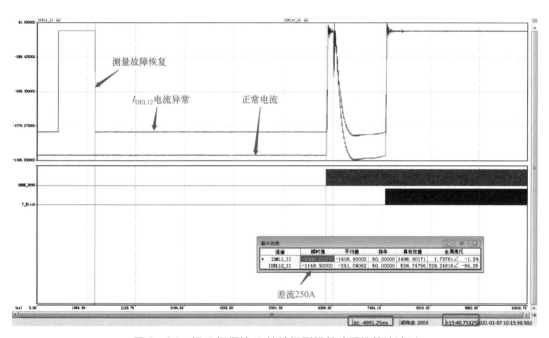

图 8-64 极 1 极保护 C 接地极引线差动保护故障波形

由图 8-64 所示,10:15:40:753 极 1 极保护 C 系统的"接地极址引线 1 电流 I_{DEL12} 测量故障"消失,同一时刻波形中直流线路电流 I_{DEL12} 开始恢复,但比实际电流小 250A 左右,极差保护 II 段当前动作定值为 140A,差流大于动作定值,满足动作延时后,极 1 极保护 C 系统接地极引线差动保护动作出口发"移相重启"和"Y 闭锁"信号。

3)保护出口分析。极 1 极保护 A 套系统的接地极引线差动保护动作出口信号持续满足,当极 1 极保护 C 套系统接地极引线差动保护动作出口后,三取二装置满足出口条件,极 1 执行移相重启,最终执行 Y 闭锁,保护正确动作。

经查,该换流站极 2 线路光电流互感器 IDL、极 2 高端阀组低压侧 IDC1N、极 2 低端阀组低压侧母线 IDC2N、极 1 高端阀组低压侧 IDC1N、极 1 低端阀组低压侧母线 IDC2N 5 台光 TA 发生了测量异常故障,另外 23 台也均出现了数据无效、需要维护、参数异常等非正常状态。通过对光 TA 光纤回路检查发现光 TA 在低温情况下本体内部光纤衰耗偏大,判断原因为室外温度过低,导致本体光纤传感环产生异常,导致测量数据无效,光 TA 测量数据无效在复归时刻，测量值偏差较大，导致直流保护动作跳闸。

（三）隐患描述

该型光 TA 在 −37.5℃ 低温情况下多台多套同时发生测量异常故障，证明该型光 TA 存在因产品质量问题不满足"极寒天气状况下稳定运行"的要求。

（四）整改措施

2021 年 1 月 7 日上午厂家人员配合对极 2 线路 IDL、极 2 高阀组高压侧 IDC1N 数据异常的光 TA 进行精度调整。14 时左右，光 TA 随气温回升测量数据恢复正常，经向厂家核实具备运行条件，运维人员向国调汇报，申请解锁。15 时 10 分，该直流极 2 解锁；16 时 03 分，极 I 高端换流器解锁，极 2 双换流器、极 1 高端换流器三阀组运行。

2021 年年度检修期间，将该换流站直流场 28 台（含接地极 2 台）纯光 TA 整体换型为电子式光 TA。截至目前设备在冬季低温情况下未再发生因测量异常导致保护动作的情况。

二、某换流站 35kV 断路器柜反复投切故障

2021 年 2 月 19 日，某换流站 35kV 1 号电抗器 318 断路器反复投切，引起该直流多次换相失败。

（一）事件概述

2021 年 2 月 19 日 15 时 15 分左右，某换流站 35kV 1 号电抗器 318 断路器柜电缆头绝缘不良导致放电故障，保护正确跳开 318 断路器，直流控制系统按照无功控制策略应投入 1 号电抗器，合 318 断路器。因 318 断路器柜故障依然存在，使得 318 断路器反复投切。至 15 时 20 分运维人员将低容抵抗无功控制模式切换至手动前，该直流共计出现 11 次换相失败。事件报文如表 8−14 所示。

表 8−14　　　　　　事　件　报　文

2021−02−19 15:14:09	35kV SVC 311 滤波器保护 RCS9631A 接地报警
2021−02−19 15:14:40	35kV SVC 312 滤波器保护 RCS9631A 接地报警
2021−02−19 15:15:17	35kV 1 号电抗器过电流 I 段保护动作，318 断路器分闸变位
2021−02−19 15:15:17	换流器换相失败被检测到
2021−02−19 15:15:23	318 断路器合闸变位
2021−02−19 15:15:23	35kV 1 号电抗器过电流 I 段保护动作，318 断路器分闸变位
2021−02−19 15:16:23	318 断路器合闸变位
2021−02−19 15:17:19	35kV 1 号电抗器过电流 I 段保护动作，318 断路器分闸变位

（二）事件分析

1. 保护动作分析

根据保护动作时序，35kV 1 号电抗器 B 相先出现单相接地故障，并迅速发展为相间故障，致使三相电压降低，三相电流增大，如图 8-65、图 8-66 所示（随机取其中一次保护动作波形）。最大故障电流达到了 14.37A，过电流 I 段保护动作定值 4.2A，保护正确动作，跳开 318 断路器。

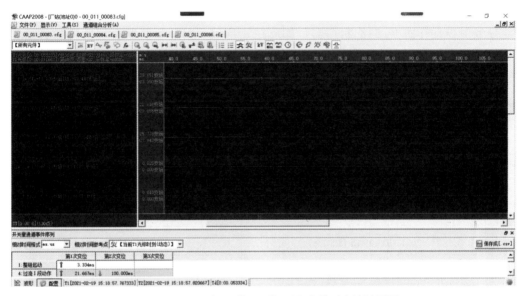

图 8-65 15 时 18 分 57 秒 769 毫秒时电流波形图

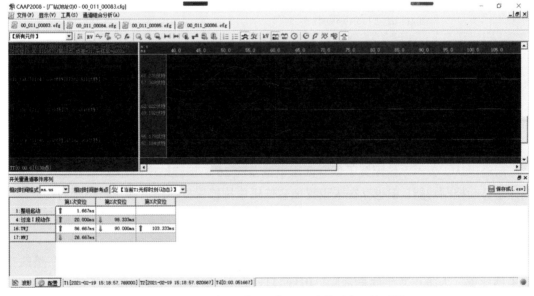

图 8-66 15 时 18 分 57 秒 769 毫秒时电压波形图

2. 1号电抗器投入情况分析

该电抗器受低容低压电抗器无功控制功能控制，依据500kV交流母线电压对35kV 1号电抗器进行投切，维持母线电压在设定范围。当1号电抗器由于过电流保护动作切除后，母线电压升高至530kV左右，按照低容低压电抗器无功控制策略，需要将1号电抗器投入以降低母线电压。

经确认导致318断路器反复投切的原因是该换流站交流测控系统不具备锁定跳闸断路器的功能，导致在1号电抗器保护装置跳闸后，无法锁定318断路器，无功控制系统认为该电抗器仍为可用状态，并按控制策略继续投入1号电抗器，因故障依旧存在，导致保护动作跳开318断路器，如此往复导致，318断路器投切情况如表8-15所示。

表8-15　　　　　　　　　318断路器反复投切时序

序号	过电流保护动作跳318断路器时间	无功控制投318断路器时间
1	2021-02-19 15:15:17:850	2021-02-19 15:15:23:267
2	2021-02-19 15:15:23:281	2021-02-19 15:16:23:989
3	2021-02-19 15:17:19:645	2021-02-19 15:17:25:090
4	2021-02-19 15:17:25:105	2021-02-19 15:18:25:811
5	2021-02-19 15:18:57:787	2021-02-19 15:19:13:246
6	2021-02-19 15:19:13:504	2021-02-19 15:19:18:846
7	2021-02-19 15:19:19:516	2021-02-19 15:19:29:023
8	2021-02-19 15:19:29:160	2021-02-19 15:19:39:198
9	2021-02-19 15:19:46:045	2021-02-19 15:19:51:486
10	2021-02-19 15:19:56:567	2021-02-19 15:20:01:950
11	2021-02-19 15:20:06:204	2021-02-19 15:20:12:125
12	2021-02-19 15:20:12:139	手动将35kV低容低压电抗器无功控制方式软压板退出

（三）隐患描述

后经确认，公司系统配置了低容低压电抗器的26座换流站中，19站低容低压电抗器设计了自动控制功能，但也存在未设置低容低压电抗器保护动作后锁定断路器的功能，存在低容低压电抗器故障跳闸后再次被控制系统投入的安全隐患。

（四）整改措施

后通过完善控制软件确保低容低压电抗器保护跳闸后锁定相应断路器，在整改措施未落实前，为防止发生同样故障，将低容低压电抗器控制方式切换至手动，并加强值班人员应急处置，发生低容低压电抗器故障跳闸后手动将相应断路器锁定，再开展其他工作。

　　同时将具备用电源自动投入功能的交流滤波器、低容低压电抗器等元件保护动作跳闸应锁定断路器的要求写入反事故措施，完善换流站验收细则，加强现场验收、调试验证。

参 考 文 献

[1] 周浩. 特高压交直流输电 [M]. 杭州：浙江大学出版社，2017.

[2] 刘振亚. 特高压交直流电网 [M]. 北京：中国电力出版社，2013.

[3] 韩先才. 中国特高压交流输电工程（2006～2021）[M]. 北京：中国电力出版社，2022.

[4] 李丹娜，孙成普编著. 电力变压器应用技术. 北京：中国电力出版社，2009.

[5] 刘平，刘朴，姚远，高享想. 特高压串补用火花间隙试验技术研究 [J]. 高压电器，2018，54（01）：51－56＋63.DOI：10.13296/j.1001－1609.hva.2018.01.008.

[6] 原敏宏，李坚. 特高压交流变电站运维检修技能培训教材 [M]. 北京：中国水利水电出版社，2014.

[7] 宋金根，朱维政. 特高压交流变电站运维技术 [M]. 北京：中国电力出版社，2020.

[8] 董建新. 特高压变电站运维一体化培训教材 [M]. 北京：中国电力出版社，2019.

[9] 陶瑜. 直流输电控制保护系统分析及应用 [M]. 北京：中国电力出版社，2015.

[10] 孙文，禹佳，滕予非. ±800kV 特高压直流输电工程保护闭锁策略分析 [N]. 四川：四川电力技术，2014.

[11] 赵畹君. 高压直流输电工程技术 [M]. 2 版. 北京：中国电力出版社，2010.

[12] 韩民晓. 高压直流输电原理与运行 [M]. 北京：机械工业出版社，2019.

[13] 贺家李. 特高压交直流输电保护与控制技术 [M]. 北京：中国电力出版社，2014.

[14] 赵畹君. 高压直流输电工程技术 [M]. 北京：中国电力出版社，2011.

[15] 张智刚. 国家电网公司继电保护培训教材 [M]. 北京：中国电力出版社，2009.

[16] 郑理，王向平，陈跃，等. 浅析特高压交流站的母线保护 [J]. 自动化博览，2015（8）：84－87.DOI：10.3969/j.issn.1003－0492.2015.08.037.